太 空 环 境

万 刚 编著

哈尔滨工业大学出版社

内 容 简 介

本书在参阅了大量相关教科书、专著和论文的基础上进行编著,以介绍太空环境为主线,集天文学、天体物理学、行星科学、遥感科学、计算机科学和地球科学等多学科相关知识为一体。在综合分析国际太空探测现状和发展趋势的基础上,系统地分析、总结和介绍深空基准、空间轨道、太阳环境、行星环境、月球环境、地球磁层环境、电离层环境、中高层大气环境、空间碎片环境及小天体环境的特点和影响,又结合我国空间探测工程的需求融入了如空间天气监测与预报、月球测绘与行星测绘、深空导航、空间碎片监测预警和小行星防御等相关内容,是一本比较系统、完整的关于太空环境的概论性专著。

本书可作为空间环境等相关专业的教材,也可作为广大科技工作者了解太空环境的读物。

图书在版编目(CIP)数据

太空环境 / 万刚编著. — 哈尔滨:哈尔滨工业大
学出版社,2024.12. — ISBN 978-7-5767-1830-0

Ⅰ. P1

中国国家版本馆 CIP 数据核字第 202480ZT96 号

太空环境
TAIKONG HUANJING

策划编辑 张凤涛

责任编辑 王会丽

装帧设计 博鑫设计

出版发行 哈尔滨工业大学出版社

社 址 哈尔滨市南岗区复华四道街 10 号 邮编 150006

传 真 0451-86414749

网 址 http://hitpress.hit.edu.cn

印 刷 哈尔滨市石桥印务有限公司

开 本 787 mm×1 092 mm 1/16 印张 22.5 字数 420 千字

版 次 2024 年 12 月第 1 版 2024 年 12 月第 1 次印刷

书 号 ISBN 978-7-5767-1830-0

定 价 99.00 元

序言1

在浩瀚的宇宙中，人类对太空的探索从未停歇。随着航天技术的不断进步，人们对太空环境的认识也日益深入。《太空环境》这本书，正是在这样的背景下应运而生，旨在为空间环境等相关专业的本科生和研究生提供一本全面、系统的教材。

本书由资深专家精心编撰，内容涉及地球大气层以上到星际间的广泛空间环境。全书共16章，系统地介绍了太空环境的基本概念、特点和影响因素，以及人类如何在太空环境中生存和发展的理论与技术。从深空基准到空间轨道，从太阳活动到行星环境，再到月球和地球磁场的深入探讨，每一章节都力求紧跟本领域的发展步伐，理论脉络清晰，模型方法严谨。

作者不仅梳理了近年来太空环境相关的研究成果，还总结了自己在太空环境理论研究、技术攻关、体系设计和工程实践方面的丰富经验，使得本书不仅是一本理论教材，更是一本实践指南。对于渴望深入了解太空环境的学生来说，本书无疑是宝贵的学习资源，相信每一位读者都能从本书中获得宝贵的知识和启发。我推荐《太空环境》作为空间环境等相关专业本科生和研究生的教材，它将为学生打开一扇探索宇宙奥秘的大门。

祝阅读愉快！

2024 年 11 月

序言2

当今人类正进入空间大航天时代与数字时代融合发展的历史交汇期,我国航天领域处于数字航天、智能航天高质量发展新阶段,建设航天强国正面临数字化、智能化的巨大挑战,需要对太空环境进行高水平的探测、研究与预报,充分发挥"保驾护航"的作用。

《太空环境》作为一部新兴领域教材,详细介绍了太空环境基本概念、深空基准和空间轨道三大基础内容,全面总结了太阳环境、行星环境、月球环境、地球磁层环境、地球电离层环境、地球中高层大气环境、空间碎片环境和小天体环境七大环境要素,深入探讨了空间天气监测与预报、月球测绘与行星测绘、深空导航、空间碎片监测预警和小行星防御等应用保障场景。这部著作内容十分详实、体系十分完整,具有很好的教学和科研参考价值。

深邃的太空包含无限的未知世界,是科学家遐想和探索的天地。近年来,我一直在不懈推动"数字空间建设",其中数智太空环境建设就是重要的科技基础和抓手,可以为航天通信、导航、遥感提供更"透明"、更"量化"的环境与影响服务,是建设空间数字化、智能化应用支撑体系的基础性工作。我相信,本书作为一本内容丰富、集系统性和实用性一体的佳作,是空间环境相关专业学习不可多得的基本教材,也可为航天领域广大科技研究者提供参考。太空环境的研究需要融入现代信息处理技术,发展卫星上开展空间天气预报的数智化技术,更要不断拓展太空环境数据的应用,希望作者和广大读者能够再接再厉,为我国航天事业和太空探索向数字化、智能化高端发展做出更大的贡献。

魏奉思

2024 年 11 月

前言

随着人类航天技术的飞速发展,太空探索已经成为人类科技领域的重要方向之一。太空环境研究涵盖了从地球大气层以上到星际间的广阔空间。本书力求系统介绍太空环境的基本概念、特点和影响因素,帮助读者更好地了解太空环境及其对人类航天活动的影响,探讨人类如何在太空环境中生存和发展。

自人类探索太空以来,国内外多个领域的专家从不同侧面对太空环境进行了深入研究。但由于研究视角的不同,目前对主要成果的梳理尚显不足,让人们难以整体了解和把握太空环境的科学问题、基本理论和技术方法。本书重点阐述太空环境的基本概念、基本原理、构成要素、环境影响、环境探测理论与技术,是作者对近年来太空环境相关研究成果的系统梳理,也是作者从事太空环境理论研究、技术攻关、体系设计和工程实践工作的总结提炼。

全书分为基础篇、要素篇、保障篇三大部分,共 16 章。第一部分基础篇(1~3 章):第 1 章总论(万刚撰写),介绍太空环境基本概念、太空环境构成要素、太空环境影响、太空环境探测历程和太空环境发展趋势等内容;第 2 章深空基准(彭思卿撰写),介绍深空时间基准和深空空间基准等内容;第 3 章空间轨道(彭思卿撰写),介绍轨道力学、近地轨道和深空探测轨道等内容。第二部分要素篇(4~11 章):第 4 章太阳环境(穆遥撰写),介绍太阳结构、太阳风、太阳活动及太阳活动的空间环境效应等内容;第 5 章行星环境(李矗撰写),介绍行星简况、火星环境、木星环境等内容;第 6 章月球环境(贾玉童撰写),介绍月球空间物理环境、月球地貌环境、月球地质环境和月球环境影响等内容;第 7 章地球磁层环境(刘东洋撰写),介绍地球磁场、地球磁层、磁暴与地磁亚暴和磁场扰动的影响等内容;第 8 章电离层环境(穆遥撰写),介绍电离层的形成与结构、电离层扰动、突发电离层骚扰对电波信号传播的影响等内容;第 9 章中高层大气环境(李力锋撰写),介绍中高层大气结构、中高层大气扰动来源和中高层大气环境效应等内容;第 10 章空间碎片环境(袁梨幻撰写),介绍空间碎片产生、空间碎片演化和空间碎片环境效应等内容;第 11 章小天体环境(张赛撰写),介绍太阳系小天体和小天体威胁等内容。第三部分保障篇(12~16章):第12章空间天气监测与预报(穆遥撰写),介绍空间天气监测、空间天气预报等内容;第13章月球测绘与行星测绘(贾玉童撰写),介绍月球测绘、火星测绘和小行星测绘等内容;第14章深空导航(丛佃伟撰写),介绍天文导航、脉冲星导航等内容;第15章空间碎片监测预警(袁梨幻撰写),介绍空间碎片探测、空间碎片编目、空间碎片预警等内容;第16章小行星防御(张赛撰写),介绍小行星监测预警和小行星防御技术等内容。万刚负责全书统稿审核。10节实验课的指导书和总结报告以及部分视频内容以二维码的形式附在对应章节的思考题及小节右侧。

在本书的撰写过程中,作者力求紧跟本领域的发展步伐、理论脉络清晰、模型方法严谨。但由于作者水平有限,书中难免存在疏漏和不足之处,敬请各位学术前辈和同行见谅,并不吝批评赐教。

作　者
2024 年 10 月于北京

目录
CONTENTS

第一部分 基 础 篇

第二部分 要 素 篇

第三部分　保　障　篇

视频目录

VIDEO CATALOG

续表

视频名称	位置
第17集　电离层的定义和分层结构	8.1节
第18集　电离层形成原理	8.1.1节
第19集　电离层中的带电粒子	8.1.1节
第20集　电离层变化规律	8.1.3节
第21集　电离层扰动	8.2节
第22集　电离层突然骚扰对信号传播的影响	8.3节
第23集　中高层大气结构	9.1节
第24集　平流层臭氧	9.1.1节
第25集　中高层大气波动	9.2.1节
第26集　中高层大气环境的影响	9.3节

实验项目指导书目录

CATALOG OF EXPERIMENTAL PROJECT GUIDEBOOK

实验名称	位置
实验 1 地月系引力平动点定位实验	3.3.3 节
实验 2 航天器表面充放电模拟实验	4.4.2 节
实验 3 脉冲激光单粒子效应模拟实验	4.4.2 节
实验 4 行星自转角动量守恒定律仿真实验	5.3.4 节
实验 5 光学望远镜行星观测实验	12.2.2 节
实验 6 太阳射电望远镜 F10.7 指数观测实验	12.2.2 节
实验 7 电离层环境监测数据分析实验	12.2.2 节
实验 8 月球撞击坑智能提取实验	13.3.2 节
实验 9 空间碎片轨道预报实验	15.3 节
实验 10 小行星轨道模拟实验	16.2 节

太空环境作为一个新兴研究方向,目前正处于快速发展阶段。人类对太空环境的观测记录最早可追溯到数千年前的裸眼观测时代,而现代太空环境的探测更多依赖航天器进行。当前人类航天探测器已经到访了太阳系的很多颗行星和数百个小天体并对其中的部分进行了系统的探测。研究太空环境对于人类合理利用空间资源和探索行星演化规律至关重要。

太空环境中,人类对于月球和类地行星的探测最多最早,如今人类对月球环境已经有了相当的认识,对于金星和火星同样有许多年的探测历史。随着卫星探测揭示行星环境内容的丰富,探测方向也逐渐转向它们的天然卫星系统。对小天体的探测从早期的光学观测逐渐发展为对小天体表面和内部成分的深度探究。行星际物理理论也随着空间探测能力的提高、观测数据的累积而不断深化。近年来,我国学者在月球环境领域取得了显著的进步,对小天体和行星际的研究也有许多进展,对类地行星的探测和对巨行星的研究已然起步。

当前,国际上太空环境领域主要聚焦的科学问题是探究地球不同空间圈层的耦合过程、高能粒子辐射环境的动态分布规律、行星的天然卫星系统,以及星体的相互作用和物质的能量交换过程等。同时,行星遥感和原位探测技术也发展迅速。瞄准上述关键科学技术问题,我国太空环境领域也聚焦对于基本物理过程、能量和物质时空尺度演化的研究,以及其对人类"宜居性"的影响和相应探测技术的研究。

本书基础篇包括总论、深空基准及空间轨道3个部分。总论主要介绍太空环境构成要素,如太阳环境、行星环境、月球环境、地球磁层环境、地球电离层环境、地球中高层大气环境、空间碎片环境及小天体环境;深空基准分为深空时间基准和深空空间基准;空间轨道是探索各类空间环境的动力学基础,可分为天体轨道和航天器轨道。以上3个部分是探索太空环境的基础。

第1章 总 论

基本概念

太空环境、太空环境探测历程

基本定理

太空环境构成

太空环境学是天文学、天体物理学、行星科学、遥感科学、计算机科学和地球科学等多学科交叉的新领域，是当代自然科学的前沿领域之一，是一门集成度很高的基础科学。其专注于研究太空中的物理条件，如高真空、极端温度、太阳辐射、宇宙射线、微流星体和空间碎片等，以及这些条件对航天器材料、电子设备和宇航员健康的影响。由于太空活动以航天器为主要平台，因此太空环境的研究不仅依赖于数、理、化、天、地、生的理论技术发展，还得益于空间技术的进步，是一个国家综合实力的体现。空间技术的进步极大地推进了太空环境研究的发展，太空环境任务的完成促使了空间技术的进步，而太空环境的研究也为空间应用提供了主要理论依据和指导建议。因此，太空环境、空间技术和空间应用三者之间形成了一个有机联合体，互相促进、协同发展。

太空环境学在国际和平利用太空中具有重要意义，其作为基础研究与实际应用密切结合的学科，具有极强的前沿性、创新性、挑战性、引领性，在国家创新驱动发展战略的进程中发挥着越来越重要的作用。美国在2004年提出了新的空间探索远景规划，主要目标之一就是通过空间探索促进美国的高技术发展，保持美国在世界上的科技领先地位。随后，美国又先后出台了《全球探索路线图》《战略空间技术投资规划》。美国国家研究理事会发布了《天文学和天体物理学的新世界和新视野》《太阳与空间物理：服务于技术社会的科学》《2013—2022年美国行星科学的发展愿景》《空间地球科学及应用——未来十年及以后的国家需求》《面向空间探索的未来——新时代的生命和物理科学研究2016—2030》等多个规划报告，列出了一系列未来空间科学任务建议。近年来，欧洲航天局（European Space Agency，ESA）先后发布了《宇宙憧憬（2015—2025）》《远航2050》等空间科学计划，涵盖2015—2025年和2035—2050年主要空间科学任务，认为太空科学已从开拓和探索阶段发展成为基础科学中的成熟部分,这些空间计划的主要目的是确立未来数十年欧洲空间科学主要发展方向。俄罗斯联邦航天局向政府提交《2030年前航天活动发展战略》,提出2030年前俄罗斯航天投入的优先方向是保障俄罗斯进入空间的通道、研制航天设备满足科学需求、载人航天。2010年后,日本调整了空间政策,修改法律为发展军事航天系统铺平了道路。日本在内阁府设立空间战略办公室,总揽国家航天项目、加强商业航天活动、参与商业航天竞赛,已在月球探测、小行星探测、水星探测等空间项目及空间运输系统研发等方面取得了重要进展。

太空环境学研究外层空间的环境和变化,以及对人类技术系统的影响。大量的空间观测、空间通信、空间资源开发等活动均发生在外层空间,与地面的天气现象一样,外层空间的各类"天气"变化,对在这一区域进行的空间活动会产生重要的影响。基于太空环境的研究成果,发展类似于地面天气预报的空间天气预报和服务系统,是人类合理利用太空的重要保障。

当前,太空环境的研究已经进入了一个全球化和深空化的阶段[1]。现代太空环境感知技术已经发展到包括地面观测站、卫星传感器、太空望远镜和在轨实验室等多个方面。国际空间站、中国空间站等项目为太空环境研究提供了长期在轨实验平台,"旅行者"系列、"新视野号"等深空探测器,正在探索太阳系外的空间,并提供了关于太阳系边界和星际空间环境的宝贵数据。此外,对太阳活动和太阳风的研究不断深化,这对于深入理解星际辐射、地球磁层、电离层和中高层大气有着重要意义。对太空环境的深入研究也在多个行星领域得到应用,如火星通信、导航、观测等。这些应用不仅提高了人类对太空环境的认识,也为太空探索提供了重要的技术支撑。

本章1.1节介绍太空环境基本概念;1.2节介绍太空环境构成要素;1.3节介绍太空环境影响;1.4节介绍太空环境探测过程;1.5节介绍太空环境研究发展趋势。

1.1　太空环境基本概念

太空是指稠密低层大气之上的天域,是地球大气对流层以外天域的人工和自然环境的总和,又称外层空间。因为大气密度随着海拔的增加而逐渐变薄,太空和地球大气层并没有明确的边界。国际航空联合会定义100 km高度为卡门线,是现行大气层和太空的分界线,该分界线以上部分为太空,为航天飞行区域;以下部分为大气层,为航空飞行区域。在航天器重返地球的过程中,120 km是大气阻力开始发生作用的边界。通常,大气科学将大气(或称为空气)分为5层,其中海平面至10 km左右称为对流层,对流层有浓密的空气,也称为浓密大气层;10~50 km左右称为平流层;50~80 km左右称为中间层;85~500 km 左右称为热层;500 km 以上到 3 000 km 左右称为散逸层。分层高度随纬度和季节的变化而变化。

临近空间是指传统民用航空高度(20 km)以上、最低卫星维持轨道高度(200~300 km)以下的空间,是航空与航天的过渡区域。随着临近空间地位的不断提升,其逐渐被划归太空范畴。随着低轨或超低轨航天器技术水平的提高,太空与临近空间上边界的高度正不断降低。

综合来讲,太空的下边界没有准确数值,学者多以 20 km 为界,将 20~300 km 定义为临近空间,200~1 000 km 定义为大气层,其中 60~1 000 km 定义为电离层,$6×10^2$~$7×10^4$ km 定义为磁层,以上为行星际或深空。

广义的太空环境可以理解为地球大气对流层以外广阔宇宙空间中的一切物理环境的总和。狭义的太空环境定义为日地空间中能够对人类生活或技术系统造成影响的所有物质条件的总和,包括自然环境和人工环境。太空环境研究的内容为环境的构成要素、变化情况及其对人类活动的影响,也包含对太空环境的主动应对和利用等。

1.2 太空环境构成要素

依据空间距离可将太空区域划分为地球空间、行星空间、恒星际空间和星系际空间。目前,人类的航天活动几乎完全限制在太阳系内,因此本书的太空环境边界划分为太阳系内环境,重点介绍太阳环境、行星环境与月球环境等。航天器所处自然环境,重点介绍地球磁层环境、地球电离层环境、地球中高层大气环境、空间碎片环境、小天体环境等。

1.2.1 太阳环境

太阳环境呈现一定的周期性变化,如太阳黑子、耀斑和日冕物质抛射等,对地球空间天气产生显著影响,太阳风释放能量和高能粒子会引发地球电离层扰动和地磁暴[2],并对航天器构成威胁。太阳基本结构的研究对预测空间天气至关重要,太阳活动中黑子和光斑数量的变化揭示了其活动周期,进一步影响地球的磁层、电离层和大气层,导致多样的空间天气现象。深入理解太阳环境及其效应,如粒子辐射环境对人类和航天器的潜在损害等,对于有效预测、应对空间天气事件和保护地球技术系统至关重要。

1.2.2 行星环境

太阳系的八大行星构成了一个复杂而多样的天体系统,它们在物理特性、化学组成和地质环境上的显著差异,为人类提供了深入理解宇宙运作机制和探索生命起源的宝贵机会[3]。水星是太阳系中距离太阳最近的行星,由于接近太阳,因此其表面经历极端的温度波动,缺乏稳定的大气层,无法维持生命所需的条件。金星以其浓厚的二氧化碳大气层和显著的温室效应而闻名,表面温度极高,足以使铅熔化,大气压力约为地球的90倍。木星和土星作为气态巨行星,主要由氢和氦组成,具有显著的磁场和动态的大气环流。木星的大红斑是一个巨大的风暴系统,而土星环系由无数的冰块和岩石组成,是太阳系中最壮观的自然现象之一。天王星和海王星,作为冰巨行星,它们的大气中含有丰富的氢、氦和甲烷,甲烷的存在赋予了它们独特的蓝色外观。

这些行星的环境特征为研究太阳系的形成和演化提供了宝贵的信息。自20世纪中叶以来,人类发射了大量探测器,对太阳系行星环境的探测取得了显著成就,从水星的极端温度变化到海王星的蓝色大气和高速风,这些探测任务收集了大量数据,极大地丰富了人类对太阳系的认识,并促进了太空科技的进步。

1.2.3 月球环境

月球作为地球的唯一天然卫星,其独特的环境特征与地球截然不同。月球的空间物理环境主要指其所处的太空环境,由于缺乏大气层和磁场,月球直接暴露于太阳的强烈辐射和太阳风的冲击下,导致其表面温度极端变化和地貌特征存在显著差异[4]。月球表面的地貌环境由坑洞、撞击坑、山脉、峡谷、平原和火山等地形构成,月海区域由玄武岩熔岩填充,呈现出较暗的颜色。月球环境效应包括对绕月探测器和人类登月活动的引力影响,以及对地球的潮汐效应和太阳风屏蔽效应等。了解月球空间物理环境、表面形貌环境和环境效应对于人类深入理解月球、进行月球勘测活动和开发月球资源具有极其重要的意义。

1.2.4 地球磁层环境

地磁场是地球周围的关键磁场,对地球的形成和演化至关重要。地球磁层从海平面以上600~1 000 km开始,向外延伸至磁层顶,约距地面$7×10^4$ km。其主要来源是富含铁和镍的地核产生的磁场,穿透地幔、地壳,延伸至地表和太空。地磁场不仅反映地球内部组成信息,还受到太阳风、电离层等外部因素的影响,会产生短期变化。地球磁层作为地磁场的延伸,由磁层顶、磁尾等组成,对地球起着至关重要的保护作用,阻挡太阳风和宇宙高能粒子,引导太阳风暴粒子至极地,保护着地球的生物。地球磁层与太阳活动密切相关,是研究地球空间环境的重要参考,为人类提供了认识地球和探测太空环境的途径。

1.2.5 地球电离层环境

电离层是地球高层大气中的关键带电区域,对无线电波传播产生显著影响。它由太阳辐射引发的电离作用形成,电子和离子的动态平衡维持其强度。电离层从 60 km 到 1 000 km 分为 D、E、F 层,其中 F 层对通信频率的影响最为关键。电离层表现出依昼夜、季节和纬度的变化,在赤道和极区的变化尤为显著。电离层暴、电离层行扰(traveling lonospheric disturbance,TID)、电离层闪烁和突发电离层骚扰(sudden lonospheric disturbance,SID)等现象均体现出电离层对太阳活动的响应。电离层的电子密度作为其强度的指标,可通过地基测高仪和卫星观测测量。电离层中的自由电子对无线电波的传播特性产生重要影响,包括吸收、反射、折射和散射,这些特性决定了短波通信的可用频率范围,并对卫星导航、定位和授时精度产生影响。

电离层作为地球大气与外层空间的连接纽带,与热层和磁层存在强烈的耦合,共同构成了一个复杂的开放式系统。作为人类空间活动的主要场所,电离层在空间天气研究中占据关键地位,是空间物理学的重要研究对象,也是基础研究向应用研究转化的重要内容。

1.2.6 地球中高层大气环境

中高层大气是地球大气的重要组成部分,其独特的物理和化学特性对地球气候、空间天气和航天活动具有直接影响[5]。该区域约十几千米到 500 km,包括对流层上部、平流层、中间层和热层,是航天器发射通过和低轨航天器驻留的关键区域。中高层大气的暂态结构对飞行器安全和准确入轨至关重要,同时对卫星航天器的安全发射及返回产生显著影响。大气密度随高度呈指数级下降,低层大气扰动在向上传播至中层顶和低热层时,因对流不稳定性等因素产生强烈大气湍流,会导致航天器抖动或偏离轨道。此外,大气中的氧原子成分可对航天器表面造成化学腐蚀。

电离层与电磁信号的强烈相互作用,以及平流层和中间层大气对光学信号传输的影响,使得中高层大气的天气预报对航天保障至关重要。热层扰动对电离层的形成和变化起着关键作用,影响无线电波传播和通信系统稳定性。高层大气环境对地球气候和天气系统也具有重要影响。

1.2.7 空间碎片环境

广义上的空间碎片包括人造空间碎片和自然界中的微流星体。通常所指的空间碎片是指人造的、失去功能的空间物体,这些物体分布在航天轨道上,以碎片和颗粒物的形式存在,因其对在轨或即将发射的航天器构成潜在威胁而被称为太空垃圾[6]。空间碎片主要来源于航天任务完成后遗留在太空中的废弃物,包括被遗弃或失效的航天器、运载火箭末段箭体、废弃的燃料箱、整流罩和分离装置等。此外,太空中由碰撞或爆炸产生的航天器解体碎片也对空间碎片环境造成了显著影响。

自 1957 年第一颗人造地球卫星 Sputnik-1 发射以来,截至 2023 年底人类已进行了 5 000 余次航天器发射活动,将 17 000 多个航天器送入轨道。目前有约 9 500 个航天器处于有效服役状态,其余失效的航天器、运载火箭箭体,以及由解体、爆炸和撞击产生的碎片,共同构成了数量庞大的太空垃圾。

1.2.8 小天体环境

宇宙中存在众多的小天体,它们对地球构成了潜在的撞击威胁。地球表面的陨石坑和考古发现,以及历史上对陨石坠落的记录,均提醒人们地外空间的威胁不容忽视[7]。1994 年,"苏梅克-列维九号"彗星与木星的撞击事件是人类首次预测到的天体撞击行星事件,其释放的能量相当于 40 万亿吨 TNT 爆炸的能量,这一事件凸显了小天体撞击的危害性,并引起了国际社会和科学界的广泛关注。此后,小天体防御研究得到全球重视,各国开始建立小天体监测预警系统,研究小天体的物理化学性质、起源和演化,这对于理解太阳系的形成与演化、探索地球生命起源及消除小天体威胁具有重大科学意义。

1.3 太空环境影响

太空环境极为复杂,空间天气、月球与行星环境、空间碎片和小天体撞击都会给人类活动带来直接或间接的影响。

1.3.1 空间天气的影响

空间天气因果链是指太阳上和磁层、电离层、热层中能影响空间、地面技术系统的运行和可靠性,以及危害人类健康和生命的状态、条件或者事件,对太空环境有着广泛的影响。从太阳活动开始,一系列的因果关系会影响到航天器、宇航员,以及地球上的通信、导航和气象系统等[8]。

首先,太阳活动是空间天气因果链的起点。太阳活动包括太阳黑子数量、太阳风和太阳耀斑等。这些活动会影响太阳辐射的强度和能量释放。过量的太阳辐射会对航天器和宇航员的电子设备造成破坏,给太空任务的顺利进行和宇航员的健康带来潜在风险。

其次,太阳活动还会导致电离层的变化。太阳辐射的变化会影响电离层的电离程度,进而影响无线电波的传播和通信系统的可靠性。这给航天器和地面的通信和导航系统都带来了挑战,特别是在太阳活跃期间。

此外,太阳活动还会导致磁场的变化。地球的磁场对太空中的粒子具有屏蔽作用,但太阳活动会引起磁暴和磁风暴等现象,从而对航天器和电磁设备产生严重干扰。这可能会导致设备故障、通信中断和导航错误等问题。

同时,太空中的宇宙射线也是空间天气因果链的重要组成部分。宇宙射线是高能粒子,来自于太阳系外的星系和恒星爆炸等,对航天器、宇航员和地球上的电子设备都有辐射损害的风险。这对宇航员的健康和航天器的运行稳定性都是一个重要影响因素。

1.3.2 月球与行星环境的影响

深空探测作为与地球轨道卫星和载人航天并驾齐驱的航天活动,是空间技术发展的必然选择,承载了人类探寻宇宙起源和演化、认识太阳系、探索地球与生命起源和演化奥秘的梦想。1958 年"先驱者 0 号"月球轨道器发射升空,拉开了人类深空探测的序幕。

月球是天然的空间实验室,在月球建立科研站具有巨大优势,月面连续观测有助于发现新的太空环境物理现象与机制,解决如波粒相互作用、能量转化、月球水来源等基本太空环境问题,同时可以长期监测地球风、太阳风、宇宙线、月尘、电磁场和波动环境,可以更好地研究和预报空间天气,保障科研站和载人登月等活动的安全[9]。

月球表面长期受到太阳光、太阳风、宇宙射线及微流星体等的直接作用,不仅形成风化层,还影响到月表的带电环境和月尘环境。月球没有全球磁场和稠密大气的保护,宇宙射线、太阳高能粒子等高能初级粒子会直接到达月表,并与月壤作用产生次级粒子,造成辐射效应。这些次级粒子包括带电粒子和中性粒子(如中子、γ 射线等)。初级粒子及次级粒子的辐射会威胁到探月设备和宇航员的安全与健康。

天文导航可以通过观测月球和其他天体的位置和运动来确定航天器在月球附近的位置和方向。它可以提供准确的定位信息,避免航天器与其他航天器的碰撞,并实现探月轨道的规划和管理。脉冲星导航是利用脉冲星的特殊脉冲信号来进行导航定位的。在月球环境中,脉冲星导航可以提供独立于地球的导航系统,为月球探测任务提供准确的定位和导航。这样可以减少对地球导航系统的依赖,同时也减少对月球环境的无线电频谱的使用,减少无线电干扰对月球环境的影响。地月拉格朗日点导航是利用地月平动点的稳定性来进行导航定位的。在月球环境中,地月拉格朗日点导航可以实现航天器在地月轨道上的稳定定位,帮助月球探测任务在地月轨道上保持低能量稳定,并避免对月球表面造成干扰和损害。

1.3.3 空间碎片的影响

空间碎片与航天器的平均碰撞速度为 10 km/s,这类碰撞为超高速碰撞,撞击过程中形成的冲击波等会使撞击损伤远大于碎片的尺寸,给航天系统带来的危害也是多方面的。各种不同尺寸空间碎片的碰撞会对航天器的不同部分产生多种类型损害。微小碎片累积效应会改变敏感元件的性能;撞击产生的等离子体会破坏航天器供电系统;航天器受较大空间碎片撞击会导致穿孔、容器爆炸、破裂,甚至结构解体。

空间碎片中毫米以下的微小碎片数量最多,对航天器的威胁也最大。微小碎片的累积撞击效应将导致光敏、热敏等材料或器件的功能衰退,以及降低光学表面的光洁度、改变温控辐射表面的辐射特性、击穿卫星表面原子氧防护等。随着这种撞击效应的累积,在卫星寿命的中后期会使卫星相关的光学表面产生严重的化学污染、凹陷剥蚀或断裂,破坏太阳电池阵的电路及温控系统等易损表面部件,使卫星系统功能下降或失效,严重威胁卫星的寿命和可靠性。

毫米级空间碎片的特点是撞击概率高、损伤危害大。对于毫米级空间碎片,卫星各分系统、部件遭受撞击损伤和破坏程度不尽相同。从空间碎片对航天器的各种部件和机构的影响来看,被撞击损伤程度从高到低如下:太阳电池、压力容器、热控材料、热管防护材料、蜂窝夹层结构、蓄电池、大型抛物面天线等。航天器的体积越大、在轨飞行时间越长,其遭遇空间碎片撞击的风险也就越大。据美国航空航天局(National Aeronautics and Space Administration,NASA)统计,由空间环境引发的 299 起在轨卫星故障事件中,碎片撞击占 12%。

1.3.4 小天体撞击的影响

自古以来就有很多陨石降临到地球表面,但都没有对人类整体造成非常大的伤害,人类也没有真正意识到这些地外天体巨大的破坏力。随着发现的近地小天体数目的增多,人类也逐渐加深了对小天体撞击威胁严重后果的认知。

在不断发现近地小天体的过程中,天文学家开始担心这些近地小行星距离地球轨道如此之近,是否会撞上地球。1991 年,由于当时不断观测到小行星穿越地球轨道的情形,美国众议院的科学与技术委员会认为对威胁到地球的小行星采取措施是十分必要的。

1992 年,NASA 发表的报告再次指出了小行星撞击的风险,并且提出要建立全球性的小行星搜索系统。限于当时的观测技术,几乎所有被发现的小行星或短周期彗星的直径均在 1 000 m 以上。1994 年,"苏梅克-列维九号"彗星临近木星,在木星巨大的引力场作用下被撕裂为数十块,并在几天内连续撞击木星表面。据中国国家天文台估计,这样尺度的碎块如果撞向地球,每一个都会引起全球性的气候灾害。在这次"彗木"大碰撞之后,人们才普遍意识到来自小行星的威胁确实存在,一旦发生一次严重的撞击事件,将会给全球的气候、人口及基础设施带来不可估量的破坏。从此之后,世界各国开始对小行星的防御计划给予关注。

为了应对这种威胁,科学家通过各种观测手段,发现并跟踪可能威胁地球的小行星,以便提前预警并采取必要的防御措施。增强观测技术和国际合作对于降低小天体撞击的风险具有重要意义。

2000 年初,日本建立了当时全世界最大的小行星数据库,可以让世界上的观测站有目的地观测那些具有威胁的小行星,尽量避免不必要的重复观测,有利于提高观测资源的利用率。

1.4 太空环境探测历程

太空环境探测包括地表探测、近地轨道探测和深空探测,其中深空探测是指脱离地球引力场,进入太阳系乃至更遥远的宇宙空间的探测活动。深空探测对于理解太阳系的形成和演化历程、探索地球外生命的可能性、预测地球及太阳系的未来变化等方面具有不可替代的作用。同时,深空探测还为人类提供了开发利用空间资源的新机遇,如小行星采矿、太阳风能源利用等。

1.4.1 月球探测

从 20 世纪 50 年代末开始,国际上已开展大量月球探测工程任务;21 世纪初,国际上第二次探月高潮拉开序幕。中国的无人月球探测计划于 2004 年正式启动[10],分为"绕、落、回"3 个阶段,目前已胜利完成 3 个阶段任务。

1976—1994 年是月球探测的宁静期,期间世界上没有进行过任何成功的月球探测活动。20 世纪 90 年代,月球探测活动开始复苏,美国于 1994 年和 1998 年分别发射了"克莱门汀号"(Clementine)和"月球勘探者号"(Lunar Prospector)月球探测器。

21 世纪初,国际第二次探月高潮拉开序幕,已经发射的月球探测器主要包括欧盟的"智慧一号"(SMART-1),日本的"月亮女神"(SELENE),印度的"月船一号"(Chandrayaan-1),美国的月球侦察轨道器(LRO)、"圣杯"探测器(GRAIL)和月球大气与尘埃环境探测器(LADEE),中国的"嫦娥系列"探测器等。

美国的 LRO 于 2009 年 6 月 19 日发射[11]，携带 7 大科学仪器，科学目标是探测月球极区的光照条件，测绘全月面地形，寻找未来登月点的位置，勘测月球的潜在资源；其中携带的光学窄角相机由两台 700 mm 焦距、视场角 2.85°的全色相机组成，可以获得月面 0.5 m 分辨率的全色影像，两台组合地面幅宽达 5 km。GRAIL 于 2011 年 9 月 10 日发射，科学目标是获取最高精度的月球重力场数据，探测月球的内部结构和演化历史，采用 GRAILA 和 GRAILB 双子卫星探测器系统，二者距离月表的标称高度为 50 km，彼此之间的平均距离为 200 km。2012 年 12 月 17 日，双子卫星探测器在控制下先后撞击月球北极附近的一座山峰。LADEE 于 2013 年 9 月 7 日发射，其科学目标是探测月球大气层的散逸层和周围的尘埃。

2004 年，中国启动了探月工程，推动了空间科学在行星科学、月基空间天文等领域的重要科学产出，为后续月球资源开发、载人深空探测奠定了重要的科学基础。

"嫦娥一号"实现了中国首次月球环绕探测，取得了国内首幅月球地质图和月球构造纲要图；在国际上首次获得白天和黑夜的全月球微波图像；构建了自主的首个高阶高精度月球重力场模型，完善了月球演化模型等。

"嫦娥二号"实现了更高分辨率的环月探测，获取了 7 m 分辨率的月表三维影像数据，对虹湾局部区域进行了 1 m 的高分辨率成像；获得了多种元素全月面分布；首次获得小行星 10 m 高分辨率光学图像，揭示了图塔蒂斯小行星的物理特性、表面特征、内部结构与形成机理。

"嫦娥一号"和"嫦娥二号"搭载的空间环境探测仪，由太阳高能粒子探测器（HPD）和太阳风离子探测器（SWID）组成，研究高能粒子和太阳风离子的成分、通量、能谱及其时空演化特征，以及太阳活动对月球空间环境的影响。

"嫦娥三号"在国际上首次解译了着陆区月壤和月壳浅层结构特性，发现了新型玄武岩；首次在月面实现对地球等离子体层产生的 30.4 nm 辐射的定点观测，获得了地球等离子体层整体结构特征及 ^{3}He 柱密度分布特征；获得了着陆区月壤的化学组成、矿物组成、月壤厚度及其下覆三套玄武岩（深度分别为 195 m、215 m 和 345 m）等系列成果。

"嫦娥四号"实现了人类首次月球背面软着陆；首次在月表开展能量中性原子的就位探测，揭示了太阳风与月表的微观相互作用机理，首次在月表实地进行了粒子辐射环境探测，为后续的载人登月任务的实施提供了重要的辐射环境参数参考；首次获取了月壤的光度特性，为准确反演月球物质成分和理解月球演化提供了重要支撑；证明了落区月壤中存在以橄榄石和低钙辉石为主的月球深部物质，为解答月幔物质组成问题提供了直接证据；"嫦娥四号"空间环境探测采取国际合作方式开展，携带了中子与辐射剂量探测仪（Lunar lander neutrons and dosimetry experiment，LND）等载荷；"嫦娥四号"任务的实现过程中,提前发射的中继星(鹊桥号)运行在地月拉格朗日 L_2 点,发挥了数据中继通信的重要作用。

"嫦娥五号"着陆在没有探测器到访过的月球正面风暴洋部吕姆克山脉附近,其获得的 13 亿~20 亿年的玄武岩是全新的月球样本。通过研究月壤岩芯钻取和表壤抓取的 1 731 g 样品,揭示了月球最晚期的火山活动及其月幔源区的地球化学特征、月球磁场等信息,帮助人类认知月球表面演化过程。

"嫦娥六号"[12] 完成了人类历史上首次月球背面采样,在月球背面南极艾特肯盆地进行形貌探测和地质背景勘察,成功采集的月球样品质量为 1 935.3 g。通过月球背面铲取、钻取采样任务,寻找新矿物、古老矿物、高压矿物和月球深部物质,进一步分析空间风化特征、月尘电磁学性质和月壤成熟度等月球环境因素,从而更全面地研究月球的形成和演化过程。

1.4.2 太阳空间探测

太阳空间探测,即发射探测器在近地空间、日地空间甚至近日空间开展的太阳空间探测活动。太阳空间探测可摆脱地面观测受到的大气吸收及湍流、天气、时间、角度、距离等限制,获取分辨率更高、波段更多的太阳观测数据,对人类进一步理解太阳磁场的产生和演化、高能粒子的加速和传播、太阳爆发的物理机制等一些基本的天体物理过程,以及提高空间天气预报的准确性具有重要意义[13]。

20 世纪 70 年代至今,美国、日本及欧洲部分国家已发射 100 余颗探测太阳及太阳风的卫星,取得了众多开创性科学成就。1990 年,NASA 与 ESA 联合研制的一颗太阳探测器"尤利西斯号"(Ulysses)首次实现了 76°轨道倾角的太阳极轨探测,获得了太阳风参数从低纬到高纬分布的观测数据;1991 年,日本宇宙航空研究开发机构(Japan Aerospace Exploration Agency,JAXA)与美国和英国联合研制的一颗太阳探测卫星"阳光卫星"(Yohkoh)拍摄了大量的太阳耀斑及日冕喷流图片,为太阳高能辐射研究提供了宝贵资料;1995 年,太阳和日球层探测器(solar and heliospheric observatory,SOHO)首次在日地拉格朗日 L_1 点开展成像探测,在太阳内部结构、太阳外层大气动力学和太阳风起源等方面取得了突破性成就;2006 年,日地关系观测台(solar terrestrial relations observatory,STEREO)计划包括黄道面内的绕日轨道双星,首次实现对太阳的立体探测;2010 年,太阳动力学天文台(solar dynamics observatory,SDO)卫星运行于地球同步轨道,提供了比 SOHO 和 STEREO 更为清晰的太阳图像,同时图像拍摄时间间隔从 STEREO 的 2.5 min 缩短至 12 s,为日冕动力学结构、太阳磁场等研究提供了丰富的资料;2013 年,太阳过渡区成像光谱仪(interface region imaging spectrograph,IRIS)卫星运行于太阳同步轨道,携带有先进的紫外波段望远镜、摄谱仪等设备,提供了迄今为止最详尽的太阳低层大气观测数据;2018 年 8 月 11 日,NASA"帕克号"太阳探测器(parker solar probe,PSP)成为首个太阳抵近探测器,到太阳表面最近距离达到 9 个太阳半径,实现国际首次人造航天器飞越太阳日冕层,获取了日冕层粒子和磁场数据,在日冕和太阳风能量流、太阳风加速区等离子体和磁场结构和动力学等方面取得显著进展;2020 年 2 月 10 日,ESA 发射的太阳轨道探测器为太阳极区探测器,携带有 10 台太阳观测载荷,提供了迄今为止太阳及其两极环境的最全面、最完整的视图。

中国的太阳空间探测计划起始于 20 世纪 70 年代,分为搭载载荷探测及专用卫星探测计划[14]。其中,搭载载荷包括"神舟二号"的空间天文分系统、"风云二号"的太阳软 X 射线探测器、"风云三号"E 星的太阳 X 射线极紫外成像仪等,在太阳活动监测方面做出了重要贡献。在专用太阳探测卫星方面,中国先后提出包括"天文卫星 1 号"、空间太阳望远镜(space solar telescope,SST)、夸父计划、太阳爆发探测小卫星(small explorer for solar eruptions,SMESE)、ASO-S、太阳 H-α 光谱探测与双超平台科学技术试验卫星(Chinese H-α solar explorer,CHASE)等多个专用太阳探测卫星计划,以开展长期高效的太阳探测。

"天文卫星 1 号"是中国最早的太阳空间观测计划,于 20 世纪 70 年代后期被提出,但由于一些原因,该项目卫星最终没有发射;20 世纪 90 年代,SST 项目被提出并经多轮论证最终形成以 1 m 口径的光学望远镜为主载荷的方案,旨在以 0.1 m 的高空间分辨率观测太阳磁场,获得高精度的太阳磁场信息,2011 年该项目被列入国家深空探测计划,并优化形成深空太阳天文台(deep space solar observatory,DSO)任务方案;2003 年,中国学者提出"夸父计划",并于 2009 年被纳入中国科学院空间科学战略性先导科技专项,该项目由 3 颗卫星组成,其中 1 颗位于日地拉格朗日 L_1 点,用于监测太阳活动的发生及其伴生现象向日地空间传播的过程;2004 年,中国和法国联合提出 SMESE 计划,该卫星旨在以从红外到伽马射线的多波段组合,在太阳活动极大年同时观测太阳耀斑和日冕物质抛射两类最剧烈的爆发现象;2011 年,中国太阳物理界提出 ASO-S 计划,首次在一颗卫星上实现太阳高能成像和大气不同层次变化的同时观测,研究耀斑和日冕物质抛射的相互关系和形成规律及其与太阳磁场之间的因果关系,关注太阳爆发能量的传输机制及动力学特征等科学问题[15],已于 2022 年发射;2017 年,上海航天技术研究院联合南京大学提出太阳 H-α 光谱探测与双超平台科学技术试验卫星("羲和号")项目,基于超高指向精度、超高稳定度的卫星平台及 H-α 成像光谱仪,实现对太阳低层大气(即光球层和色球层)的高精度光谱观测,并于 2021 年成功发射,迈出了中国太阳空间探测的重要一步。

1.4.3 行星探测

太阳系包含八大行星,包含水星、金星、地球、火星、木星、土星、天王星和海王星,其根据与太阳距离远近可分为内行星与外行星。内行星主要包括水星、金星、地球和火星,外行星主要包括木星、土星、天王星和海王星。

1.内行星探测

人类对火星上可能存在生命的猜测一直怀有希望。苏联在1962—1973年发射了7个"火星号"探测器,其中1个飞越火星,2个出了故障,2个软着陆失败,2个软着陆后不久通信中断。尽管多数任务并未成功,但它们为后来的火星探测奠定了基础。美国在1964—1975年间发射的"水手号"和"海盗号"探测器,不仅拍摄了火星的表面照片,还成功实现了软着陆。NASA的"好奇号"火星探测器于2011年11月26日发射成功,顺利进入飞往火星的轨道,成功降落在火星表面,展开了为期两年的探测任务。中国国家航天局于2020年7月23日发射"天问一号",这是中国自主的火星探测任务,"天问一号"由环绕器、着陆器和巡视器组成,主要科学探测目标包括火星大气电离层分析及行星际环境探测、火星表面和地下水冰的探测、火星土壤类型分布和结构探测、火星地形地貌特征及其变化探测、火星表面物质成分的调查和分析。"祝融号"火星车作为巡视器,负责完成火星巡视区的形貌和地质构造探测,土壤结构(剖面)探测、水冰探查、表面矿物元素和岩石类型探查,以及大气物理特征与表面环境探测。"天问一号"的成功标志着中国在深空探测领域迈出了重要一步[16]。

在20世纪六七十年代,苏联和美国多次发射金星探测器。1971年,苏联"金星7号"探测器的着陆舱在金星表面着陆成功,此后相继发射"金星8号"至"金星16号"探测器,发回了一批金星全景遥测照片和测量数据;美国在1962年8月26日发射"水手2号"金星探测器,探测器在距金星35 000 km的地方掠过,科学家通过测量它因金星引力而产生的轨道偏差,首次准确地计算出金星的质量;在1978年金星大冲期间,美国又发射了"先驱者-金星1号"和"先驱者-金星2号"探测器,在金星表面软着陆成功,对金星进行了综合考察。

水星是太阳系内距太阳最近的行星。1973年,美国发射的"水手10号"探测器在距水星690 km处发回水星表面状态的观测信息,"水手10号"发回的水星照片,可分辨约150 m大小的物体,测得的数据表明水星表面很像月球,布满大大小小的环形山,有很稀薄的大气,大气压力小于2×10^{-11} Pa,昼夜温差极大,最高地表温度为634.5 ℃,最低地表温度为-86 ℃。

2.外行星探测

外行星探测是从 20 世纪 70 年代初开始的。由于它们比内行星距离地球更远,探测器飞行时间往往长达数年,必须有大功率无线电发射机和大的接收天线才能使发回的信号在到达地球表面时仍有一定的强度。其次,在离太阳遥远的空间已不可能利用太阳能电池,只能用核电源。至今已经有 6 颗探测器探访过木星,4 颗探测器探访过土星。

1972 年 3 月,美国发射了第一个探测外行星的"先驱者 10 号"探测器。1973 年 12 月,这个探测器飞近木星,向地球发回 300 张中等分辨率的木星照片,然后利用木星的引力场加速飞向土星,再利用土星的引力场加速飞行,折向海王星,1983 年飞过海王星的轨道。1973 年 4 月发射的"先驱者 11 号"探测器在 1974 年 12 月经过木星,1979 年 9 月在距土星 34 000 km 处掠过,拍摄了土星的照片,发回有关土星光环成分的资料。

1989 年 10 月发射升空的以伽利略命名的探测器是专程前往木星的探测器,对木星及其卫星进行探测,研究木星大气和磁场以及木星卫星的组成及物理状态。"伽利略号"探测器到达木星后,在近 8 年的时间里对木星及其几颗主要卫星进行探测,获得了宝贵信息,积累了人类对这颗星球的认知。

1997 年 10 月发射升空的以卡西尼(Cassini)和惠更斯(Huygens)命名的"卡西尼–惠更斯号"探测器,专程前往土星及其最大的卫星土卫六进行探测,包括土星大气的组成、深层大气运动、云层性质、全球风场、闪电及电离层与磁场的变化,土星和土卫六的表面物理状态、大气结构与组成,土卫六的风和全球温度等。2017 年 9 月,"卡西尼–惠更斯号"土星探测器燃料将尽,科学家控制其向土星坠毁,进入土星大气层燃烧成为土星的一部分。

1977 年 8 月和 9 月,美国发射"旅行者 2 号"和"旅行者 1 号"探测器,对多颗外行星进行探测。它们先后从木星和土星旁绕飞,探测了这两颗行星。1979 年以后,它们陆续发回木星和土星的照片,清楚地显示出木星的光环、极光和 3 颗新卫星,以及木星的大红斑结构和磁尾形状、光环构造、新的土星卫星、奇异的电磁环境等信息。在它们掠过土星时,受到土星引力加速助飞,实现了轨道引力机动,得到了进一步的速度增量。"旅行者 1 号"直接朝向太阳系的边缘飞去,"旅行者 2 号"是唯一一个近距离观测过所有类木行星的探测器,目前已经飞出太阳系。目前这两 2 个探测器还在继续工作,发送回来的探测数据表明,它们即将飞出太阳系的磁层范围,进入恒星际空间。20 世纪七八十年代的深空探测成果无论从航天技术水平,还是从空间天文观测成果来看,都是重大的历史性成就。

1.4.4　小天体探测

小天体探测是指小行星探测和彗星探测。国际上小天体探测已历经多年,NASA、ESA、JAXA 先后完成了各有特色的小行星探测任务,任务目标从单目标到多目标,任务周期从 3 年的近地小行星探测到 10 年左右的主带小行星探测,实现了弱引力场下航天器精准控制、大速度增量需求的电推进等关键技术的演示验证,取得了小行星飞越、近地小行星绕飞、近地小行星取样、彗星撞击、彗发取样返回、彗星着陆等标志性成就。目前,成功实施的小行星探测任务共计 7 次。其中,Dawn 探测器(美国)仍在围绕 Ceres 小行星飞行,Hayabusa-2(日本)和 OSIRIS-Rex(美国)的采样返回任务正在实施中。

1991 年,美国发射的"伽利略号"木星探测器对 951 号 Gaspra 小行星进行了飞越探测,这也是人类第一次对小行星进行近距离观测。

2000 年 2 月 14 日,NASA 的近地小行星交会(NEAR,又称"尼尔")探测器顺利进入距离爱神小行星 35 km 的绕飞轨道,对其进行了全面观测,获得了小行星的大小、形状、质量、重力、磁场、自转、成分和地质数据。探测器利用多光谱成像仪拍摄得到的照片,对小行星表面的撞击坑进行了观测。

2003 年 5 月 9 日,日本"隼鸟"(Hayabusa)探测器成功发射,2005 年 10 月到达近地小行星糸川(1998 号 SF36),并进行了交会与采样。探测器首先在 10 km 轨道勘测选取附着区域后,下降到距小行星表面 100 m 的上空,成功着陆并采样返回。"隼鸟"于 2010 年 6 月返回地球,成为世界上首个实现小行星采样返回任务的探测器。

2004 年 3 月 2 日,欧盟"罗塞塔-菲莱"(Rosetta-Philae)探测器成功发射,是世界上首个完成彗星表面着陆就位探测任务的探测器,开展了目标彗星、彗核勘测及其化学、矿物学和物理特性的研究。2014 年 8~11 月实现了低轨道绕彗核观测和未知彗星表面精确着陆,这也是欧洲历时最长、最具挑战的深空探测任务。

2007 年 9 月 27 日,美国"黎明"(Dawn)探测器发射,其科学目标为了解太阳系开始形成时的条件和过程,测量灶神星和谷神星的质量、形状等,同时考察其内部结构并进行对比研究。2011 年 7 月,"黎明"探测器被灶神星捕获并进入其轨道,开始对灶神星进行探测,于 2012 年 9 月 5 日完成对灶神星的科学探测并离开灶神星,已于 2015 年 3 月达到谷神星。

中国的首次小行星飞越观测由"嫦娥二号"月球探测器完成。"嫦娥二号"月球探测器圆满完成探月先导技术验证既定任务后,利用日地拉格朗日 2 点(L_2 点)的伴随地球绕日运动特性,实现了测控地面站的接力控制,在国际上首次实现了从 L_2 点飞越小行星的轨道转移,成功飞越 4179 号图塔蒂斯小行星,并获取最高分辨率 3 m 的光学彩色图像,除在国际上创造千米级飞越最近距离纪录外,也使中国成为第 4 个实施小行星探测的国家。

1.5 太空环境研究发展趋势

太空环境学作为和人类生存发展密切相关、能够引领技术创新的前沿交叉学科,在国家科技发展中发挥的作用越来越重要,是世界各国高度重视和争相支持的重要领域。目前,世界各国政府支持的太空探索活动科学内涵不断增加,太空环境研究的投入在航天领域研究总投入中的占比逐年提高。美国政府认为,鉴于可靠的太空资产对国防和经济安全的重要性与日俱增,构建能提高国家乃至国际对空间天气事件潜在灾害影响的保护、减缓、响应和恢复能力的战略至关重要。2014 年 11 月,由美国国家科学技术委员会组织跨部门成立了"空间天气观测、研究与减缓"小组,对空间天气事件的战略与行动计划进行研究,并于 2015 年 10 月发布《国家空间天气战略》与《国家空间天气行动计划》。文件详述极端空间天气事件对国家关键基础设施的潜在危害,并就空间环境探测研究、产品服务与影响应对等提出战略目标和行动计划。2020 年,加拿大等国联合出版了《太空安全索引》,将太空安全描述为"能够安全、可持续地进入和利用太空资源,避免受到来自深空环境的威胁"。

2015 年,《中华人民共和国国家安全法》阐述了太空安全相关内容:"国家坚持和平利用外层空间,增强安全进出、科学考察开发利用的能力,加强国际合作,维护我国在外层空间的活动、资产和其他利益的安全。"2016 年中国空间技术研究院专家在香山科学会议"空间碎片监测移除前沿技术与系统发展"上提出太空环境治理概念,太空环境越来越受到主管部门、科研院所、高校、行业协会等的关注,太空环境治理正逐步发展成为一个新的航天发展领域。2022 年发布的《2021 中国的航天》白皮书,将太空环境治理与航天运输系统、空间基础设施、载人航天、深空探测、发射场与测控及新技术试验并列,作为未来我国空间技术与系统发展的重点之一。

1.5.1 大航天时代蓬勃发展,以太空资源开发为代表的航天任务牵引太空环境的研究

人类已进入大航天时代,近年来太空探索的热度、广度和深度都得到显著提升,载人登月、登火等极具挑战性的探索任务已逐步实施,地月空间已进入经济开发阶段,太空资源开发活动将逐步从地月空间向更远的深空扩展,太空资源开发利用已成为国际航天强国重点发展方向,并吸引了大批商业公司纷纷投入开发热潮。人类将逐步实现

月球资源开发、小天体资源开发、火星资源开发,并将最终具备全太阳系资源开发的能力。当人类具备太空资源开发的能力后,将打破地球封闭系统的限制,可获取太阳系内的无限资源,为人类发展提供不竭动力。

截至 2024 年 9 月,美国 SpaceX 公司通过 194 批发射将 7 062 颗"星链"卫星发射入轨,使"星链"星座在轨运行卫星数量超过 7 010 颗;该公司目前已获得 100 个国家超过 400 万个"星链"卫星终端的订单,并为全球超过 14 万名客户提供互联网先期服务。英国 OneWeb 公司目前拥有全球第二大规模的卫星星座,OneWeb 星座在轨运行卫星数量达 648 颗。欧盟授予"新交响乐"欧洲航天企业集团论证合同,用于研究欧洲卫星宽带星座建设构想。

与当前人类活动频繁的近地空间不同,地月空间具有距离远、范围大、引力条件复杂等特点,对深空通信、感知、传感及动力等系统均提出了更高的要求。美国通用、蓝色起源和洛马公司推进"敏捷地月运行演示验证火箭"项目研制,为提升航天器在地月空间内的机动能力奠定基础;美国蓝峡谷技术公司建造了一颗具备探索地月空间能力的小卫星;美国 Rhea Space Activity 计划开发立方体卫星星座,以实现对地月空间的全面监视。俄罗斯继续开展 Nuclon 号核动力太空拖船的设计工作,以提升地月运输能力。ESA 将利用法国萨里公司卫星验证月球通信网络技术,并将测试在月球周围使用 GPS 和"伽利略号"导航系统的能力。

随着我国载人航天和深空探测重大科技工程的顺利实施,我国已实现月球"绕、落、回"和火星"绕、着、巡"等伟大成就。2024 年"嫦娥六号"[17]携月球样品返回地球,标志着探月工程"嫦娥六号"任务取得圆满成功,实现世界首次月球背面采样返回。在航天发展的新阶段,太空资源开发是我国无人、有人月球探测及行星探测工程的重要目标之一。我国探月工程四期明确提出将利用"嫦娥八号"开展月面原位资源利用的关键技术试验。通过完成载人登月及国际月球科研站,我国已从认识月球发展到利用月球阶段,将开展一系列月球原位资源利用试验研究。通过完成"天问"系列任务、载人登火等行星探测及后续工程,我国将逐步具备小天体和火星探测采样与资源利用能力。我国学者也非常重视太空资源利用研究。2002 年,欧阳自远院士就撰文论述了月球表面 ^{3}He 等月球资源的利用前景。2016 年,叶培建院士带领的载人深空探测中国学科发展战略工作组系统分析了实施载人深空探测所面临的关键科学和技术问题,认为原位资源利用技术是有可能带来颠覆性、变革性的技术领域。钱学森空间技术实验室长期开展太空资源利用研究,研制了钻取一体化水冰资源原理样机并开展典型环境试验,提出地外人工光合作用并开展空间站试验载荷样机研制,探索无黏合剂、熔融致密化成型月壤 3D 打印方法并发展月壤储能方法。2021 年,包为民院士牵头开展地月空间探索和开发战略研究,重点论证了月球资源开发利用的发展战略。

未来,开发太空资源必将成为国家间实力竞争的一个重要科技领域[18],同时也会成为航天大国新的经济增长点。太空资源开发将实现商业化、规模化,形成新产业体系,改变全球原材料供应和全球经济格局,并在科技、经济、安全和政治等方面产生巨大影响。随着太空资源开发能力的发展,人类的生产生活和各类经济活动将向更深远的太空拓展,具备"脱离地球的生存能力",真正实现可负担、可持续的太空探索。21世纪中叶,人类将登陆月球及更远的天体,逐步在地外星球建立新家园。人类文明将以地球文明为源头,不断开拓出地月文明甚至太阳系文明。历史证明,任何一个民族,只要能率先把主要社会经济活动范围拓展到新空间,就能在文明竞争中抢占先机。正如大航海时代创造的奇迹一样,以太空资源开发为代表的"大航天时代"将会拓展人类生存发展新空间,创造人类发展史的下一个奇迹。

1.5.2 太空环境对重大基础前沿科学问题的研究将取得重大突破,可能催生新一轮科学革命,是基础研究的战略必争领域

太空环境与国家安全和社会经济发展紧密联系,其重要性与日俱增。随着太空环境不断发展,空间天气、空间碎片、电磁干扰、太空网络干扰、行星保护、行星防御等传统和非传统环境风险因素不断增多或加剧,轨道空间、空间频谱、月球南极长期光照区等有限自然资源变得越来越稀缺。与此同时,越来越频繁的太空活动对处于地面的社会经济活动的负面影响也越来越多地浮现出来。太空活动安全性和长期可持续性正受到前所未有的巨大挑战。人类在低轨巨型星座快速部署、不断走向更深远空间的背景下,更进一步认识太空自然环境,分析太空运行所面临的人为威胁及太空活动对地面人员和活动的影响,并开展综合性治理,这是当前及未来整个人类社会必须解决的一项重要任务。

在太阳物理和空间物理学领域,正在积极探索宇宙的起源与演化,揭示极端宇宙条件下的物理规律。欧洲部分国家,以及美国、俄罗斯、日本等计划在未来进一步探索太阳,研究太阳活动规律及对行星际空间和地球空间的影响;中国首个国家空间科学规划《国家空间科学中长期发展规划(2024—2050年)》中指出拟解决的重大科学问题包括暗物质粒子本质和宇宙高能辐射来源、暗能量的本质、动态宇宙探测与暂现源物理机制、宇宙黑暗时代和再电离历史、恒星及行星系统起源与演化、重子物质循环与反馈等。

在空间天文领域,正在积极探测中低频引力波、原初引力波,揭示引力与时空本质。空间天文项目规划对暗物质、暗能量及黑洞附近极端条件下物理过程等重大前沿问题做出了积极的响应,空间天文研究的主要热点是黑洞及宇宙极端条件、暗能量、暗物质

和宇宙演化、星系结构和演化、类地太阳系外行星系统的搜寻等。开展空间可见光及红外巡天,以及 X 射线、伽马射线、宇宙射线、红外和紫外观测是天文卫星发展的重点领域。引力波天文探测的新窗口已经打开,在空间进行的低频段引力波直接探测,发现了超大质量黑洞等星体的并合,寻找电磁对应体将成为新的热点。未来太空环境的发展将酝酿革命性的新发现和重大突破。

探索太阳系天体和系外行星的宜居性,开展地外生命探寻也是一个热点。月球与行星科学的发展态势表明,美国将主要精力放于"阿尔忒弥斯"计划和火星探测,为未来可能的载人火星任务做准备;各国探索活动的重点领域包括月球探测、火星探测、小行星与彗星探测、太阳探测、水星与金星探测、巨行星及其卫星探测。太空环境将参与解决前沿科学问题,包括:月球深部物质、圈层结构及早期撞击历史,小行星/彗星起源与演化,火星宜居环境演化与生命信号,太阳风与木星磁层的相互作用,冰卫星和冰巨星宜居环境与生命信号探测,系外行星宜居性及生命特征等。

未来对深空如木星、太阳边际等的探测,以及对行星及其卫星进行密集和更长时间的科学观测都需要对有关环境进行深入分析。如以太阳、水星探测为代表的极端高温环境、高紫外线辐照、极高通量密度的高能质子辐射环境;以火星探测为代表的多尘环境(巨大而漫长的风暴)、中等强度光照条件、低温条件、低辐射环境;以木星系、土星系探测为代表的低光照强度、低温环境、高能电子辐射环境、微流星环境等。

空间生命科学和人体科学研究以中国空间站和国际空间站为主要平台,将获取新的基础科学成果和转化应用成果。欧洲的空间生命科学研究注重基础和连续性;美国一度单纯强调长期载人活动中航天员的安全和健康问题,现又加强了对基础生物学的支持力度;俄罗斯在航天医学和健康药物防护、高等植物栽培、蛋白质晶体、生物制剂、药物提纯等方面开展了广泛、系统的研究;日本在密闭生态实验、蛋白质科学和航天员健康保障方面开展了重点研究,并将继续进行和发展。在太空环境影响下,拟解决的重大科学问题包括微重力多过程耦合新体系下复杂流体物理基础理论,引力场中的量子效应、广义相对论高精度检验与新物理探索,地球生命的空间环境适应性和生存策略等。

1.5.3 我国实施的载人空间站工程,将成为 21 世纪 30 年代中后期唯一在轨空间站,是我国发展空间科学难得的历史机遇

我国载人航天"三步走"的发展战略于 1992 年 9 月确立。第一步,发射载人飞船,建成初步配套的试验性载人飞船工程,开展空间应用实验[19]。通过实施 4 次无人飞行任务,以及"神舟五号""神舟六号"载人飞行任务,掌握了载人天地往返技术,使我国成为第三个具有独立开展载人航天活动能力的国家,实现了工程第一步任务目标。第二步,突破航天员出舱活动技术、空间飞行器交会对接技术,发射空间实验室,解决有一定规模的、短期有人照料的空间应用问题。通过实施"神舟七号"飞行任务,以及"天宫一号"与"神舟八号""神舟九号""神舟十号"交会对接任务,掌握了航天员出舱活动技术和空间交会对接技术,建成我国首个试验性空间实验室,标志着工程第二步第一阶段任务全面完成。通过实施"长征七号"首飞任务,以及"天宫二号"与"神舟十一号""天舟一号"交会对接等任务,工程第二步任务目标全部完成。第三步,建造空间站,解决有较大规模的、长期有人照料的空间应用问题。通过实施"长征五号"B 运载火箭首飞,"天和"核心舱、"问天"实验舱、"梦天"实验舱,4 艘载人飞船及 4 艘货运飞船共 12 次飞行任务,中国空间站于 2022 年底全面建成,工程随即转入应用与发展阶段,全面实现了载人航天工程"三步走"发展战略目标。

中国载人航天工程在载人飞船阶段(1992—2006 年)和空间实验室阶段(2007—2017 年)共完成了 80 多项科学实验。2020 年,中国载人航天工程全面迈入空间站时代。2022 年年底,中国国家太空实验室正式运行,其中高精度时频系统、高微重力实验柜等设施为国际首创,超冷原子物理实验柜、生命生态实验柜、无容器材料实验柜、燃烧科学实验柜等实验设施达到国际领先或先进水平,可以支持完成的在轨科学实验覆盖微重力及空间生命科学、空间生物技术、空间材料科学及空间应用新技术等多个领域,为开展大规模、系统性、有人参与的空间科学研究提供了历史性机遇。与空间站同轨飞行的 2 m 口径巡天空间望远镜即将发射,空间站应用与发展阶段还将部署高能宇宙辐射探测设施,有望使中国空间光学天文巡天、空间暗物质搜寻和高能宇宙辐射探测达到国际先进水平。

综上所述,当前新一轮太空科技革命和产业变革快速迭代,太空科学研究范式正在发生深刻变革,学科交叉融合日益加强,基础研究孕育重大突破,变革性技术和颠覆性创新不断涌现,人类太空生产生活正在发生巨大变化。太空环境是基础研究的制高点,更是建设科技强国的必争之地。太空环境学作为研究宏观和微观世界的前沿交叉学科,在新一轮科技革命孕育爆发之际,已进入了跨越式突破的新时刻。

思 考 题

1.太空环境是怎样影响航天活动的?

2.建设月球基地要考虑哪些太空环境?

3.简述人工智能对太空环境治理方面的思考。

本章参考文献

[1]"中国学科及前沿领域发展战略研究(2021—2035)"项目组. 中国空间科学 2035 发展战略[M]. 北京:科学出版社,2024.

[2]全林,沈自才. 太空环境感知概论[M].北京:清华大学出版社,2023.

[3]胡中为,王尔康.行星科学导论[M]. 南京:南京大学出版社,1998.

[4]王赤,张贤国,徐欣锋,等.中国月球及深空空间环境探测[J].深空探测学报(中英文),2019,6(2):105-118.

[5]焦维新. 空间天气学[M].北京:气象出版社,2003.

[6]王海福,冯顺山,刘有英. 空间碎片导论[M]. 北京:科学出版社,2010.

[7]李东旭. 近地小天体防御与利用[M].北京:科学出版社,2023.

[8]朱光武,李保权.空间环境对航天器的影响及其对策研究[J].上海航天, 2002, 19(5):8.

[9]欧阳自远.月球科学概论[M]. 北京:中国宇航出版社,2005.

[10]李春来,刘建军,左维,等.中国月球探测进展(2011—2020 年)[J].空间科学学报,2021,41(1):68-75.

[11] VONDRAK R, KELLER J, CHIN G, et al. Lunar reconnaissance orbiter(LRO): Observations for Lunar exploration and science[J]. Space science reviews, 2010, 150(1): 7-22.

[12]胡浩,王琼,胡浩德,等.人类首次月球背面采样返回"嫦娥"六号任务综述[J].中国航天,2024,(7):7-13.

[13]周济林,谢基伟,葛健,等. 空间系外行星探测与研究进展[J]. 空间科学学报,2024, 44(1): 5-18.

[14]颜毅华,邓元勇,甘为群,等. 空间太阳物理学科发展战略研究[J]. 空间科学学报, 2023,43(2): 199-211.

[15]王赤、汪毓明、田晖,等. 空间物理学科发展战略研究[J]. 空间科学学报, 2023, 43(1): 9-42.

[16]顾逸东,吴季,陈虎,等. 中国空间探测领域 40 年发展[J]. 空间科学学报, 2021, 41(1): 10-21.

[17] LI C L, HU H, YANG M F, et al. Nature of the Lunar far-side samples returned by the Chang'E-6 mission[J]. National science review, 2024, 11(11): nwae328.

[18]艾伦·C·特里布尔. 空间环境[M]. 唐贤明,译.北京：中国宇航出版社，2009.

[19] 刘泽康. 空间站应用与发展阶段开年提速[J]. 国际太空，2023(9)：4-8.

第2章 深空基准

基本概念

时间基准、空间基准、深空基准、深空时间基准、深空空间基准

重要公式

J2000.0 地心地球天球坐标系或月心月球天球坐标系至地心天体坐标系或月固坐标系转换关系:式(2.10)

地心地球天球坐标系到地心天体坐标系转换关系:式(2.12)

月心月球天球坐标系到月固坐标系转换关系:式(2.17)

火星天球坐标系到火星平赤道坐标系转换关系:式(2.21)

火星平赤道坐标系到火星固联坐标系转换关系:式(2.22)

深空基准是人类为了测定和描述空间中事物的坐标和演化过程而建立的参考基准[1-4]。深空基准定义了时空测量的基准和尺度,包含了由自然天体和人造天体组成的参考框架和基准物体,以及基于人类协调统一定义的多层次时空坐标系[5]。深空基准可以分为深空时间基准和深空空间基准。深空基准是国家时空基准体系的重要组成部分,是开展深空探测,认知、进出、控制和利用深空的重要前提和基础。随着我国从航天大国向航天强国迈进,众多的空间任务对深空基准的建立与维持提出了更高的要求。

本章 2.1 节介绍深空时间基准,包括真太阳时与平太阳时、恒星日与恒星时、世界时、原子时、儒略日和动力学时等;2.2 节介绍深空空间基准,包括地球空间坐标系、日心坐标系、月球空间坐标系、火星空间坐标系、历表和不同坐标系之间的转换等。

2.1 深空时间基准

时间是一个基本物理量,是当前国际单位制 7 个基本量之一[6]。时间是目前可测量精度最高的物理量,在物理学、计量学、测量学等领域具有重要的地位,长度、质量、电流等其他多个物理量均可通过时间测量来提升其测量精度。时间基准指的是在国际、

国家、地区或某个领域被公众所认可的作为源头的具有最高地位的参考时间,其他各类时间都需要溯源至时间基准或与时间基准保持一致。时间基准需要通过具体的时间系统来实现,时间系统对时间的产生方式、表达形式、物理实现等进行了具体明确的规范。

太空活动对时间误差要求十分严格,航天器的运动速度一般以千米/秒(km/s)为单位进行度量,1 ms 的时间误差导致的航天器位置偏差可达米级。为了精确描述深空中的活动,必须建立精确的深空时间基准。深空时间基准指的是在深空探测活动中所使用的各种时间,是人类对深空中的时间进行有效量度的根本标准。深空时间基准需要通过建立各种具体的深空时间系统加以实现。本节主要介绍目前使用的几种深空时间基准,包括真太阳时与平太阳时、恒星日与恒星时,然后介绍目前使用的几种时间基准,包括世界时、原子时、儒略日、动力学时、协调月球时和协调火星时。

2.1.1　真太阳时与平太阳时

太阳时是以太阳日为标准来计算的时间,可以分为真太阳时和平太阳时。

真太阳时是指观察太阳的周日视运动,以太阳视圆面中心作为参考点,由其周日视运动所确定的时间。在天球坐标系中,天体到达天子午圈的位置称为中天,在天体的周日视运动中最高的位置称为上中天,最低的位置称为下中天。太阳视圆面中心连续两次上中天的时间间隔是一个真太阳日。一个真太阳日的 1/24 为一个真太阳时,一个真太阳时的 1/60 为一个真太阳分,一个真太阳分的 1/60 为一个真太阳秒。太阳视运动是由地球自转和公转运动共同决定的。人们使用日晷等简单设施就可以方便地获取真太阳时。

由于地球的公转轨道近似椭圆并与地球赤道平面存在夹角,且会受到其他天体的摄动作用,因此真太阳时的时间长度不固定。为了解决这一问题,1820 年法国科学院将 1 s 定义为全年中所有真太阳日平均长度的 1/86 400,全年中所有真太阳日相加后除以 365 得到的平均日长为平太阳日。但这种定义需要取一年的时间进行平均,无法得到实时的时间,不利于使用。19 世纪末,天文学家纽康引入了一个假想的太阳(平太阳)代替真太阳,其每年和真太阳同时从春分点出发,在赤道和黄道上均匀运动,其速度等于真太阳的平均速度,最后和真太阳同时回到春分点。平太阳日是指连续两次上中天的时间间隔,将一个平太阳日按与得到真太阳时相同的方法均分可以得到平太阳时、平太阳分、平太阳秒,这样定义的时间系统称为平太阳时。平太阳时的提出主要是为了得到一个均匀适用的时间供人类日常生活使用,并不适用于高精度的深空探测活动。

2.1.2　恒星日与恒星时

恒星日是以春分点的周日视运动所确定的时间系统。春分点连续两次经过某地上中天的时间间隔称为一个恒星日。以春分点在观测地上中天的瞬间起算,设春分点的时角(观测地的天子午圈与春分点的赤经圈在天赤道上所成弧度)为 t_γ,则恒星时 S 可以表示为

$$S = t_\gamma \tag{2.1}$$

一个恒星日的 1/24 为一个恒星时,一个恒星时的 1/60 为一个恒星分,一个恒星分的 1/60 为一个恒星秒。

以地球上对向太阳的点 A 为观测地,A 点在地球自转约一周后又对向了太阳,这段时间是一个恒星日。但由于地球除了自转之外还存在公转,地球自转一周后必须要再转过 0.986° 才能使 A 点对准太阳,所以一个平太阳日比一个恒星日长。在一个地球公转周期里有 365.242 2 个平太阳日,而恒星日则有 366.242 2 个。经计算,以太阳为参考点的恒星日比平太阳日每天快约 4 min,长度为 23 h 56 min 4 s。

恒星时可以用于确定经度或时间。当格林尼治天文台的恒星时已知时,由观测地的恒星时可以确定当地经度。当地的经度已知时,由观测地的恒星时可以确定当地的格林尼治时间,即世界时。恒星时可以简化天文学的计算,如通过恒星时和当地的纬度可以方便地计算出哪些恒星出现在地平线以上。图 2.1 所示为恒星日与太阳日示意图。

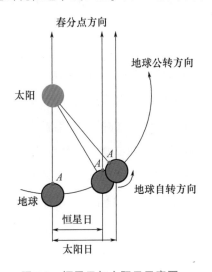

图 2.1 恒星日与太阳日示意图

2.1.3 世界时

世界时是英国格林尼治天文台的平太阳时间,用 UT 表示。在引入世界时之前,每个城市根据太阳的地方位置设置其官方时钟,如平太阳时与恒星时。这些时间系统与观测者的位置有关,因此都是地方时。在不同的地方同时观测太阳,其时角之差就等于

观测地的地理经度之差。由于铁路的出现,人类在地球上的运动速度得到了大幅提升。为了方便计时,1884 年国际上将地球自转运动的时间作为国际标准时间的计量,称为世界时。英国格林尼治天文台原址的地理经度为 0°,设某地的地理经度为 λ,则该地的平太阳时 m 与世界时 UT 的关系可以表示为

$$m = \mathrm{UT} \pm \lambda \tag{2.2}$$

其中该地的地理经度 λ 为东经时取正号,为西经时取负号。在实际使用时常常将经度按照每 15° 划分为一个时区,将全球划分为 24 个时区,每个时区使用相同的地方时,由每个时区中央经线的经度按照式(2.2)计算出不同时区的地方时,以便于日常使用。

世界时有多种,常用的为协调世界时(UTC)和一类世界时(UT1)。其中 UT1 是在各个天文台观测恒星求得的世界时初始值 UT0 的基础上引进极移改进所得到的。UTC 是以原子时秒长为基础,通过添加闰秒保持在 UT1 的 ±0.9 s 内的一种时间计量系统。在 UT1 中加入地球自转速度季节性变化改正可以得到一年内平滑的世界时,即二类世界时(UT2)。精确的世界时是地球自转的基本数据之一,是地球自转、地球内部结构、板块运动、地震预报,以及地球、地月系、太阳系起源和演化等研究的基础。

2.1.4 原子时

原子时是以物质的原子内部发射的电磁振荡频率为基准的时间计量系统。在原子钟出现之前,时钟主要依赖于钟摆的有规律摆动计时,被称为摆钟。摆钟后被基于石英振荡器的石英钟所取代,但石英钟易受气温变化、器件老化等因素的影响。原子钟的出现将计时的精度大幅提升,可以达到每 2 000 万年误差 1 s。原子钟的种类众多,包括铷、铯、氢等传统技术原子钟和新型的冷原子钟。原子时的诞生使人类对时间要求更高的生产和科研活动得到了更为准确的计时工具,可为天文、航海、深空探测活动提供强有力的保障。

原子时的基本原理是:原子具有一系列确定的能级,其最低能级称为基态,其他能级称为激发态,原子在不同能级之间跃迁时会以电磁波的形式辐射或吸收电磁能量,两个能级之间的能量之差等于普朗克常量与跃迁频率的积。因为原子的跃迁频率非常稳定,所以可以将原子的跃迁频率作为原子时的计时标准。

目前国际上一般将国际原子时(temps atomique international,TAI)作为时空基准[7]。1967 年 10 月,第十三届国际度量衡会议将国际原子时秒长定义为以在零磁场中铯原子 Cs-133 基态的两个能级间跃迁辐射的 9 192 631 770 个周期所经历的时间间隔作为 1 s 的时间计量系统,基本单位为秒(s)。其起算点为接近 1958 年 1 月 1 日的 UT2 的 0 时,

其与 UT2 的关系为

$$(TAI - UT2)_{1\,958.0} = -0^s.003\,9 \tag{2.3}$$

式中，$0^s.003\,9$ 表示 $0.003\,9$ s，后文此表示方式均指此义。

2.1.5　儒略日

儒略日（Julian day, JD）是一种不涉及年、月等概念的长期计日法，由法国年代学家 Scaliger 以其父亲的名字命名。儒略日常用于天文和航天计算中，如根据星历计算某一时刻行星的位置。需要注意的是，儒略日与罗马共和国独裁官儒略·恺撒制定的天文学历法儒略历无关。

儒略日以公元前 4713 年 1 月 1 日世界时 12 时（平太阳时正午）为起算日期，然后逐日累加。计算两个日期之间的天数可以用儒略日相减得到。儒略世纪固定有 36 525 个世界日，是一种时间间隔的单位，主要用于统计固定的日数。由于儒略日的计时起点距今较远，使用起来较为不便，1973 年国际天文学联合会（IAU）推荐采用简化儒略日（modified Julian day, MJD）。简化儒略日的起点为 1858 年 11 月 17 日世界时零时（平太阳时子昼）。简化儒略日与儒略日的关系为

$$MJD = JD - 2\,400\,000.5 \tag{2.4}$$

从 1973 年起 IAU 规定在计算岁差、章动及进行星历编写时均以 2000 年 1 月 1 日 12 时（即儒略日 2 451 545.0，一般称为 J2000.0）作为标准历元，任一时刻 t 距离标准历元的时间间隔为 $JD(t) - 2\,451\,545.0$。

2.1.6　动力学时

动力学时是在天文学中根据天体运动方程编算星历时所采用的独立时间参数变量。动力学时可以用于解算围绕地球质心运动的天体运动方程、编算卫星星历。

动力学时包括太阳系质心动力学时（barycentric dynamical time, TDB）和地球动力学时（terrestrial dynamical time, TDT）。动力学时所要求的均匀时间尺度为原子时（TAI），两者的关系为

$$TDT = TAI + 32^s.184 \tag{2.5}$$

研究相对于太阳系质心的运动或编写太阳系行星历表时所用的动力学时是 TDB。研究相对于地球质心的运动或编写地球卫星星历表时所用的动力学时是 TDT。TDB 和 TDT 的差别由相对论效应引起，两者之间的关系为

$$TDB = TDT + 0^s.001\,658\sin g + 0^s.000\,014\sin 2g \tag{2.6}$$

式中，g 为地月系质心绕日轨道的偏近点角，其表达式为

$$g = 357°.53 + 0°.985\ 600\ 3(\text{JD}(t) - 2\ 451\ 545.0) \tag{2.7}$$

式中,357°.53 表示 357.53°,后文此表示方式均指此义;JD(t)为时刻对应的儒略日,其中 2 451 545.0 对应 J2000.0 历元时刻,即 UTC 时间的 2000 年 1 月 1 日 11:59:27.816。

2.1.7　协调月球时

协调月球时的设立可以保障地月空间航天任务的顺利进行,并为未来深空探测活动提供支持。地月空间定位导航授时系统通过信号的传递时间来测量距离,其测量精度依赖于各分系统之间的时间同步精度。根据广义相对论和狭义相对论,当观测者处于不同于地球的引力环境或相对于地球高速运动时,观测者所经历的时间将与地球上所经历的时间长度不同。对于月球上的观测者来说,地球上的时钟平均每地球日慢58.7 μs,且伴随着周期性的波动。这种时间基准上的不同会使测距产生误差,影响航天器的对接、着陆等任务。同时由于国际单位制中的许多核心物理量,如距离和质量,都依赖于对时间的定义,这种时间的误差也会降低测绘和惯性导航的精度。协调月球时的设立可以减少地月空间航天任务以及未来深空探测任务的时间误差及其相关误差,为任务的顺利开展提供支撑。

协调月球时(coordinated Lunar time,LTC)是以布置在月面上的原子钟为基础,根据其月球自转周期确定的时间系统。协调月球时根据月球的自转周期来确定一天的时间,并划分出小时、分钟和秒。可以通过以多台布置于月面上的原子钟的时间为标准保证其精确性,并将月球的赤道等分为等长的经线,沿经线划分出相应的时区,以此得到月球上各地的时间。协调月球时还可以使用协调世界时的偏移量来保证本地时间的精准度,这也保证了协调月球时对协调世界时的可溯源性。

2.1.8　协调火星时

协调火星时设立的意义在于研究火星大气和气候等环境。火星上具有其他行星上少见的温度、大气压力的昼夜变化和季节性变化。火星着陆器进行探测任务时可以以协调火星时进行记录,并由当地的地理经度计算出火星太阳时,以便准确反映出探测结果随火星的昼夜和季节产生的变化。

协调火星时(Mars coordinated time,MTC)是根据火星自转周期确定的时间系统。火星上的地方时常采用火星太阳时,即火星上的平太阳时。火星太阳时中一个火星平太阳日,即一个火星太阳日(Mars solar day)的平均长度为 24 h 39 min 35.244 s,为了和 24 h地球太阳日区分,火星太阳日常以"sol"指代。一个火星的恒星日为 24 h 37 min 22.663 s。一个火星太阳日的 1/24 为一个火星太阳时,一个火星太阳时的 1/60 为一个火星太阳分,一个火星太阳分的 1/60 为一个火星太阳秒。火星的一个公转周期有 668.592 1 个火星太阳日,即一年有 668.592 1 天,如果按地球上的时间计算则有686.972 5天。如同地球上的格林尼治标准时间一样,以火星本初子午线的火星太阳时作为协调火星时。设火星上某地的地理经度为 λ,则该地的火星太阳时 s 与协调火星时 MTC 的关系可以表示为

$$s = \text{MTC} \pm \lambda \tag{2.8}$$

其中该地的地理经度 λ 为东经时取正号,为西经取负号。在使用时同样以 15° 为间隔划分时区,将火星划分为 24 个时区,由每个时区中央经线的经度按照式(2.8)计算出不同时区的地方时。

2.2　深空空间基准

空间描述物体和事件的距离和方向。空间基准包括各种空间坐标系及其具体实现。空间基准系统是测定物体和事件的距离、方向、姿态及其变化的坐标系,确定了某一时刻事物与现象在宇宙中的准确位置[5]。

深空空间基准是为开展深空探测活动而建立的空间坐标系。深空空间基准系统主要包括观测河外射电源建立起的射电参考架、观测太阳系天体建立起的太阳系历表(行星/月球历表)、观测脉冲星建立起的脉冲星星表和观测恒星建立起的光学天球参考架(恒星星表)等,具体由国际天球参考架(ICRF)、国际地球参考架(ITRF)和地球定向参数(EOP)等实现。本节介绍地球空间坐标系、日心坐标系、月球空间坐标系、地月坐标系之间的变换、火星空间坐标系,以及星表/历表。

2.2.1　地球空间坐标系

近地空间是指从地球海平面起约 100~36 000 km 的球壳状区域,人类绝大多数的航天活动集中于这个区域。为了准确描述近地空间中的现象与航天活动,对地球空间坐标系进行定义。

1.地心天体坐标系

地心天体坐标系[8] O_E-$X_E Y_E Z_E$ 固联于地球,与地球一起旋转、运动,其以地球质心为坐标原点。常用的地心天体坐标系包括 WGS84 坐标系、CGCS2000 坐标系。其中 CGCS2000 坐标系的 3 个坐标轴定义为:Z_E 轴指向国际地球自转服务局(IERS)参考极(IRP)方向,X_E 轴指向 IERS 参考子午面(IRM)与过原点且与 Z_E 轴正交的赤道面的交点,X_E、Y_E、Z_E 三轴构成右手坐标系。地心天体坐标系适用于描述地球上固定点的位

置,如利用卫星导航计算的地面上某一点的精确坐标。图 2.2 所示为 CGCS2000 坐标系示意图。

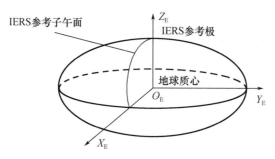

图 2.2 CGCS2000 坐标系示意图

2.地心地球天球坐标系

地心地球天球坐标系 $O_E-x_E y_E z_E$ 不与地球固联,不随地球自转,但随地球公转。其以地球质心为坐标原点,x_e 轴指向历元 J2000.0 平春分点,$x_E y_E$ 平面是历元 J2000.0 地球平赤道面,x_E、y_E、z_E 三轴构成右手坐标系。地心地球天球坐标系适合描述地球引力作用下的自然天体和卫星等空间目标的运动。图 2.3 所示为地心地球天球坐标系示意图。

2.2.2 日心坐标系

日心坐标系包括日心赤道天球坐标系和日心卡灵顿坐标系等多种坐标系,可用于描述行星际探测任务、支撑天文研究和大地测量等。

日心黄道天球坐标系 $O_S-X_s Y_s Z_s$ 的原点位于太阳系质心,基本面为黄道面,基本方向(X_s 轴)指向春分点,其 X_s、Y_s、Z_s 三轴构成右手坐标系。图 2.4 所示为日心黄道天球坐标系示意图。

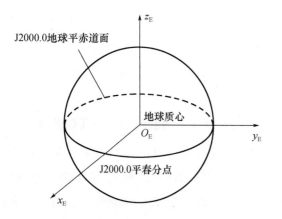

图 2.3 地心地球天球坐标系示意图

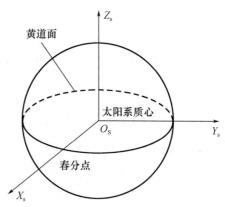

图 2.4 日心黄道天球坐标系示意图

除日心坐标系外,还可用坐标原点位于太阳系质心的坐标系描述太阳系内的事物和运动。自 1998 年 1 月 1 日起,国际天文学联合会使用国际天球坐标系(ICRS)作为标准坐标系,其中包括坐标原点位于太阳系质心的质心天球坐标系(barycentric celestial reference system, BCRS)和坐标原点位于地球质心的地心天球坐标系(geocentric celestial reference system,GCRS)。质心天球坐标系 O_S-$X_S Y_S Z_S$ 的 X_S 轴指向 J2000.0 平春分点,Z_S 轴指向 J2000.0 平北天极,其 X_S、Y_S、Z_S 三轴构成右手坐标系[9]。图 2.5 所示为 BCRS 示意图。

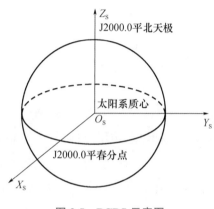

图 2.5　BCRS 示意图

2.2.3　月球空间坐标系

目前世界主要航天大国已竞相开展月球探测活动。为了描述月球空间中的现象与活动,对月球空间坐标系统进行了定义。

1.月固坐标系

月固坐标系是一个月心坐标系,类似于地球的地心天体坐标系。月固坐标系 O_L-$X_L Y_L Z_L$ 的原点为月球的质心 O_L,X_L 轴指向月球本初子午线(经过月面中央湾 Sinus Medii 的子午线)与月球赤道的交点,Z_L 轴和月球自转角速度方向相同,X_L、Y_L、Z_L 三轴构成右手坐标系。月固坐标系是随月球自转的坐标系,在描述与月球固联的物体如月表影像、月表地貌等方面具有优势。图 2.6 所示为月固坐标系示意图。

2.月心月球天球坐标系

月心月球天球坐标系 O_L-$x_L y_L z_L$,坐标原点位于月球质心,x_L 轴指向历元 J2000.0 平春分点,$x_L y_L$ 平面是历元 J2000.0 地球平赤道面,x_L、y_L、z_L 三轴构成右手坐标系。该坐标系与地心地球天球坐标系完全对应,仅是坐标原点从地心平移至月心,是建立地月坐标系之间转换关系的"过渡"坐标系。图 2.7 所示为月心月球天球坐标系示意图。

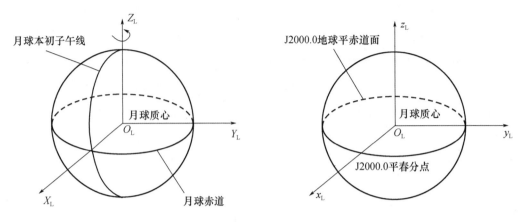

图 2.6　月固坐标系示意图　　　　　图 2.7　月心月球天球坐标系示意图

3.月心赤道坐标系

月心赤道坐标系 O_L-$x_1y_1z_1$,坐标原点位于月球质心,x_1 轴指向历元 J2000.0 平春分点,x_1y_1 平面是历元 J2000.0 月球平赤道面,x_1、y_1、z_1 三轴构成右手坐标系。其随月球公转,不随月球自转,适合研究绕月探测器空间运动。图 2.8 所示为月心赤道坐标系示意图。

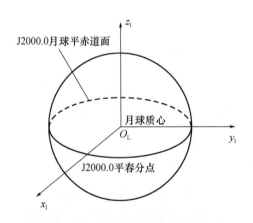

图 2.8　月心赤道坐标系示意图

2.2.4　地月坐标系之间的变换

为了在地月之间不同的空间位置准确描述空间实体、空间现象,必须进行地月空间中不同坐标系之间的变换。坐标变换是从一种坐标系变换到另一种坐标系的过程,通过建立两个坐标系之间对应关系来实现。坐标系之间的变换可以分为缩放变换、平移变换、旋转变换等。不同坐标系之间的变换一般可以通过如下步骤进行:将不同坐标系之间的旋转、缩放矩阵与空间实体、空间现象的坐标矢量相乘来进行坐标旋转变换与缩放变换,再将得到的坐标矢量加上不同坐标系之间的平移矢量,最终得到坐标系统变换后的坐标矢量。

2.2.1 节中两种地球坐标系与 2.2.3 节中 3 种月球坐标系是研究地月空间航天器运动和太空环境的坐标基础(表 2.1)。其中地心天体坐标系和月固坐标系分别是地球和月球的空间坐标基准系统。地心地球天球坐标系、月心月球天球坐标系和月心赤道坐标系是连接两个坐标系的"桥梁"。5 种坐标系之间的关系如图 2.9 所示。

表 2.1　地月空间涉及的 5 种坐标系

坐标系	原点	X 轴指向	XY 平面	旋转方向
地心天体坐标系	地球质心	赤道与 IERS 参考子午线的交点	地球赤道面	右手系
地心地球天球坐标系	地球质心	J2000.0 平春分点	J2000.0 地球平赤道面	右手系
月固坐标系	月球质心	中央湾	月球赤道面	右手系
月心月球天球坐标系	月球质心	J2000.0 平春分点	J2000.0 地球平赤道面	右手系
月心赤道坐标系	月球质心	J2000.0 平春分点	J2000.0 月球平赤道面	右手系

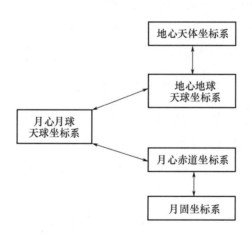

图 2.9　5 种坐标系之间的关系

为了保证计算精度需求,本书采用 IAU 建议的旋转参数 α_0、δ_0 和 W 实现坐标系之间旋转变换,采用历表计算的行星位置实现坐标系之间平移变换,从而实现 5 种坐标系间坐标变换。

IAU 采用国际天球参考架(ICRF)作为基准,IAU 工作组在 2009 年的报告中指出 ICRF 和 J2000.0 历元地心天球平赤道坐标系(即表 2.1 中地心地球天球坐标系)只存在小于 0.1″的旋转偏差,因此本书中将认为两种坐标系之间没有区别,可相互替代使用。图 2.10 所示为 ICRF 示意图。

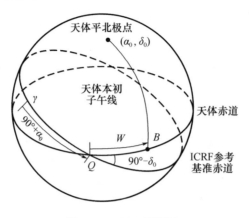

图 2.10　ICRF 示意图

设图 2.10 中天体(地球或月球)平北极点为 $P(\alpha_0, \delta_0)$,其中 α_0 为赤经,δ_0 为赤纬,Q 为天体赤道与 ICRF 参考基准赤道交点,其赤经为 $90°+\alpha_0$,B 为天体本初子午线与天体赤道交点,W 为 QB 之间旋转角度,天体赤道与 ICRF 参考基准赤道夹角为 $90°-\delta_0$。由于天体旋转轴的岁差变化,因此 α_0、δ_0 和 W 是随着时间而变化的。地球或月球的 W 随时间的增加而增加,表明它们是正向旋转的天体。

记 J2000.0 历元时刻为 t_0,当前历元时刻为 t。角度 W 指定了地球或月球在历元时刻 t 本初子午线的位置。通常情况下,历元时刻 t 的 W 可描述为

$$W = W_0 + \dot{W}d \qquad (2.9)$$

式中,W_0 表示 W 在 J2000.0 历元的初始值;$\dot{W}$ 表示 W 随时间的变化率;d 表示历元时刻 t 和 t_0 之间的差值对应的儒略日数。

从地心地球天球坐标系或月心月球天球坐标系到地心天体坐标系或月固坐标系的转换关系为

$$M = R_z(W)R_x(90° - \delta_0)R_z(90° + \alpha_0) \qquad (2.10)$$

1.地心天体坐标系与地心地球天球坐标系的变换

IAU 提供的地球旋转参数 α_0、δ_0、W 的数学含义为

$$\begin{cases} \alpha_0 = -0°.641T \\ \delta_0 = 90°.0 - 0°.557T \\ W = 190°.147 + 360°.985\,623\,5\,d \end{cases} \qquad (2.11)$$

式中,d 为相对于初始时刻 t_0 的儒略日差值,即 $d = t - t_0$;T 为相对于初始时刻 t_0 的儒略

世纪数,即 $T=d/36\,525$,计算结果单位为度。根据旋转参数可计算地心地球天球坐标系到地心天体坐标系的旋转矩阵 $\boldsymbol{M}_{\mathrm{E}}^{-1}$ 为

$$\boldsymbol{M}_{\mathrm{E}}^{-1} = \boldsymbol{R}_z(W)\boldsymbol{R}_x(90° - \delta_0)\boldsymbol{R}_z(90° + \alpha_0) \tag{2.12}$$

式(2.12)中,旋转矩阵 $\boldsymbol{R}_x(\theta)$ 与 $\boldsymbol{R}_z(\theta)$ 定义为

$$\boldsymbol{R}_x(\theta) = \begin{bmatrix} 1 & 0 & 0 \\ 0 & \cos\theta & \sin\theta \\ 0 & -\sin\theta & \cos\theta \end{bmatrix} \tag{2.13}$$

$$\boldsymbol{R}_z(\theta) = \begin{bmatrix} \cos\theta & \sin\theta & 0 \\ -\sin\theta & \cos\theta & 0 \\ 0 & 0 & 1 \end{bmatrix} \tag{2.14}$$

通过旋转矩阵 $\boldsymbol{M}_{\mathrm{E}}^{-1}$ 可实现地心地球天球坐标系到地心天体坐标系的变换,同理可计算地心天体坐标系到地心地球天球坐标系的旋转矩阵 $\boldsymbol{M}_{\mathrm{E}}$。

IAU 提供的坐标变换方案精度基本能够满足应用需求(IAU 定向选择模型忽略了章动的影响)。IERS 提供了更高精度的坐标变换方法,从地心天体坐标系到地心地球天球坐标系的转换矩阵 $\boldsymbol{M}_{\mathrm{IERS}}$ 为

$$\boldsymbol{M}_{\mathrm{IERS}} = \boldsymbol{Q}(t)\boldsymbol{R}(t)\boldsymbol{W}(t) \tag{2.15}$$

式中,$\boldsymbol{Q}(t)$ 为岁差章动矩阵;$\boldsymbol{R}(t)$ 为天体自转矩阵;$\boldsymbol{W}(t)$ 为极移矩阵。

2.地心地球天球坐标系与月心月球天球坐标系的变换

月心月球天球坐标系与地心地球天球坐标系的坐标轴朝向定义一致,只有坐标原点不同。根据历表可计算当前历元时刻 t 月心在地心地球天球坐标系的位置为 $(x_{\mathrm{et}}, y_{\mathrm{et}}, z_{\mathrm{et}})$,由于月心月球天球坐标系是由地心地球天球坐标系平移得到的,因此两者之间只存在一个平移矢量的差别,即

$$\boldsymbol{p} = \begin{bmatrix} x_{\mathrm{et}} \\ y_{\mathrm{et}} \\ z_{\mathrm{et}} \end{bmatrix} \tag{2.16}$$

3.月心月球天球坐标系与月固坐标系的变换

由于月心月球天球坐标系与地心地球天球坐标系仅坐标原点定义不同,且与月固坐标系之间仅存在旋转变换,因此 IAU 提供的天体定向选择模型可采用月心月球天球坐标系作为月球旋转模型的基准坐标系。

IAU 提供的月球旋转参数 α_0、δ_0 和 W 的数学含义为

$$
\begin{cases}
\alpha_0 = 269°.994\ 9 + 0°.003\ 1T - 30°.878\ 7\sin E_1 + \cdots \\
\delta_0 = 66°.539\ 2 - 0°.013T + 1°.541\ 9\cos E_1 + \cdots \\
W = 38°.321\ 3 + 13°.176\ 358\ 15d - 1°4 \times 10^{-12}d^2 + 3°.561\sin E_1 + \cdots
\end{cases}
\tag{2.17}
$$

式中，$E_1 = 125°.045 - 0.052\ 992\ 1d$。

因此，从月心月球天球坐标系到月固坐标系的旋转矩阵 $\boldsymbol{M}_L^{-1}$ 为

$$
\boldsymbol{M}_L^{-1} = \boldsymbol{R}_z(W)\boldsymbol{R}_x(90° - \delta_0)\boldsymbol{R}_z(90° + \alpha_0)
\tag{2.18}
$$

同理，可计算得到从月固坐标系到月心月球天球坐标系的旋转矩阵 $\boldsymbol{M}_L$。

2.2.5　火星空间坐标系

火星是太阳系中最近似地球的天体之一，具有和地球近似的轨道平面夹角、四季更替现象及自转周期。为了准确描述火星环境中的空间现象与活动，需要对火星空间坐标系进行定义。

1.火星固联坐标系

火星固联坐标系为行星坐标系，本书基于国际天文学联合会火星定向参数模型进行定义：火星固联坐标系的 X_M 轴和 Y_M 轴在火星平赤道面内，X_M 轴从火星质心指向火星本初子午线与参考平面的交点，X_M、Y_M、Z_M 三轴构成右手坐标系。IAU 指定 Q 点为火星平赤道相对于地球平赤道的升交点。从火星质心指向 Q 点的矢量与 X_M 轴的夹角 W 可表示为

$$
W = 176°.630 + 350°.891\ 982\ 26\Delta t
\tag{2.19}
$$

式中，Δt 为从地球 J2000.0 平赤道面起算的地球天数。

火星固联坐标系是随火星自转的坐标系，在描述与火星固联的物体如火星表面地形地貌和火星车位置等方面具有优势。图 2.11 所示为火星固联坐标系示意图。

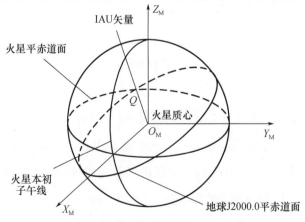

图 2.11　火星固联坐标系示意图

2.火星天球坐标系

火星天球坐标系的坐标轴方向与地心地球天球坐标系完全一致,坐标原点位于火星质心。x_m 轴指向地球 J2000.0 平春分点,$x_m y_m$ 平面与 J2000.0 地球平赤道面平行,x_m、y_m、z_m 三轴构成右手坐标系。该坐标系与地心地球天球坐标系完全对应,仅是坐标原点从地心平移至火星质心,可用于建立地球与火星坐标系之间的转换关系。图2.12所示为火星天球坐标系示意图。

3.火星平赤道坐标系

火星平赤道坐标系的原点为火星质心,x_M 轴由原点指向火星平赤道相对于地球 J2000.0 平赤道面的升交点 Q,与 IAU 矢量方向相同,y_M 轴在火星平赤道面内,x_M、y_M、z_M 三轴构成右手坐标系。火星平赤道坐标系适用于描述和计算航天器相对于火星的状态量,如航天器环火星运行轨道的计算和轨道根数的表达等。图 2.13 所示为火星平赤道坐标系示意图。

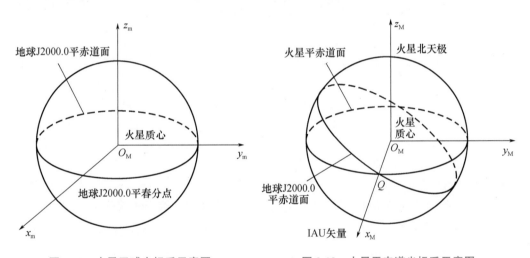

图 2.12　火星天球坐标系示意图　　　图 2.13　火星平赤道坐标系示意图

4.火星空间坐标系转换关系

IAU 定义的火星天极在地心地球天球坐标系中的方向参数为

$$\begin{cases} \alpha_0 = 317°.681\ 43 - 0°.106\ 1T \\ \delta_0 = 52°.886\ 50 - 0°.060\ 9T \end{cases} \tag{2.20}$$

式中,T 为从 J2000.0 起算的儒略世纪数;α_0、δ_0 为旋转参数,用于计算旋转矩阵。

设火星平赤道坐标系中 x_M 轴方向单位矢量为 $\boldsymbol{r}_{IAU}$,火星天球坐标系中 x_m 轴方向单位矢量为 $\boldsymbol{r}_{crs}$。火星天球坐标系到火星平赤道坐标系转换关系为

$$r_{\mathrm{IAU}} = R_x(90 - \delta_0) R_z(90 + \alpha_0) r_{\mathrm{crs}} \tag{2.21}$$

设火星固联坐标系中 X_{M} 轴方向单位矢量为 r_{bf}。火星平赤道坐标系到火星固联坐标系的转换关系为

$$r_{\mathrm{bf}} = R_z(W) r_{\mathrm{IAU}} \tag{2.22}$$

图 2.14 所示为火星北天极在地心地球天球坐标系中的方向示意图,图中描述了火星天球坐标系与火星固联坐标系之间的转换关系。

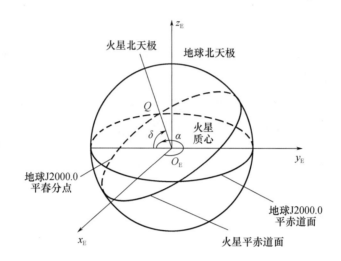

图 2.14　火星北天极在地心地球天球坐标系中的方向示意图

2.2.6　星表/历表

历表是提供某时刻太阳、月亮及其他行星等太阳系内自然天体精确位置的文件,用以进行精确的天文计算。历表在人类太空活动与深空探测、人造天体精密定轨和控制等诸多方面起着不可替代的作用[10]。历表可以是表格、公式、算法、程序,也可以是数据文件或它们的组合。值得注意的是,历表一词专属于太阳、月亮等在天空中移动较快的天体,而其他的恒星运行较慢,相应的提供位置的文件称为"星表"。

中华民族的天象观测和历书研究具有悠久的历史,为世界文明的发展做出了重大的贡献。古代中国在公元前 400 年便已出现讨论五星运行和日月交食推算的《石氏星经》,这也是人类历史上最早的星表,比国外早了近 100 年。元代科学家郭守敬发明的测量天体位置的简仪精度接近一个角分,约 300 年后丹麦天文学家第谷的观测数据才达到相同精度。

国外有记载的最早的星表是由希腊天文学家阿里斯提鲁斯等人于公元前 260 年编制的,包括几百颗恒星且位置精度在 1° 左右。希腊天文学家依巴谷通过长期天文观测

编制了几个世纪的太阳和月亮历表。欧洲航海的兴起促进了天文学的发展。丹麦天文学家第谷的精密观测建立了高精度的星历表,对开普勒定律、牛顿理论的产生乃至整个近代科学的发展起到了重要作用。

美国喷气推进实验室(JPL)于 20 世纪 60 年代开创了高精度数值历表的研究[11]。20 世纪 70 年代初发布的 DE(development ephemeris)系列历表成为重要的世界标准。DE 系列历表先后根据不同用途发表了多个版本,在天体数量、参数精度、时间跨度等方面不断升级,图 2.15 所示为 DE 历表数据结构图。俄罗斯科学院应用天文研究所(IAA)从 1974 年开始独立研制出了 EPM 系列历表[12-13]。法国历书编算与天体力学研究所(IMCCE)从 2003 年起开始研制 INPOP 系列历表。我国紫金山天文台也自行编制了紫金山天文台历表(PMOE)。

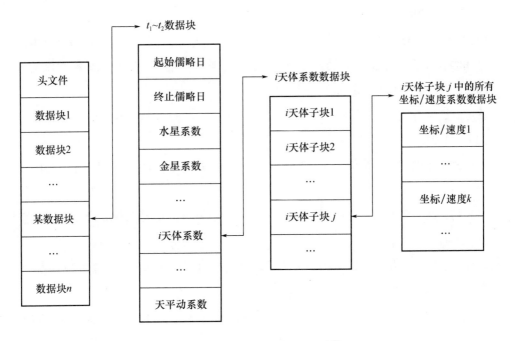

图 2.15　DE 历表数据结构图[14]

以 DE 历表为例,其使用方法为:给定某个儒略日历元 $JD(t)$,即可根据 DE 历表数据文件中的系数数据,用切比雪夫多项式插值得到考虑章动、天平动的各自然天体在太阳系质心天球坐标系中的坐标及速度。

思 考 题

1.简述各时间系统的适用范围。

2.简述真太阳时与平太阳时的定义方法。

3.分别列举出地月空间 5 种坐标系的原点、X 轴指向、XY 平面和旋转方向。

4.画出 ICRF 示意图,并简述其中各角度的意义。

5.简述国际上历表的发展情况和 DE 历表的使用方法。

本章参考文献

[1]李征航. 空间大地测量学[M]. 武汉:武汉大学出版社,2010.

[2]蔡志武. 时间基准与授时服务[M]. 北京:国防工业出版社,2021.

[3]任红飞,魏子卿,刘思伟,等. 国内外深空基准发展现状与启示[J]. 测绘科学与工程,2020,40(3):8-15.

[4]徐青. 空间态势信息可视化表达的理论技术与方法[M]. 北京:科学出版社,2020.

[5]肖伟刚,齐朝祥. 太空活动时空基准的发展现状与启示[J]. 中国科学院院刊,2022,37(11):1642-1649.

[6]蔡志武,袁海波,张升康. 时间基准的现在和未来[J]. 导航定位与授时,2023,10(3):21-28.

[7]董绍武,屈俐俐,李焕信,等. NTSC 的守时工作进展[J]. 时间频率学报,2010,33(1):1-4.

[8]马高峰. 地-月参考系及其转换研究[D]. 郑州:中国人民解放军信息工程大学,2005.

[9]刘佳成,朱紫. 2000 年以来国际天文学联合会(IAU)关于基本天文学的决议及其应用[J]. 天文学进展,2012,30(4):411-437.

[10]杨永章,李金岭,平劲松,等. NASA 历表在深空导航中的发展和比较[J]. 深空探测学报,2017,4(1):89-98.

[11]邓雪梅,樊敏,谢懿. JPL 行星历表的比较及评估[J]. 天文学报,2013,54(6):550-561.

[12]VASILYEV M V,YAGUDINA E I. 俄罗斯应用天文研究所月球历表研究现状[J]. 深空探测学报,2014,1(3):187-191.

[13]张文昭,平劲松,李文潇. 3 种典型的太阳系大行星历表的对比分析[J]. 中国科学院大学学报,2021,38(1):114-120.

[14]雷伟伟,李凯,张捍卫. DE 历表的结构、计算与比较[J]. 飞行器测控学报,2016,35(5):375-384.

第3章 空间轨道

基本概念

二体问题、经典轨道根数、三体问题、平动点、太阳同步轨道、冻结轨道、闪电轨道、倾斜地球同步轨道、地球静止轨道、霍曼转移轨道

基本定理

万有引力定律、牛顿第二定律

重要公式

二体问题运动学方程:式(3.10)
轨道六根数与位移速度矢量转换关系:式(3.11)、式(3.12)、式(3.15)
三体问题动力学方程:式(3.23)

空间轨道是太空中自然和人造天体运动的弯曲轨迹,如月球的轨迹、人造卫星的轨迹等。空间轨道可以描述为天体在空间中的位置随时间变化的规律[1]。这个规律由一系列的椭圆、抛物线或双曲线等曲线组成,主要取决于天体与引力天体之间的距离和质量等因素。航天器轨道是航天工程任务中的核心部分,直接决定了航天器在太空中的位置,并影响着航天器的使用寿命及其执行任务的情况。航天器轨道是太空中的"交通线",是人类开展太空活动的必经"航路"。航天器在太空中的活动时刻受到引力的影响并沿着轨道前进,可以在有限的能力范围内改变轨道的形状。航天器轨道是研究太空环境的主要内容,在太空环境的研究中具有基础性地位,因此本章也将空间轨道称为空间轨道环境。

本章3.1节介绍轨道力学,包括二体、三体问题的基本概念和动力学方程;3.2节介绍近地轨道,包括典型的近地航天器轨道和深空探测航天器轨道;3.3节主要介绍深空探测轨道。

3.1 轨 道 力 学

轨道力学是以航天器为研究对象,分析它们在万有引力及其他外力作用下的运动特性及控制规律的一门科学。轨道力学涉及一般力学、天体力学、控制理论、优化理论等基础知识,从万有引力定律出发揭示航天器在空间中的位置与时间和速度之间的规律,以解决包括航天器轨道设计、轨道确定、轨道转移、交会对接、返回控制等在内的各种轨道问题,是航天工程的重要基础理论和技术支撑。

3.1.1 二体问题

研究天体在相互之间万有引力作用下进行运动的基本问题之一是多体问题,即多个质点相互之间在万有引力的作用下运动的规律。多体问题目前已成为一般力学的专门分支,其最基本的一个近似模型是"二体问题",即研究两个可视为质点的物体在万有引力作用下的动力学问题,又称"开普勒问题"[2]。二体问题模型中两个物体之间的相互作用力的方向是沿两点的连线方向,其大小与两点之间的距离有关,不考虑其他物体的引力。双星系统、行星绕恒星的运动、卫星绕行星的运动等均可简化为二体问题。其轨道的相关研究都是以二体问题的解为基础的。

1.二体问题动力学方程

设两质点的质量分别为 m_1 和 m_2,并建立惯性参考系。r 代表位移矢量,$\ddot{r}$ 代表加速度矢量。两质点到参考系原点的相对位移为 r_1 和 r_2。质点 m_2 到质点 m_1 的相对距离可以表示为

$$r_{21} = r_2 - r_1 \tag{3.1}$$

根据万有引力定律,质点 m_1 对质点 m_2 的作用力可以表示为

$$F_{21} = -\frac{Gm_1m_2}{|r_{21}|^3}r_{21} \tag{3.2}$$

式中,G 为万有引力常数,$G=6.67\times10^{-11} \ \mathrm{m^3/(kg \cdot s^2)}$。

同样,质点 m_2 对质点 m_1 的作用力可以表示为

$$F_{12} = \frac{Gm_1m_2}{|r_{21}|^3}r_{21} \tag{3.3}$$

根据牛顿第二定律(物体加速度的大小与合外力成正比,与物体质量成反比,加速度方向与合外力的方向相同),有

$$m_1 \ddot{\boldsymbol{r}}_1 = \boldsymbol{F}_{12} = \frac{Gm_1m_2}{|\boldsymbol{r}_{21}|^3}\boldsymbol{r}_{21} \tag{3.4}$$

$$m_2 \ddot{\boldsymbol{r}}_2 = \boldsymbol{F}_{21} = -\frac{Gm_1m_2}{|\boldsymbol{r}_{21}|^3}\boldsymbol{r}_{21} \tag{3.5}$$

由式(3.3)、式(3.4)可以得出

$$\ddot{\boldsymbol{r}}_1 = \frac{Gm_2}{|\boldsymbol{r}_{21}|^3}\boldsymbol{r}_{21} \tag{3.6}$$

$$\ddot{\boldsymbol{r}}_2 = -\frac{Gm_1}{|\boldsymbol{r}_{21}|^3}\boldsymbol{r}_{21} \tag{3.7}$$

式(3.6)与式(3.7)作差可以得到质点 m_2 相对于质点 m_1 的加速度为

$$\ddot{\boldsymbol{r}}_{21} = \ddot{\boldsymbol{r}}_2 - \ddot{\boldsymbol{r}}_1 = -\frac{G(m_1 + m_2)}{|\boldsymbol{r}_{21}|^3}\boldsymbol{r}_{21} \tag{3.8}$$

当 m_1 远大于 m_2 时,如 m_1 代表恒星、m_2 代表行星,或者 m_1 代表行星、m_2 代表航天器时,质点 m_2 相对于质点 m_1 的加速度可以表示为

$$\ddot{\boldsymbol{r}}_{21} = -\frac{Gm_1}{|\boldsymbol{r}_{21}|^3}\boldsymbol{r}_{21} \tag{3.9}$$

若视大质量质点 m_1 为主星并作为原点建立坐标系,则可以使用 $\boldsymbol{r}=\boldsymbol{r}_{21}$ 表示质点 m_2 相对于主星 m_1 的位置。用 $\ddot{\boldsymbol{r}}$ 代表质点 m_2 相对于主星 m_1 的加速度。定义引力常数 $\mu = Gm_1$,最终得出开普勒二体轨道运动方程:

$$\ddot{\boldsymbol{r}} = -\frac{\mu}{|\boldsymbol{r}|^3}\boldsymbol{r} \tag{3.10}$$

式(3.10)给出了质点 m_2 相对于主星 m_1 的运动方程。

2.经典轨道根数

经典轨道根数是描述二体轨道最常用的参数,也称开普勒轨道根数或轨道六根数。经典轨道根数主要包括:

a——轨道半长轴,圆轨道的轨道半长轴为半径,椭圆轨道的轨道半长轴为长轴的一半,双曲线轨道的轨道半长轴为轨道与焦点间距的一半,抛物线轨道没有半长轴,因此用半通径替代,即抛物线焦点到准线距离的一半,描述轨道的大小;

e——偏心率,椭圆和双曲线轨道的偏心率为两焦点间距离与长轴长度的比,圆轨道偏心率为0,抛物线轨道偏心率为1,描述轨道的扁曲程度;

i——轨道倾角,轨道面与赤道面的夹角,描述轨道面的倾斜情况;

$\varOmega$——升交点赤经,轨道的升交点与春分点之间的角距,描述轨道面的方位角;

ω——近心点幅角,轨道升交点与轨道近心点之间的角距,描述轨道近心点的空间位置;

φ——真近点角,卫星从近地点起沿轨道运动时其径向量扫过的角度,描述卫星在轨道上的位置,建立了轨道上位置与时间的关系。

图3.1 所示为轨道要素的空间关系。

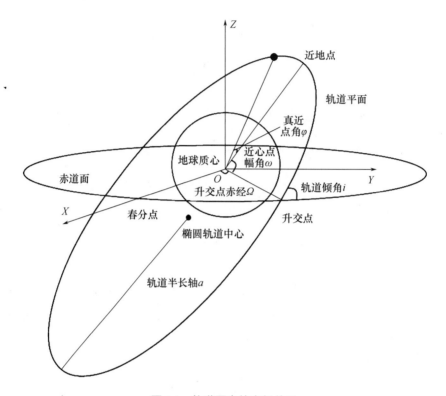

图 3.1 轨道要素的空间关系

除了轨道六根数外,位移速度矢量也可以表示天体的轨道运动状态,两种不同的表示方法可以相互转换。由轨道六根数到位移速度矢量 $\boldsymbol{r}$ 和 $\dot{\boldsymbol{r}}$ 的转换关系为

$$\boldsymbol{r} = \frac{p}{1 + e\cos\varphi}\begin{bmatrix} \cos\Omega\cos(\omega+\varphi) - \sin\Omega\sin(\omega+\varphi)\cos i \\ \sin\Omega\cos(\omega+\varphi) + \cos\Omega\sin(\omega+\varphi)\cos i \\ \sin(\omega+\varphi)\cos i \end{bmatrix} \quad (3.11)$$

$$\dot{\boldsymbol{r}} = \sqrt{\frac{\mu}{p}}\begin{bmatrix} -\cos\Omega(\sin(\omega+\varphi) + e\sin\omega) - \sin\Omega(\cos(\omega+\varphi) + e\cos\omega)\cos i \\ -\sin\Omega(\sin(\omega+\varphi) + e\sin\omega) + \cos\Omega(\cos(\omega+\varphi) + e\cos\omega)\cos i \\ (\cos(\omega+\varphi) + e\cos\omega)\sin i \end{bmatrix}$$

$$(3.12)$$

式中,μ 为中心天体引力常数。

式(3.11)和式(3.12)中 p 为半通径,可表示为

$$p = a \left| 1 - e^2 \right| \tag{3.13}$$

由于运动中除了 φ,其余轨道根数均不变,且轨道六根数可唯一确定位移矢量,因此位移矢量是 φ 的函数。

由位移速度矢量到轨道六根数的转换关系为

$$
\begin{cases}
a = \left(\dfrac{2}{r} - \dfrac{v^2}{\mu} \right)^{-1} \\[3mm]
e = \dfrac{1}{\mu} \left| \left(v^2 - \dfrac{\mu}{r} \right) \boldsymbol{r} - (\boldsymbol{r} \cdot \boldsymbol{v}) \boldsymbol{v} \right| \\[3mm]
i = \arccos \dfrac{\boldsymbol{z} \cdot \boldsymbol{h}}{h} \\[3mm]
\Omega = \arccos \dfrac{\boldsymbol{n} \cdot \boldsymbol{x}}{n} \\[3mm]
\omega = \arccos \dfrac{\boldsymbol{n} \cdot e}{ne} \\[3mm]
\varphi = \arccos \dfrac{e \cdot \boldsymbol{r}}{er}
\end{cases}
\tag{3.14}
$$

式中,$\boldsymbol{x}$ 为位移矢量 $\boldsymbol{r}$ 的 x 轴分量;$\boldsymbol{z}$ 为位移矢量 $\boldsymbol{r}$ 的 z 轴分量;$\boldsymbol{v}$ 为速度矢量 $\boldsymbol{h}$ 为轨道角动量;$\boldsymbol{n}$ 为升交线矢量,有

$$\boldsymbol{h} = \boldsymbol{r} \times \boldsymbol{v} \tag{3.15}$$

$$\boldsymbol{n} = \boldsymbol{z} \times \boldsymbol{h} \tag{3.16}$$

3.二体动力学轨道

设 v 为运动速度的大小,有

$$v = |\boldsymbol{r}| \tag{3.17}$$

从二体轨道运动方程式(3.10)可以获得关于运动速度 v 的公式,称为活力公式或运动能量公式,即

$$v^2 = \mu \left(\dfrac{2}{r} - \dfrac{1}{a} \right) \tag{3.18}$$

活力公式反映了小质量物体围绕大质量物体在轨飞行的能量守恒定律,即小质量物体在轨飞行的动能和势能之和(机械能)守恒,有

$$\frac{1}{2} m v^2 - \frac{\mu m}{r} = -\frac{\mu m}{2a} \tag{3.19}$$

由此可以推导出二体问题中航天器的轨道均为圆锥曲线,包括圆轨道、椭圆轨道、抛物线轨道和双曲线轨道[3]。图 3.2 所示为 4 种圆锥曲线轨道示意图。

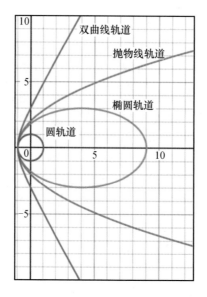

图 3.2　4 种圆锥曲线轨道示意图

（1）圆轨道。

圆轨道指的是轨道上任意一点到引力中心点的距离保持不变的轨道。圆轨道上不仅航天器到中心的距离是恒定的，而且速度大小、角速度、势能和动能也是恒定的，其中速度 $v_0 = \sqrt{\mu/a}$ 又称为环绕速度。这种轨道没有近地点和远地点，偏心率 $e = 0$。

（2）椭圆轨道。

椭圆轨道指的是航天器围绕其中心天体做椭圆形环绕运动的轨道，此时中心天体位于椭圆的一个焦点上。轨道的偏心率满足 $0 < e < 1$。

（3）抛物线轨道。

抛物线轨道的中心天体位于抛物线焦点上，轨道上的航天器做飞掠运动。航天器在抛物线轨道上的动能与引力势能守恒。抛物线轨道是一种临界状态，其偏心率 $e = 1$，因此实际操作中很难实现。抛物线轨道的半长轴 $a = \infty$，速度 $v_1 = \sqrt{2} v_0$，又称逃逸速度。

（4）双曲线轨道。

双曲线轨道的中心天体位于双曲线的一个焦点上，轨道上的航天器沿着更靠近该焦点的一支双曲线做飞掠运动。当航天器形成双曲线轨道时，其相对于引力天体离开的方向与到来的方向有一定角度差。

3.1.2　三体问题

三体问题是指 3 个可视为质点的物体在万有引力作用下的动力学问题，这 3 个物体组成的系统称为三体系统。不同于二体问题，目前已知一般的三体问题无法求得精确解,只有部分特殊情况可以得出精确解,如 3 个质点形成等边三角形并绕中心旋转[4]等情况。若讨论在两个大质量天体的引力作用下的小质量天体的运动问题,则可以认为大天体的运动与小天体无关,则此时的三体问题为限制性三体问题。此时两个大天体之间的运动对应简单的二体问题,其运动轨迹为圆、椭圆、抛物线或双曲线,其中稳定的轨道为圆轨道和椭圆轨道。相应地,可以将限制性三体问题分为 4 种类型:圆型限制性三体问题(circular restricted three-body problem,CRTBP 或 CR3BP)、椭圆型限制性三体问题、抛物线型限制性三体问题和双曲线型限制性三体问题。其中最简单的为圆型限制性三体问题。

1. 圆型限制性三体问题旋转坐标系

为了描述圆型限制性三体问题中航天器的位置和速度,首先需要建立圆型限制性三体问题旋转坐标系,以下简称旋转坐标系。

图 3.3 所示为圆型限制性三体问题旋转坐标系,其定义如下:以两个大天体(如地球和月球)的共同质心作为旋转坐标系的原点,以两个大天体的连线作为 X 轴,它们的运动平面作为 XY 面。两个天体的质量难以做到完全相等,假设 m_1 为两个大天体中质量偏大天体的质量,m_2 为质量偏小天体的质量。为了便于计算,将两个大天体质心之间的距离、两个大天体的质量之和及旋转坐标系的角速度均取为 1,即进行归一化处理。设较小质量的大天体 m_2 占两个大天体总质量的比例为 μ,有

$$\mu = \frac{m_2}{m_1 + m_2} \tag{3.20}$$

则两个大天体的横坐标分别为

$$x_2 = 1 - \mu = \frac{m_1}{m_1 + m_2} \tag{3.21}$$

$$x_1 = -\mu = -\frac{m_2}{m_1 + m_2} \tag{3.22}$$

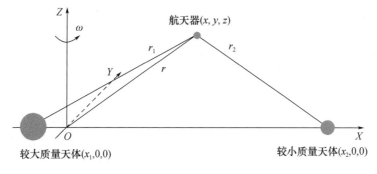

图 3.3　圆型限制性三体问题旋转坐标系

2.三体问题动力学方程与雅可比积分

设航天器为一个质点,在旋转坐标系中位移矢量为$r=(x,y,z)$,可以建立CR3BP的运动方程为

$$\begin{cases} \ddot{x} - 2\dot{y} = \bar{U}_x \\ \ddot{y} - 2\dot{x} = \bar{U}_y \\ \ddot{z} = \bar{U}_z \end{cases} \tag{3.23}$$

式中,$\bar{U}$为航天器的有效势能,表示为

$$\bar{U}(x,y,z) = \frac{1}{2}(x^2 + y^2) + \frac{1-\mu}{r_1} + \frac{\mu}{r_2} \tag{3.24}$$

$\bar{U}_x$、$\bar{U}_y$和$\bar{U}_z$分别为$\bar{U}$相对于x、y和z的偏导数。

将运动方程的3个式子两边分别乘$2\dot{x}$、$2\dot{y}$、$2\dot{z}$后相加并积分,可以得到

$$C = 2\bar{U} - V^2 = x^2 + y^2 + \frac{2(1-\mu)}{r_1} + \frac{2\mu}{r_2} - (\dot{x}^2 + \dot{y}^2 + \dot{z}^2) \tag{3.25}$$

式中,$V^2 = (\dot{x}^2 + \dot{y}^2 + \dot{z}^2)$。

行间距C即为雅可比常数,是质点在系统中能量的量度,该常数越大,质点能量越小,且不随时间变化。式(3.25)中$\bar{U}$只与质点的位移有关,V表示探测器相对于旋转坐标系的速度,因此雅可比常数的定义式描述了旋转系中质点位移与速度的关系。

3.平动点

圆型限制性三体问题虽然无法得出解析解,但存在5个特解,对应的轨道位置点被称为"拉格朗日点"或"平动点"。在无扰动的情况下,位于平动点的航天器在CR3BP系统中保持不动,速度与加速度均为0,即满足

$$\dot{x} = \dot{y} = \dot{z} = \ddot{x} = \ddot{y} = \ddot{z} = 0 \tag{3.26}$$

将式(3.26)代入式(3.23),可得

$$\begin{cases} \bar{U}_x = 0 \\ \bar{U}_y = 0 \\ \bar{U}_z = 0 \end{cases} \tag{3.27}$$

式(3.24)分别对x、y、z求导后代入式(3.27)可得

$$\begin{cases} x - \dfrac{(1-\mu)(x+\mu)}{r_1^3} - \dfrac{\mu(x-1+\mu)}{r_2^3} = 0 \\[3mm] y\left(1 - \dfrac{1-\mu}{r_1^3} - \dfrac{\mu}{r_2^3}\right) = 0 \\[3mm] z\left(\dfrac{1-\mu}{r_1^3} + \dfrac{\mu}{r_2^3}\right) = 0 \end{cases} \tag{3.28}$$

观察式(3.28)的第三式,因为 $\dfrac{1-\mu}{r_1^3}$ 与 $\dfrac{\mu}{r_2^3}$ 恒大于 0,所以必然有 $z=0$,即平动点的位置始终位于旋转坐标系的 XY 面内。

式(3.28)的第二式可以分为 $y \neq 0$ 和 $y=0$ 两种情况。当 $y \neq 0$ 时,明显存在特解 $r_{12} = r_1 = r_2 = 1$,即航天器与两个大天体的质心形成等边三角形,因此这两个特解也被称为三角平动点。这两个特解分别称为 L_4 和 L_5,可以得出其位移为

$$\boldsymbol{r}_{L_4} = \left(\frac{1}{2} - \mu, \frac{\sqrt{3}}{2}, 0\right) \tag{3.29}$$

$$\boldsymbol{r}_{L_5} = \left(\frac{1}{2} - \mu, -\frac{\sqrt{3}}{2}, 0\right) \tag{3.30}$$

当 $y=0$ 时,有 $r_1 = |x+\mu|, r_2 = |x+\mu-1|$,代入式(3.28)的第一式可得

$$x - \frac{(1-\mu)(x+\mu)}{|x+\mu|^3} - \frac{\mu(x-1+\mu)}{|x+\mu-1|^3} = 0 \tag{3.31}$$

由数值解法可得式(3.31)存在 3 个特解,由于这 3 个特解与两个大天体的连线共线,因此这 3 个特解也被称为共线平动点,分别表示为 L_1、L_2 和 L_3。

地月系统中 $\mu = 1.215 \times 10^{-2}$,可得 5 个平动点的位移为

$$\begin{cases} \boldsymbol{r}_{L_1} = (0.836\,915\,214, 0, 0) \\[2mm] \boldsymbol{r}_{L_2} = (1.155\,682\,096, 0, 0) \\[2mm] \boldsymbol{r}_{L_3} = (-1.005\,062\,638, 0, 0) \\[2mm] \boldsymbol{r}_{L_4} = (0.487\,849\,432, 0.866\,025\,403\,8, 0) \\[2mm] \boldsymbol{r}_{L_5} = (0.487\,849\,432, -0.866\,025\,403\,8, 0) \end{cases} \tag{3.32}$$

将地月系统视为一个质量较小的天体,其与太阳、航天器形成的三体系统有 $\mu = 3.04 \times 10^{-6}$,可得 5 个平动点的位移为

$$
\begin{cases}
\boldsymbol{r}_{L_1} = (0.989\ 985\ 982, 0, 0) \\
\boldsymbol{r}_{L_2} = (1.010\ 075\ 201, 0, 0) \\
\boldsymbol{r}_{L_3} = (-1.000\ 001\ 267, 0, 0) \\
\boldsymbol{r}_{L_4} = (0.499\ 996\ 96, 0.866\ 025\ 403\ 8, 0) \\
\boldsymbol{r}_{L_5} = (0.499\ 996\ 96, -0.866\ 025\ 403\ 8, 0)
\end{cases} \tag{3.33}
$$

由于限制性三体问题中对距离进行了归一化处理,因此在计算实际位移时还应该乘上相应三体系统中两个大天体的距离。图 3.4 所示为日地空间 5 个平动点位置示意图。

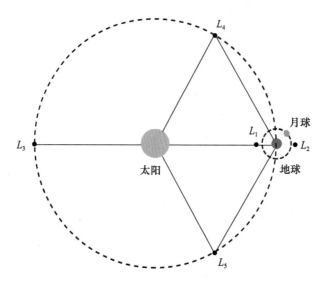

图 3.4 日地空间 5 个平动点位置示意图

平动点是圆型限制性三体问题中的平衡点,但由于扰动的存在,因此共线平动点都不稳定,而如果两大天体中质量较小天体的质量占比 μ 满足

$$
\mu < \frac{1}{2} - \sqrt{\frac{23}{108}} \tag{3.34}
$$

则三角平动点处的质点运动是稳定的,受到小摄动后会在附近进行简谐运动。否则,会远离三角平动点。

截至 2023 年年底,人类已经成功开展 20 次日地或地月平动点轨道任务,其平动点选择主要集中于日地 L_1 点、日地 L_2 点和地月 L_2 点。表 3.1 列举了截至 2023 年底人类开展的平动点轨道任务。

表 3.1 截至 2023 年底人类开展的平动点轨道任务

名称	发射时间/年	所属方	平动点	轨道形状
ISEE-3	1978	美	日地 L_1	Halo 轨道
WIND	1994	美	日地 L_1	Lissajous 轨道
SOHO	1995	美/欧	日地 L_1	Halo 轨道
ACE	1997	美	日地 L_1	Lissajous 轨道
MAP	2001	美	日地 L_2	Lissajous 轨道
Genesis	2001	美	日地 L_1	Halo 轨道
ARTEMIS	2007	美	地月 L_1、L_2	Lissajous 轨道
HERSCHEL	2009	欧	日地 L_2	Lissajous 轨道
PLANCK	2009	欧	日地 L_2	Lissajous 轨道
"嫦娥二号"	2010	中	日地 L_2	Lissajous 轨道
GAIA	2013	美	日地 L_2	Lissajous 轨道
"嫦娥五号"再入返回飞行试验器	2014	中	地月 L_2	Lissajous 轨道
DSCOVR	2015	美	日地 L_1	Lissajous 轨道
Lisa Pathfinder	2015	欧/美	日地 L_1	Lissajous 轨道
Queqiao	2018	中	地月 L_2	Halo 轨道
"嫦娥五号"	2020	中	日地 L_1	Halo 轨道
JWST	2021	美/欧/加	日地 L_2	Halo 轨道
CAPSTONE	2022	美	地月 L_2	NRHO 轨道
EQUULEUS	2022	日	地月 L_2	Halo 轨道
Euclid	2023	欧/美	日地 L_2	Halo 轨道

3.2 近 地 轨 道

航天器在太空中的轨道根据轨道形状、中心天体和轨道高度等参数可以划分为多种类型。对于近地轨道航天器,按照轨道高度可以分为低地球轨道(距离海平面 500 ~ 2 000 km)、中地球轨道(距离地面 2 000 ~35 786 km)和高地球轨道(距离地面超过 35 786 km);按照运行方向可以分为顺行轨道(倾角大于 0°且小于 90°,航天器自西向东顺着地球自转的方向运动)和逆行轨道(倾角大于 90°且小于 180°,航天器自东向西逆着地球自转的方向运动)。按照轨道倾角可以划分为赤道轨道、极地轨道和倾斜轨道。

本节介绍了常见的近地轨道类型,包括太阳同步轨道、冻结轨道、闪电轨道、倾斜地球同步轨道和地球静止轨道。

3.2.1 太阳同步轨道

太阳同步轨道(sunsynchronous orbit,SSO)是航天器轨道面的进动角速度与平太阳在赤道上移动的角速度相等的轨道。该轨道的轨道平面法线和太阳方向在赤道平面上的投影之间的夹角保持不变,即航天器的轨道平面和太阳始终保持相对固定的取向。太阳同步轨道的轨道平面绕地球自转轴旋转,方向与地球公转方向相同,旋转角速度与地球公转的平均角速度(360°/年或0.985 6°/天)相同。在这种轨道上运行的航天器以相同方向经过同一纬度时,当地的地方时相同,航天器与太阳的相对取向固定,可以使卫星接收到稳定的太阳照射。这种观测条件对于遥感卫星、气象卫星等十分有利,这些卫星在同一照度下进行对比可以得出更多的变化监测信息。由于太阳光对于小于6 000 km高度的轨道面的入射角在一年内的变化较小,所以太阳同步轨道不会超过6 000 km。

运行于太阳同步轨道的代表性航天器包括"艾萨"气象卫星、"锁眼"侦察卫星、"陆地"资源卫星和"海洋"资源卫星等。

图3.5所示为太阳同步轨道示意图。可以看出,太阳同步轨道的轨道平面与地球到太阳方向的夹角 θ 始终保持不变,太阳同步轨道卫星以相同方向经过同一纬度的地方时相同。

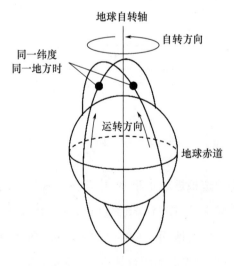

图3.5　太阳同步轨道示意图

3.2.2　冻结轨道

冻结轨道的近地点和远地点的纬度相对固定,轨道半长轴的指向不变,轨道偏心率不变,同时轨道倾角也不变。其原理为通过适当的设计参数来抵消地球扁率摄动造成的误差,将轨道的偏心率、轨道倾角和近地点位置的变化最小化。这种轨道形状较为稳定,可以减少用于轨道保持的燃料消耗。轨道形状较为稳定也使航天器以相同方向经过同一纬度时,轨道高度变化较小,可视为不变。这种观测条件对于对地观测卫星十分有利。考虑不同的摄动项得到的冻结轨道的条件不同,当考虑 J_2 项摄动时,冻结轨道的倾角必须满足 $i=63.4°$ 或 116.6°。图 3.6 所示为冻结轨道示意图。

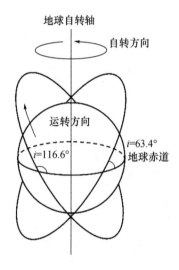

图 3.6　冻结轨道示意图

运行于冻结轨道上的航天器包括欧洲遥感卫星 1 号、欧洲遥感卫星 2 号和环境卫星 1 号等。

3.2.3　闪电轨道

闪电轨道(molniya orbit)也称为莫尼亚轨道,是航天器绕行地球的一种高椭圆轨道,属于特殊的冻结轨道。其倾角为 63.4°,其近心点幅角为 270°,轨道周期为半个恒星日。闪电轨道的远地点是在北半球北纬 63.4°的上空,远地点高度为 40 000 km,近地点高度为 400 km。闪电轨道的名字来源自 1960 年起使用此轨道的苏联闪电型通信卫星。由于航天器与引力天体中心的连线在单位时间内扫过的面积相等,在远地点附近运动速度较慢,因此闪电轨道卫星运行周期的约 2/3 均停留在远地点附近。

当闪电轨道卫星处于远地点附近时,卫星对于北半球的俄罗斯、北欧及加拿大都有很好的可见度。闪电轨道适用于北纬或南纬63.4°附近区域的观测、通信等任务。为了在北半球有连续的高覆盖率,闪电轨道上至少需要 3 颗人造卫星。

图 3.7 所示为闪电轨道示意图。航天器从图中标号为 0 的点开始,每过一个小时经过一个点,依次经过 11 个点后回到起点。从图中可以看出,航天器在远地点附近停留的时间较长。

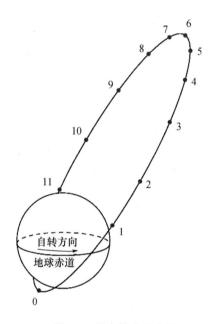

图 3.7　闪电轨道示意图

3.2.4　倾斜地球同步轨道

地球同步轨道(geosynchronous orbit,GSO)是以地球为中心、轨道周期与地球自转周期相同的绕地轨道。当地球同步轨道的轨道倾角 $i \neq 0°$ 时即为倾斜地球同步轨道(inclined geosynchronous orbit,IGSO),其星下点轨迹是一条"8"字形的封闭曲线。对于地表上一个固定的观测者,倾斜地球同步轨道上的卫星会在空中以"8"字形的路径运行,在一个恒星日后会回到天空中完全相同的位置。倾斜地球同步轨道适用于赤道附近特定区域的观测、导航和通信等任务。图 3.8 所示为倾斜地球同步轨道示意图。

运行于倾斜地球同步轨道的卫星包括部分北斗导航卫星、Syncom2 等。

3.2.5　地球静止轨道

地球静止轨道(geostationary orbit,GEO)又称为地球静止同步轨道、克拉克轨道,特

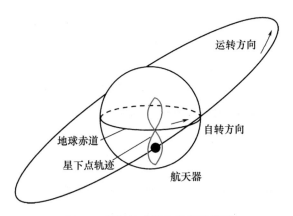

图 3.8　倾斜地球同步轨道示意图

指运行于地球赤道平面上的圆形地球同步轨道,属于地球同步轨道的一种。地球静止轨道卫星距离地面 35 786 km,轨道半径为 42 164.171 km,运行速度为 3.07 km/s,轨道周期为 1 恒星日(23 h 56 min 4 s),倾角为 0°,偏心率为 0。地球静止轨道卫星与地表相对静止,在赤道上空的位置固定,其星下点轨迹始终在地表的同一位置,因此十分适用于赤道附近特定区域的通信,在导航、预警、气象等领域也可以发挥很大的作用。静止轨道卫星可以对地面进行大面积覆盖,1 颗静止轨道卫星可以覆盖地表大约 40% 的面积,3 颗等距部署的静止轨道卫星即可覆盖除高纬度地区以外的全球区域。图 3.9 所示为地球静止轨道示意图。

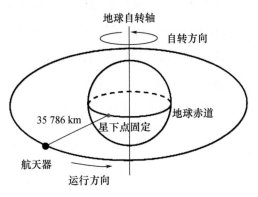

图 3.9　地球静止轨道示意图

运行于地球静止轨道的卫星包括部分北斗导航卫星、风云四号 01 星、美国 GOES-16、日本向日葵 8 号和 9 号、欧洲 MTG 系列卫星和俄罗斯 Electro-L 卫星等。

3.3 深空探测轨道

航天器从地球出发到达深空目标要经历复杂的飞行过程,需要完成发射、调相、转移、制动等一系列过程。本节主要介绍地月转移轨道、行星际转移轨道和三体问题轨道。

3.3.1 地月转移轨道

地月转移轨道(Lunar transfer orbit,LTO)是指月球探测器通过加速、脱离地球引力、飞向月球,到被月球引力捕获、近月制动为止的轨道段。卫星在这个轨道段的飞行需要同时考虑地球、月球甚至太阳的引力作用。地月转移轨道通常选择霍曼转移轨道,通常设计的飞行时间为3~5天。飞行时间越短,所需要的能量越大,即近地点的速度及到达近月点所需的制动速度增量越大,飞行时间为5天的轨道称为霍曼转移轨道中的最小能量轨道。使用低能量转移或小推力转移方式将节省能量的消耗,但转移时间也会相应增加。设计转移轨道时一般要求使卫星到达近月点时的轨道不被月球遮挡,以利于近月点探测器轨道机动的测控。下面介绍3种地月转移轨道。

1.霍曼转移轨道

霍曼转移是指二体问题中的共面圆轨道之间的双脉冲正切转移,是两个高度不同的轨道之间进行转移的经典方式[5]。霍曼转移轨道是一种椭圆轨道,其近地点在轨道高度较低的轨道上,远地点在轨道高度较高的轨道上。采用霍曼转移方式进行月球探测的流程是:航天器完成近地任务后,从近地轨道出发,在出发点施加一个加速脉冲后进入奔月轨道,在到达月球附近后再施加一次速度脉冲使其进入环月轨道或月球附近的其他三体问题轨道。地月霍曼转移轨道示意图如图3.10所示。

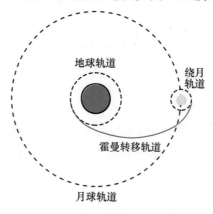

图3.10 地月霍曼转移轨道示意图

航天器从轨道高度为 r_1 的低轨道出发,沿速度方向进行一次脉冲加速后进入转移轨道,在转移轨道的远地点再次沿速度方向进行一次脉冲加速后到达轨道高度为 r_2 的目标高轨道。霍曼转移两次均沿速度方向进行加速,从高轨道转移至低轨道时也可以使用霍曼转移,此时需要沿速度方向进行两次脉冲减速。

根据计算可以得到,霍曼转移的两次速度增量分别为

$$\Delta v_1 = \sqrt{\frac{\mu}{r_1}} \left(\sqrt{\frac{2r_2}{r_1 + r_2}} - 1 \right) \tag{3.35}$$

$$\Delta v_2 = \sqrt{\frac{\mu}{r_2}} \left(1 - \sqrt{\frac{2r_1}{r_1 + r_2}} \right) \tag{3.36}$$

霍曼转移所需时间为

$$t_H = \pi \sqrt{\frac{(r_1 + r_2)^3}{8\mu}} \tag{3.37}$$

当两个圆轨道半径之比小于 11.938 765 时,霍曼转移所用的能量最小。但较小的能量是以增加转移时间为代价的。能量充裕的情况下,可以采取其他方式实现更快的转移。当两个圆轨道半径之比大于 11.938 765 时,用三次冲量的双椭圆转移轨道代替霍曼转移轨道会更加节省能量,但对应的转移时间也更长。霍曼转移假设两次变轨是瞬间完成的,但实际工程中航天器速度变化需要一定时间,因此需要消耗更多的能量,但对应的转移时间也更长。霍曼转移所采用的模型为二体问题模型,但地月转移过程中,还需要考虑月球引力等其他因素对航天器产生的影响。对于转移过程中出现的误差,可以通过中途变轨的方式进行修正。

用霍曼转移方式实现奔月任务,往往过程比较简单,对工程实施的要求相对较低,飞行时间较短,因此这类轨道也是国内外载人登月任务中被主要采用的转移轨道类型。当航天器发动机性能限制,单次给予的冲量有限,无法通过单次变轨进入霍曼转移轨道时,则需要在每次轨道回归近地点时再施加速度冲量。在到达月球附近后,进行初次减速,并在近月点多次施加反向速度冲量,最终形成理想的环月轨道。

2.低能量转移轨道

低能量转移轨道是指在多体系统下存在的一类转移轨道,其消耗的燃料低于传统二体转移轨道。低能量转移轨道的原理是在转移过程中有效利用了多体系统的引力,从而降低了燃料的消耗。例如,三体问题中的不变流形轨道就属于低能量转移轨道。低能量转移轨道需要用到日地系不变流形与地月系不变流形相交的特性来实现地月转移。

低能量转移轨道通常从地球停泊轨道出发,需要通过较大的机动力使探测器脱离

地球的引力而转移至月球附近。按照轨道延伸的范围,地月低能量转移轨道可以分为内俘获型低能量转移轨道和外俘获型低能量转移轨道。外俘获型低能量转移轨道需要考虑太阳的引力,月球探测器首先从地月系统中逃脱,然后在太阳扰动作用下返回地月系统并被月球捕获,转移过程不仅仅限制在地月系统之内,也称为弱稳定边界转移。通过 L_2 点的地月转移属于外俘获型低能量转移轨道。内俘获型低能量转移轨道始终处于地月系统内,探测器进行地月转移的过程只受到地球和月球引力的作用。通过 L_1 点的地月转移属于内俘获型低能量转移轨道,利用混沌控制方法和 L_1 点不变流形实现的地月低能量转移轨道都是通过 L_1 点而实现的。图 3.11 所示为地心地球天球坐标系下地月弱稳定边界转移仿真图,坐标轴单位为地月之间的平均距离 LU,1 LU = 384 400 km。

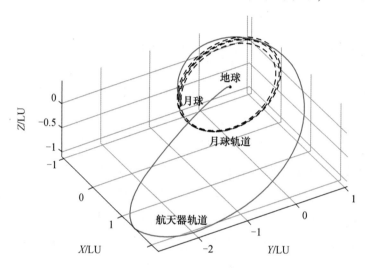

图 3.11　地心地球天球坐标系下地月弱稳定边界转移仿真图

图 3.11 中虚线为月球轨道,实线为航天器转移轨道。虽然这种低能量转移轨道比传统的霍曼转移轨道要节省能量,但耗时过长,因此这种类型的转移轨道也仅仅适用于对时间要求不高的月球探测任务。

3.小推力转移轨道

小推力转移是指采用推力较小的连续推力发动机,通过持续开机将航天器送入月球轨道或月球附近轨道。该模式可以全程采用小推力进行转移,或者可与脉冲式推力结合实现转移,由于推力较小,其转移轨道呈现螺旋状。小推力推进系统具有比冲高的特点,可以极大地减少燃料的消耗量[6]。图 3.12 所示为月球探测任务小推力转移轨道仿真图。

利用该方式转移,飞行器在奔月过程中受到推力较小,一般需要耗费较长的时间。小推力发动机一般采用新型的推进模式(如电推进),往往具有较高的比冲,因此会减轻飞行器燃料质量,但其转移时间较长,不适合用于载人探测任务。

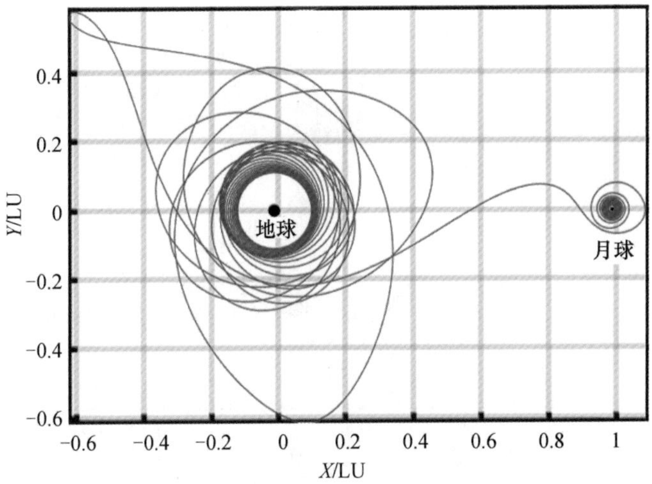

图 3.12 月球探测任务小推力转移轨道仿真图

3.3.2 行星际转移轨道

行星际转移轨道主要包括行星际直接转移轨道、行星借力飞行轨道和连续小推力转移轨道[7]。在进行行星际转移时,需要结合任务约束、推进器种类和探测目标等因素选择合适的轨道。

1.行星际直接转移轨道

行星际直接转移轨道可以描述为:航天器在地球附近轨道加速进入双曲线轨道逃逸地球,在逐渐远离地球后所受到的地球引力逐渐减弱,而太阳的引力作用逐渐成为影响航天器轨道的主要因素。航天器沿着预设轨道逐渐接近目标天体并以双曲线轨道进入目标天体的引力影响球,到达预定的制动位置,随后转移过程结束。航天器在合适的位置进行减速制动,形成围绕目标天体的闭合轨道并进一步着陆至天体表面,或是不进行制动过程,而是进行飞掠探测。行星际直接转移轨道可以分为 3 个阶段:地球附近飞行段、日心飞行段和目标天体附近飞行段。目前常用圆锥曲线拼接的方法将这 3 个阶段拼接起来形成完整的转移轨道。图 3.13 所示为直接转移轨道仿真图,坐标轴单位为日地之间的平均距离 AU,1 AU = 1.495 978 70×10^{11} m。

2.行星借力飞行轨道

行星借力飞行轨道[8]是指航天器在进行从地球到目标天体转移的过程中加入借力飞行的方式而形成的轨道。借力飞行又称引力辅助,是指航天器在近距离飞越天体,即进入并飞出天体的引力影响范围的过程中,利用该天体的引力改变航天器飞行路径的

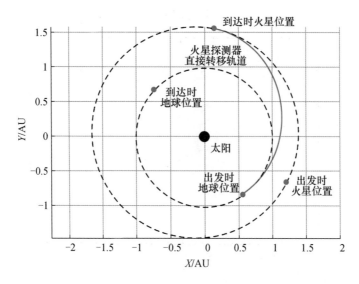

图 3.13 直接转移轨道仿真图

过程。合理地利用借力飞行可以增加或降低航天器的飞行速度并改变航天器的运动方向。航天器的速度越大则改变轨道的能量越容易,因此可以通过由高轨转移至低轨之后施加速度增量逃逸的方式降低航天器的燃料消耗,降低航天任务的成本。行星借力转移需要考虑借力天体、探测目标天体和任务条件等多方面约束。根据航天器相对于借力天体的飞行关系可以将借力飞行分为前向飞越借力和后向飞越借力。航天器引力辅助过程示意图如图 3.14 所示。

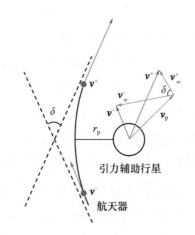

图 3.14 航天器引力辅助过程示意图

设日心坐标系中,引力辅助行星的速度矢量为 v_p,航天器在引力辅助前后的速度矢量分别为 v^- 和 v^+,航天器在引力辅助前后相对于引力辅助行星的速度矢量分别为 v_∞^- 和

v_∞^+,则有

$$\begin{cases} v_\infty^- = v^- - v_p \\ v_\infty^+ = v^+ - v_p \\ |v_\infty^-| = |v_\infty^+| = v_\infty \end{cases} \tag{3.38}$$

即航天器在引力辅助前后速度的大小发生了变化,但相对于引力辅助行星速度的大小不变,仅仅是方向发生了偏转。设该偏转角为δ,在进行引力辅助时,航天器与引力辅助行星的最近距离为r_p,引力辅助行星的引力常数为μ_p,δ可由下式求出:

$$\delta = 2\arcsin \frac{\mu_p}{\mu_p + r_p v_\infty^2} \tag{3.39}$$

联立式(3.30)和式(3.31),可以由几何关系得出v^+,并算得航天器通过引力辅助得到的速度增量为

$$\Delta v = v^+ - v^- = v_\infty^+ - v_\infty^- \tag{3.40}$$

图3.15所示为行星借力轨道仿真图,图中航天器从地球出发后途经木星,被木星的引力加速并改变速度方向,最终到达天王星。

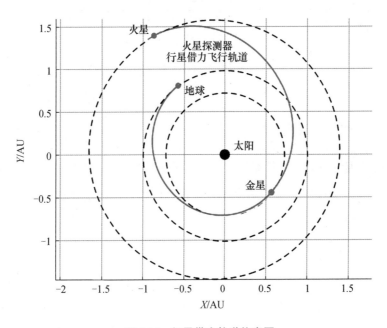

图3.15 行星借力轨道仿真图

3.连续小推力转移轨道

太阳能电推进、核能电推进等小推力系统不仅可以用于地月转移,还可用于行星际转移[9]。相比于传统的化学推进系统,小推力推进系统的质量较小,比冲较高,可以有

效降低行星际探测任务的燃料消耗。小推力推进系统的推力一般较小,需要长时间连续工作才能完成转移任务,航天器所需的飞行时间长于脉冲转移轨道,呈现螺旋形。图3.16 所示为火星探测任务小推力转移轨道仿真图。

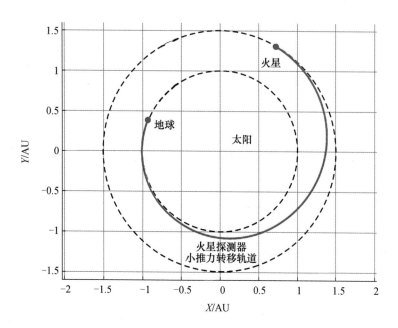

图 3.16　火星探测任务小推力转移轨道仿真图

3.3.3　三体问题轨道

三体问题轨道可以分为三体系统平动点附近运动的轨道(如 Halo 轨道、Lissajous 轨道、Lyapunov 轨道)和在主天体即两个较大质量天体附近运动的轨道(如远距离逆行轨道、近直线晕轨道)。

1.Halo 轨道

Halo 轨道也称晕轨道、晕轮轨道,是一种围绕平动点做周期性运动的轨道,存在于任意三体系统中[10]。Halo 轨道在旋转系下呈现近似圆形。运行于 Halo 轨道的航天器无须推动力即可围绕三体系统中的拉格朗日点运动,但由于 L_1、L_2 和 L_3 点附近的任何轨道都具有动态不稳定性,航天器仍然需要通过自身的推进系统来实现轨道保持。如果三体系统中的主天体质量比 m_1/m_2 大于 25(如地月系统),则 L_4、L_5 附近的轨道具有动态稳定性,即使受到微小的扰动也不影响其轨道最终的稳定性。在真实力模型下,由于存在各种外部摄动因素,因此作为周期轨道的 Halo 轨道并不存在,只存在拟 Halo 轨道。图 3.17 所示为地月空间 L_2 点北向 Halo 轨道族仿真图,图中地球和月球仅代表位置,与实际大小无关。

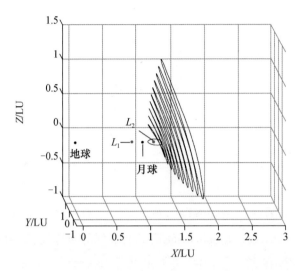

图 3.17　地月空间 L_2 点北向 Halo 轨道族仿真图

运行于日地 L_1 点的 Halo 轨道可以不受地球或月球遮挡连续观测太阳,适用于执行太阳观测任务[11]。运行于日地 L_2 点的 Lissajous 轨道存在地球遮挡,相应的热辐射等干扰较少,适合进行各种高敏感性的天文观测活动[12]。运行于地月 L_2 点的 Halo 轨道可以覆盖月球无法直接观测或通信的月球背面,适用于开展地月中继通信等活动[13-18]。运行于地月 L_4、L_5 点的 Halo 轨道适用于监视地月空间等任务。

2.Lissajous 轨道

Lissajous 轨道是一类围绕平动点运动的拟周期性轨道,由 XY 平面内和垂直于 XY 平面的两个频率不共振的周期运动拟合而成,其轨迹在空间中不闭合。对于确定的限制性三体系统,Lissajous 轨道由平面振幅参数、垂直振幅参数和两个初始相位参数共同决定。目前的日地或地月空间平动点任务大多数使用 Lissajous 轨道。图 3.18 所示为日地旋转坐标系下日地 L_1 点 Lissajous 轨道仿真图,日地旋转坐标系下太阳位于原点附近,图中没有画出,图中地球仅代表位置,与实际大小无关。

Lissajous 轨道与 Halo 轨道同为围绕平动点运动的轨道,两者的适用范围类似。但在地月 L_2 点处 Lissajous 轨道会被月球阻挡,无法保证地月中继通信任务的实时性。

3.Lyapunov 轨道

Lissajous 轨道在垂直振幅参数为 0 时可以退化为平面内的一种周期轨道,通常称为

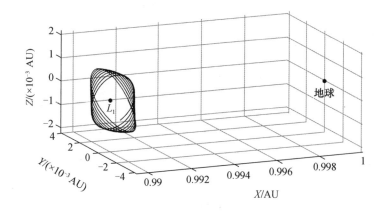

图 3.18　日地旋转坐标系下日地 L_1 点 Lissajous 轨道仿真图

平面 Lyapunov 轨道。其在平面振幅参数为 0 时将退化为三维空间内的一条周期轨道，通常称为垂直 Lyapunov 轨道。Lyapunov 轨道具有良好的对称性，均为围绕平动点的轨道。平面 Lyapunov 轨道在 XY 平面内且关于 X 轴对称。垂直 Lyapunov 轨道不仅关于 X 轴对称，还关于 XY 平面、XZ 平面对称。

　　图 3.19 和图 3.20 所示分别为地月空间 L_1 点平面 Lyapunov 轨道族仿真图和地月空间 L_2 点垂直 Lyapunov 轨道族仿真图，图中地球和月球仅代表位置，与实际大小无关。

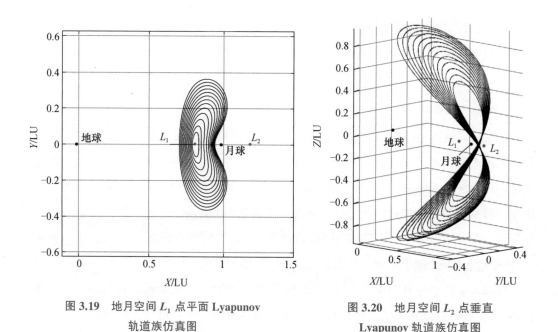

图 3.19　地月空间 L_1 点平面 Lyapunov
轨道族仿真图

图 3.20　地月空间 L_2 点垂直
Lyapunov 轨道族仿真图

　　Lyapunov 轨道覆盖范围极大，具有良好的应用前景。地月 L_1 点平面 Lyapunov 轨道可用于地月空间监视任务,地月 L_2 点平面 Lyapunov 轨道可用于月背观测任务。地月 L_2 点垂直 Lyapunov 轨道可用于月球两极观测任务。

4.远距离逆行轨道

远距离逆行轨道(distant retrograde orbits,DRO)是一类围绕两个大天体中质量较小的天体做顺时针运动的周期性轨道[19]。DRO 的稳定性极强,在不做轨道维持的情况下,DRO 可维持数百年不发散。DRO 可选择振幅范围极大,较小振幅下的 DRO 可以视作质量较小天体的二体问题轨道,较大振幅下的 DRO 则会周期性飞掠质量较大的天体。DRO 适用于布置月球空间站、深空中转站及开展导航任务。图 3.21 所示为地月空间远距离逆行轨道族仿真图,图中地球和月球仅代表位置,与实际大小无关。

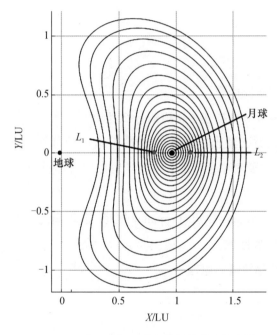

图 3.21　地月空间远距离逆行轨道族仿真图

5.近直线晕轨道

近直线晕轨道(near-rectilinear halo orbit,NRHO)是一类围绕平动点运动的周期轨道,其一端接近天体的极区,另一端远离天体,具有良好极区覆盖性质,可适用于月球极区探测任务。地月空间 NRHO 航天器与地球的通信不受月球的遮挡,即不存在"月掩"现象,因此适用于开展中继通信任务或布置月球空间站。图 3.22 所示为地月空间 L_2 点北向近直线晕轨道族仿真图,图中地球和月球仅代表位置,与实际大小无关。

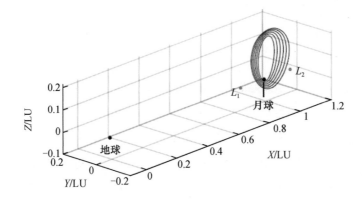

图 3.22 地月空间 L_2 点北向近直线晕轨道族仿真图

思 考 题

1.简述轨道力学的研究内容。

2.简述经典轨道根数分别描述了轨道的什么性质?

3.截至 2023 年,人类已经成功开展 20 余次日地或地月平动点轨道任务,其平动点选择主要集中于日地 L_1 点、日地 L_2 点和地月 L_2 点,试分析原因。

4.简述 Halo 轨道、Lissajous 轨道、Lyapunov 轨道、远距离逆行轨道和近直线晕轨道各自的特性。

5.简述 3 种地月转移轨道的原理。

地月引力平动点定位实验

本章参考文献

[1]张雅声,徐艳丽,杨庆.航天器轨道理论与应用[M].北京:清华大学出版社,2020.

[2]赵瑞安.深空探测轨道设计和分析 第一卷[M].北京:中国宇航出版社,2018.

[3]刘学富.基础天文学[M].北京:高等教育出版社,2018.

[4]LI X M, LI X C, LIAO S J. One family of 13315 stable periodic orbits of non-hierarchical unequal-mass triple systems[J]. Science China physics, mechanics & astronomy, 2020, 64(1):219511.

[5]ANGELOPOULOS V. The ARTEMIS mission[M]// The ARTEMIS Mission. New York: Springer, 2010:3-25.

［6］崔平远，乔栋，崔祜涛. 深空探测轨道设计与优化［M］. 北京：科学出版社，2013.

［7］孙冲. 连续小推力作用下航天器机动轨道设计［D］. 西安：西北工业大学，2017.

［8］潘迅，泮斌峰. 基于同伦方法三体问题小推力推进转移轨道设计［J］. 深空探测学报，2017，4(3)：270-275.

［9］尚海滨. 行星际飞行轨道理论与应用［M］. 北京：北京理工大学出版社，2020.

［10］乔栋，崔平远，徐瑞. 星际探测借力飞行轨道的混合设计方法研究［J］. 宇航学报，2010，31(3)：655-661.

［11］LI Y H, BAOYIN H X, GONG S P, et al. 1st ACT global trajectory optimization competition：Tsinghua University results［J］. Acta astronautica, 2007, 61 (9)：735-741.

［12］BURT J, SMITH B. Deep space climate observatory：The DSCOVR mission［C］//2012 IEEE Aerospace Conference. Montana：IEEE, 2012：1-13.

［13］CAO J F, LIU Y, HU S J, et al. Navigation of Chang'e-2 asteroid exploration mission and the minimum distance estimation during its fly-by of Toutatis［J］. Advances in space research, 2015, 55(1)：491-500.

［14］LIU L, WU W R, LIU Y. Design and implementation of Chinese libration point missions ［J］. Science China information sciences, 2023, 66(9)：191-201.

［15］OGURI K, OSHIMA K, CAMPAGNOLA S, et al. EQUULEUS trajectory design［J］. The journal of the astronautical sciences, 2020, 67(3)：950-976.

［16］高珊，周文艳，张磊，等. 嫦娥四号中继星任务轨道设计与实践［J］. 中国科学(技术科学)，2019，49(2)：156-165.

［17］李翔宇，乔栋，程潏. 三体轨道动力学研究进展［J］. 力学学报，2021，53(5)：1223-1245.

［18］BEZROUK C J, PARKER J. Long duration stability of distant retrograde orbits［C］// AIAA/AAS Astrodynamics Specialist Conference. San Diego, CA. Reston, Virginia：AIAA, 2014：4424.

［19］TURNER G. Results of long-duration simulation of distant retrograde orbits［J］. Aerospace, 2016, 3(4)：37.

太空环境是一个跨学科且高度复杂的领域，涵盖多个核心领域和应用方向，堪称人类探索宇宙的基石之一。从基础科学到工程技术，其目标在于理解、预测和应对复杂的太空环境对航天器和人类活动的影响。这一领域的研究不仅满足当代航天任务的需求，也为未来深空探索提供了科学依据。

太空环境涉及太空物理学、电磁场与辐射环境研究、空间天气与空间环境效应研究、行星科学与探测研究等专业领域。在太空物理学领域，注重理解和描述太空中的物理现象，如宇宙射线、太阳风、磁层与电离层的相互作用等；在电磁场与辐射环境研究领域，注重研究电磁波、粒子辐射等对太空器件和航天器的影响，包括电磁兼容性、辐射效应和电离辐射损伤等方面；在空间天气与空间环境效应研究领域，注重探索太阳活动、地球磁场变化等对人造卫星和空间站的影响，以及太空环境对地球上的通信、导航和气象等系统的影响；在行星科学与探测研究领域，注重理解月球和行星的形成、演化和表面特征等问题，了解火星表面的水文特征、大气化学成分及宜居性，深入研究月球的地质特性、资源分布及潜在的定居环境，通过小天体轨迹分析及样本采集，帮助揭示太阳系早期的演化历史。

太空环境是一个多维动态系统，核心驱动因素为太阳活动，其效应通过复杂的层级关系传递到各个环境子系统中。通过监测和建模不仅可以减少航天任务的风险，还能开发更先进的太空利用技术。

太空环境的要素篇主要介绍太阳环境、行星环境、月球环境、地球磁层环境、地球电离层环境、地球中高层大气环境、空间碎片环境和小天体环境及其环境效应。

第 4 章 太 阳 环 境

基本概念

太阳结构、太阳风、太阳活动、太阳耀斑、日冕物质抛射(CME)

基本定理

高能粒子辐射环境效应、磁通量冻结

太阳是约 45 亿年前由太阳星云在自引力作用下塌缩而形成的一颗具有活跃磁场的恒星[1]。太阳以高能粒子和磁化等离子体的形式释放能量,目前处在比较平稳的主序星阶段。太阳环境是太阳及其周围空间特性和相互作用的总称,包括太阳大气层的结构、太阳活动、太阳磁场、太阳辐射及对地球空间天气的影响等。研究太阳环境对理解太阳活动及其对地球的影响至关重要,能够帮助预测地磁暴,防护各种航天器,优化通信与导航系统。通过深入研究,人类能更好地应对太阳活动带来的挑战,保障太空活动的安全。

本章 4.1 节介绍太阳结构,主要对太阳活动特征及太阳爆发现象进行描述;4.2 节介绍典型太阳活动——太阳风;4.3 节介绍太阳活动区和太阳爆发活动;4.4 节介绍太阳活动引起的空间环境效应。

4.1 太 阳 结 构

太阳的基本结构包括核心区、辐射层和对流层,以及太阳大气层的组成部分,如光球、色球、过渡区和日冕。太阳活动区是日面上各主要的太阳活动现象(如黑子、耀斑和活动日珥等)频繁活动的区域。太阳活动区表现出很多活动特征结构和一些爆发现象,太阳活动特征主要包括黑子、光斑、谱斑、暗条等,太阳爆发现象则主要包括太阳耀斑、

太阳结构

暗条抛射和日冕物质抛射。太阳活动和太阳爆发是造成日地空间天气扰动的直接原因。

4.1.1 太阳内部

太阳是一个巨大的等离子体球,其质量百分比主要是氢占 74%、氦占 24%,其余的元素如碳、氮、氧等共占约 1%。太阳由于强大的自引力而收缩并聚合在一起,其径向结构示意图如图 4.1 所示,太阳可分为 3 个区域:核心区、辐射区和对流区。

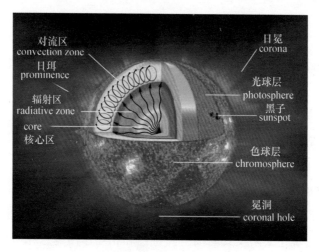

图 4.1　太阳的径向结构示意图[2]

核心区距离太阳中心小于 $0.25R_\odot$(太阳半径)。理论研究显示,核心区的温度超过了 1.5×10^7 K,压力约 2×10^{16} Pa,会发生氢聚变为氦的核反应,偶尔还会发生氦聚变为碳的核反应。核聚变反应产生的能量开始主要是 γ 射线,是一种高能光子(MeV),通过与核心区中电子和离子的相互作用,γ 射线会迅速降级为硬 X 射线(>10 keV)。但它们在太阳内部会被捕获数百万年,不断地被核心区物质散射,进而慢慢扩散出去[3]。

辐射区是围绕核心区的一个巨大的区域,位于 $0.25R_\odot \sim 0.7R_\odot$ 处,以光子形式的能量传输占主导。在辐射区,热量经过一系列冷的覆盖层向外流动,温度随与核心区距离的增大而减小。当硬 X 射线光子向外辐射时,会与离子和电子相互作用,被多次吸收和反射。每一次的相互作用光子能量都会有所损失,且运动方向也会发生改变,有时甚至反过来朝向核心区。多次相互作用导致光子的平均能量在向外扩散过程中逐渐降至软 X 射线(0.1~10 keV)。当光子到达辐射区的上部时则最终会降为极紫外线。

对流区位于 $0.7R_\odot \sim 1.0R_\odot$ 处,在对流区由于辐射效率的降低,能量传递的主要方式变为对流。在这个区域,较热的等离子体因为密度较低而上升,而较冷的等离子体则下沉形成对流循环。由于辐射层的内部区域密度和温度极高,能量主要通过辐射(光子的传播)来传递[3]。

4.1.2　太阳大气

从对流区向外是太阳的大气层,包括光球层、色球层、过渡层和日冕。

1.太阳低层大气

(1)光球层。

在对流区上部,光子与太阳物质很少作用。在薄边界上的可见光子可以飞离太阳,这个边界就是太阳的"表面",称为光球层(photosphere)。光球层的厚度小于 500 km(小于 0.1 个地球半径),然而到达地球的 99%的可见光和红外辐射都来自于这里。光球层从底向外温度逐渐降低,由约 5 500 K 降至 4 500 K[4],其质子数密度的典型值为 10^{22} m^{-3}。尽管光球是由非常稀薄的气体组成的,但它对可见光仍具有一定的不透明性。不透明性起因于光球中密度和温度的联合,致使一些氢原子能够捕获额外的电子,形成负氢离子。在远红外和可见光波段的光子作用下,这些松散连接的电子很容易被移走。光球中包含了足够多的负氢离子,能够有效地吸收可见光,从而使光球变得不透明,成为有效的黑体。一般来讲,黑体光谱是由致密物体产生的,不是像光球这样的稀薄气体,但是负氢离子使光球变得像致密物体一样不透明,导致光球的可见光和远红外光谱与黑体辐射类似,产生了黑体的效果。

(2)色球层。

色球层的厚度约为光球层的 4 倍(约 2 000 km)。由于密度低,色球层产生很少的光。色球层温度在其底边界最低,为 4 300 K,然后开始上升到上边界约达到 20 000 K。色球层对可见光是透明的,色球层中的质子数密度典型值为 10^{17} ~ 10^{18} m^{-3},由于其密度稀薄,因此对太阳的辐射输出贡献很小,但色球层是有效辐射体。中高色球层中,高温条件容许电子在剩余的中性氢原子中发生跃迁,产生氢的巴尔末-α(H-α)线。电子的跃迁中产生了很多可见的色球发射线。如果用窄带滤光器或挡板屏蔽掉光球的宽谱可见光,就能用橘红色的 H-α 谱线看到具有色球特征的图像。

(3)过渡层。

在色球层的顶端有一个薄层(100~200 km 厚),温度从大约 10^4 K 快速升至 10^6 K,这个边界区域称为过渡层(transition region)。过渡层中高度较低的部分有相对低的热传导率,大气的冷却能力正比于电子密度的平方,并随着温度的上升而上升。随着电子密度的快速下降,太阳大气失去了大部分的冷却能力。由于来自底层的加热速率随高度下降的速度要慢于大气冷却能力的下降速度,因此温度随高度上升。

2.太阳高层大气

日冕是太阳高层大气,是太阳外层大气最热的区域,温度能达到 1~2 MK,其中等离子体密度非常稀薄,其低层的质子数密度典型值为 $10^5 \, \text{m}^{-3}$。日冕自身并不产生可见光,由于热等离子体中的电子散射了光球层的白光才使日冕发亮。因为地球蓝色的天空比日冕亮,所以只有在日全食期间才能观测到日冕。

日冕的温度太高以至于太阳的重力不能阻止其向外膨胀。每一秒钟都有小部分的日冕等离子体向外流出逃逸到太空中,称为太阳风。太阳风源源不断地向外延伸,可超过 100 个天文单位,包裹着地球和所有的行星。地球就生活在太阳大气中,并受到其中扰动的影响。

4.1.3　太阳磁场

目前主要认为太阳磁场是由太阳发电机过程产生的。太阳具有像偶极子一样的整体磁场,太阳全球尺度的磁场是倾斜且被拉伸的,在太阳表面上,全球尺度的太阳磁场强度变化较大,从 $(0.1 \sim 0.5) \times 10^{-4}$ T 到 $0.2 \sim 0.3$ T。

太阳磁场

1.太阳发电机

太阳活动主要受磁场约束,因此对太阳磁场性质和起源的研究具有重要意义。太阳发电机理论主要研究太阳上观测到的与太阳活动相关的磁场起源,以及各种活动现象之间的相关性及其变化规律。

在高导电的等离子体中,围绕磁力线旋转的粒子使磁力线分开。洛伦兹力要求无束缚的带电粒子沿磁力线做螺旋式运动。任何改变等离子体内磁力位形的尝试都会感应出电场驱动等离子体运动,使其进一步被束缚和隔绝在磁力线上。磁通量冻结(frozen-in magnetic flux)可以用来归纳这一相互作用的概念。场和等离子体是相互冻结在一起的,这一结构往往以磁通量管形式呈现。

太阳传输能量依靠辐射和对流两种方式,理论研究认为辐射区的顶部存在一个薄层,作为两种能量传输过程的分界区域,这个分界区称为差旋层(tachocline)。在差旋层,相对平静、分层的辐射区过渡为上面的扰动对流区。运动的等离子体产生磁场,穿过差旋层的流体速度变化拉伸和加强了局部磁场,来自上面对流区的湍动加强了局部区域的磁场,厚度小于 $0.1R_\odot$ 的差旋层可能是太阳产生、储存、增强磁场的区域。由于这个区域位于相对稳定的辐射区的上部,因此磁能储存可能需要很长时间,几年或者几十年。

图 4.2 用一系列图像描述了太阳发电机机制产生太阳磁场的过程。内部的半透明球代表太阳辐射区,蓝色网表示太阳的表面。两者之间的太阳对流区是发电机存在的区域。在对流区底部附近,太阳较差自转导致极向场的剪切运动(图 4.2(a))。太阳最

外层部分的剪切和拉伸运动将能量集中在产生太阳风暴的磁场区域,太阳外层赤道部分的自转明显快于极区,这种较差自转(differential rotation)会产生一种大尺度的剪切运动,通过湍流涡旋重新分布角动量。太阳在赤道上的自转要快于极区,在剪切作用下产生了环向场(图4.2(b))。经历多个太阳自转周后,磁场包裹了整个太阳,最终产生了剪切的环向场。当环向场变得足够强时,上浮的通量环上升到太阳表面,它们在上升时受自转影响产生了扭曲(图4.2(c))。在通量环的底部,形成了黑子的偶极区。与之前极向场方向相反的磁通量浮现出来,衰减的黑子磁场在纬度和经度方向扩展(图4.2(d))。

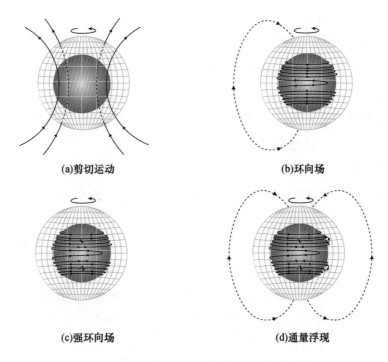

(a)剪切运动　　　　　　　　　　　(b)环向场

(c)强环向场　　　　　　　　　　　(d)通量浮现

图 4.2　太阳发电机机制产生太阳磁场的过程

　　磁场在对流区底部产生之后形成很强的磁通量管。由于不稳定性,这些磁通量管在某些地方开始向上运动。当磁通量管拱出太阳表面后,即形成太阳黑子对。磁通量管的不断浮现及太阳表面的持续运动,使得太阳大气中的磁场分布越来越复杂,并形成一个个活动区。

　　一个充分发展的活动区跨度可达 2×10^5 km,并且从光球一直延伸到日冕。在光球上,它表现为由光斑所围绕的黑子群,在色球中表现为谱斑,在日冕处则呈现为冕环和X射线增强区。大部分黑子在形成后几天或一二周后消失,退化为弥散的磁场区。但如果不断有磁场浮现出来,特别是当它出现在已存在的活动区内或在活动区的残余部分内发展起来,则活动区将继续扩大,并且呈现复杂的极性分布。新浮磁流与老磁场的相互作用导致磁场剪切和变形,磁场能量不断累积。随着磁场复杂性的增强,在达到压力阈值后,积累的能量急剧耗散,将累积的磁场能量(可高达 10^{25} J)在较短的时间(数十分钟至数小时)内释放出来,形成太阳爆发现象。

2. 磁重联

磁重联是大多数空间天气事件的根源。磁重联本质上是太阳发电机机制的一部分,如图 4.3 所示,磁重联会通过破坏电流片、打破及重新排列磁力线来改变磁场的拓扑形态,随着磁场拓扑从原始位形改变,重联将磁能转化为其他形式(光子和等离子体动能)。在 t_1 时刻,方向相反的磁力线流进一个有不稳定电流的小区域,附近场线拼接成高度扭曲的结构,在 t_2 时刻加速离开重联区。分开的场线形成大写的"X"。磁重联

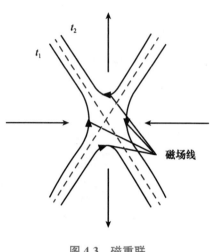

图 4.3 磁重联

和大多数太阳爆发现象相关,间歇性的重联是粒子的能量来源,最终产生各种太阳爆发现象。

图 4.4 所示为太阳爆发过程,图中显示了太阳爆发期间磁力线的拉伸和重构。爆发前(图 4.4(a)),有一组拱起的、宁静的磁力线覆于拉伸的、可能正在浮现的磁力线上方。这些拱状磁力线在系统中维持着平衡,有时被称作束缚场。束缚场也覆于暗条(斜条纹表示)和磁中性线(虚线)的上方。爆发开始(图 4.4(b)),在拱状磁力线下方被拉伸的磁力线开始并合,形成扩展的磁通量管。在并合磁力线的足点,并合过程中向下加速的高能粒子产生了色球热斑点(黑色区域)。有些并合事件的能量不够大,无法冲破上面的拱状磁力线,这样的爆发可能产生耀斑特征(黑色区域),但不会形成真正的爆发(图 4.4(c))。高能量的爆发拉伸束缚场的磁力线,在下面的挤压区继续发生磁并合(图 4.4(d))。先前存在于暗条中的磁环和物质逃逸到太空中。在挤压磁力线的足点,高能粒子与色球中的粒子碰撞,产生耀斑带状特征。

3. 太阳多尺度磁场

太阳磁场存在多种尺度:全球、大尺度、中尺度、小尺度和微小尺度。全球尺度指整体上倾斜的偶极结构;大尺度指极区开放区域和赤道上的封闭区域;中尺度指活动区、日珥、米粒或超米粒网络,以及大的偶极群;小尺度主要与黑子和瞬现活动区相关联;微小尺度是在米粒间的暗径上形成的。

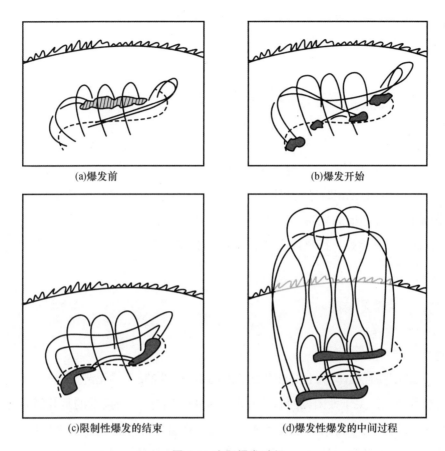

(a)爆发前　　　　　　　　　　　　(b)爆发开始

(c)限制性爆发的结束　　　　　　　(d)爆发性爆发的中间过程

图 4.4　太阳爆发过程

太阳表面的米粒组织(solar granulation)是太阳光球层上的一种显著的日面结构,它们呈多角形小颗粒形状,被认为是从对流层上升到光球层的热气团,它们不随时间变化且均匀分布,并呈现激烈的起伏运动。当米粒组织上升到一定高度时,会迅速变冷,并沿着上升热气流之间的空隙处下降。它们的寿命非常短暂,平均寿命只有几分钟。

米粒组织之间通常形成暗径,这些暗径区域的磁场聚集区被称为网络内磁场(intranetwork field),是太阳表面磁场活动的一个重要特征。网络内磁场的磁场强度虽然不如黑子区域那么强,但它们在太阳表面的磁场分布中占据了重要位置。网络内磁场的存在表明太阳表面的磁场活动是广泛且复杂的。在米粒元胞边界聚集的磁场在色球层上进一步组成了一个更大的磁网络,磁场强度约 0.1 T[5]。

太阳表面或近表面上的总磁通量有很大部分集中在瞬现活动区(ephemeral activeregion)。这些小的、存在时间短的偶极区域跨越 10~30 Mm,平均寿命 12 h。瞬现活动区是很小的、新生成的偶极子。这些偶极子随着一个或者一系列偶极区成长起来,它们的磁极会从出现的位置向相反的方向运动。在任意一个给定时刻,可能存在数百个瞬现活动区。与黑子类似,瞬现活动区的数目变化也具有 11 年活动周期,但是它们的磁场方向却非常随机,不像黑子那样遵从极性规则[2]。

4.2 太 阳 风

太阳风(solar wind)是太阳高层大气向外流动所形成的超声速等离子体流。太阳磁场被这些等离子体携带到行星际空间形成行星际磁场(interplanetary magnetic field, IMF)。这些流体合起来组成了行星际介质(interplanetary medium)。行星际介质一直扩展到太阳系最外层行星的轨道之外非常遥远的地方,然后终止于一个称为日球层顶(heliopause)的间断面处。行星际介质在此地和处于弱电离状态的星际介质发生相互作用。

4.2.1 宁静太阳风

1.太阳等离子体的特性

太阳风温度高且稀薄,并且是磁化的,也是高导电性的、几乎无碰撞的(太阳风粒子之间)和超声速的。关于太阳风的起源有多种说法,目前被广泛接受的是开闭磁场耦合说[6],在这一理论中,开放磁场与闭合磁环的重联释放出环内物质并为之提供能量,环内物质沿新形成的开放力线的流动即为太阳风。太阳风等离子体是非常良好的导电体,因此太阳磁场被冻结在膨胀的太阳风里,洛伦兹力使得太阳等离子体和太阳磁场形成一个紧密耦合的系统,当磁能比内能大时,磁场约束等离子体,当磁场弱时,它倾向于跟随等离子体一起运动。可以用真空中的偶极场来近似描述太阳磁场,太阳磁场下降得非常快,在约 $1R_\odot$ 处已经难以遏制日冕的膨胀。

日冕大气同时受到向着太阳内部的太阳引力的作用和向外的热压力的作用,由于日冕的高温,太阳的引力不足以把日冕气体牢牢地吸引在太阳周围,日冕因此处于动力平衡状态,日冕气体在热压力的作用下连续不断地向外膨胀,形成了太阳风。在日冕底部,由于太阳引力的限制,膨胀速度较慢;随着高度的增加,引力的控制作用减弱,膨胀速度增加。在某个临界距离,膨胀速度接近于声速;在这个临界点以外,太阳风就是超声速了。

太阳风的成分主要由太阳日冕的成分决定。由于日冕温度很高,日冕气体是完全电离的,重离子成分高度电离化,因此太阳风等离子体也具有这种特点,太阳风的主要成分除了自由电子以外,主要包括质子(氢原子核)和 α 粒子(氦的原子核),以及重离子,其速度大约为每秒几百公里。每秒大概有 10^9 kg 的物质脱离太阳。

2.日球层内的太阳风

太阳和太阳风影响的区域称为日球层。日球层以外的区域称为星际介质(LISM)。图 4.5 所示为日球层结构示意图。由于日球层内外压力的不同,日球层存在类似于磁层的结构:日球层顶(heliopause)把太阳风等离子体与星际起源的等离子体分开,大约位于 50~150 AU;日球层顶之外可能有弓激波存在;非线性的行星弓激波(bow shock)处于行星磁场上游太阳风中,弓激波引起上游流体形成绕流,从超声速、定向流动突然变成下游亚声速的湍流;日球层顶内还有一个太阳风终端弓激波(termination shock)。超声速流体经过一个障碍物也会形成弓激波,日球层边缘会产生太阳风弓激波。

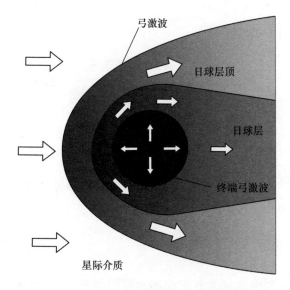

图 4.5　日球层结构示意图

4.2.2　行星际磁场

行星际磁场(IMF)是由太阳风携带的传输到行星际空间的太阳磁场。在 1 AU 处,太阳平静期观测的行星际磁场方向,平均偏离日地连线约 50°角。

太阳风等离子体基本是径向向外流动的,但磁场线靠近太阳的一端仍在随着太阳一起自转,因而磁场线将不再是径向的,而是形成螺旋形(图 4.6),即所谓的阿基米德螺旋线(Archimedean Spiral)。由于美国科学家 Parker 第一个用这个模型解释了行星际磁场的结构,因此其也称为 Parker 螺旋线。

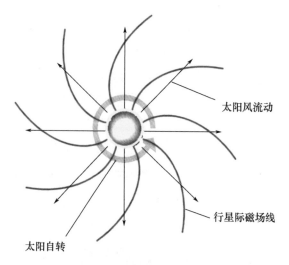

太阳风流动

行星际磁场线

太阳自转

图4.6 行星际磁场(Parker 螺旋线)的一般结构

4.3 太 阳 活 动

太阳活动是指黑子、光斑、谱斑、暗条等,主要的爆发现象有太阳耀斑、暗条爆发、日冕物质抛射等。

太阳活动

4.3.1 太阳活动区

太阳活动区是指太阳大气层上各主要的太阳活动现象(如黑子、耀斑和活动日珥等)频繁活动的区域[1]。

1.黑子

在太阳大气中,黑子是光球层中的一种典型活动现象,温度约3 000 K,由于比周围区域温度要低1 000~2 000 K,因此看起来是暗黑色的斑块。太阳黑子的高分辨观测图像如图4.7 所示,图中暗黑色的中心区域为黑子本影,周围含灰色纤维的区域为黑子半影。当一个强

太阳物理特性

磁通量管穿透光球层时,黑子就产生了。黑子通常成对出现,磁场以小的偶极场形式膨胀进入到低密度的太阳大气中。太阳活动区的发展阶段是由光球中出现黑子来表征的。它代表磁场的高度集聚,极强磁场抑制了对流区能量向上传播,从而导致光球层在该区域的低温。发展完全的黑子由本影和半影组成,本影位于黑子中心,由于温度比宁静的光球层低约1 500 K 而表现为暗黑的区域,磁场强度为0.2~0.4 T,半影是环绕本影的区域,由于温度比周围太阳宁静区低800 K 而表现为灰色的区

域。黑子通常以偶极对形式出现,称为太阳黑子对,这些偶极对进而形成黑子群。偶极区的大小可能是不对称的[7]。

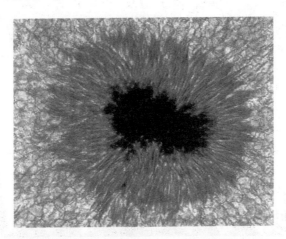

图 4.7　太阳黑子的高分辨观测图像(黑子之外是宁静太阳的"米粒结构")

太阳黑子数的变化是周期性的,德国天文学家海因里希·施瓦贝(Heinrich Schwabe)19 世纪初期发现太阳黑子变化周期大致为 11 年(图 4.8)[8]。黑子区域始于高纬地区,向赤道方向发展。太阳黑子对还呈现出极性规则,即同周期内一个半球上太阳黑子对中的主导黑子趋向于具有相同的极性,而在另一个半球上主导黑子则趋向于具有相反的极性,图 4.9 所示为太阳黑子蝴蝶图,显示了太阳黑子覆盖率随太阳纬度和时间的变化。

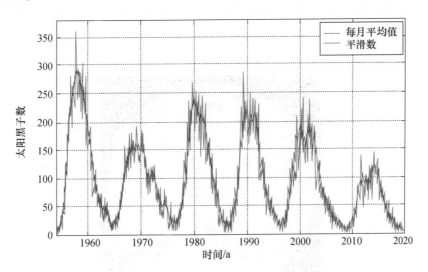

图 4.8　太阳活动周的太阳黑子数变化

注:图片来源于 2019 年 6 月比利时布鲁塞尔皇家天文台的太阳黑子数据中心

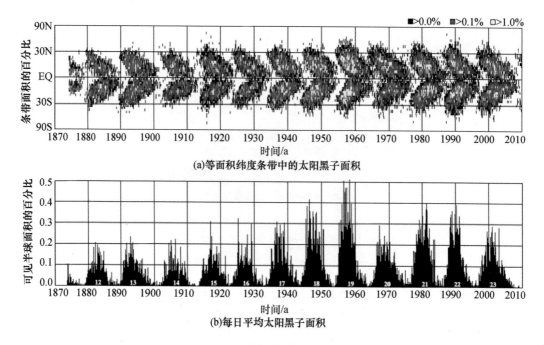

(a)等面积纬度条带中的太阳黑子面积

(b)每日平均太阳黑子面积

图 4.9   太阳黑子蝴蝶图

注:图片来源于 2010 年 1 月 NASA David Hathaway 主导的太阳物理研究

2.光斑

光球层的一些区域温度较高且持续明亮,称为光斑(图 4.10)。光斑的磁场强度约为 10^{-2} T,具有与黑子群类似的偶极特性。光斑温度比周围光球温度仅高 100~200 K,亮度仅大 10%。光斑是太阳活动区的一部分,与太阳黑子的形成有关联,常出现在黑子周围,但它们代表的是磁场较弱的区域。光斑的出现与太阳磁场的变化有关,它们是太阳表面等离子体沿着磁场线上升形成的明亮特征[1]。

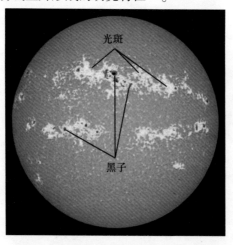

图 4.10   太阳黑子(黑色结构)周围的光斑

3.谱斑

在太阳活动区的色球层内温度较高且持续明亮的区域,称为谱斑。实际上它们是光斑向上延伸至色球层内的活动体。谱斑与黑子密切相关,往往出现在黑子周围,且黑子多的活动区内谱斑多、面积大,也更明亮。所以,谱斑也是对活动区活动程度的一种很好的指示。谱斑的亮度与其磁场强度大致成正比,亮谱斑的磁场可达数百高斯。

太阳辐射增强伴随着活动区的形成,因此在光球上光斑在太阳活动峰年会更加明显。当浮现磁场变得更强、更垂直时,等离子体沿着磁力线向上进入光球上层和色球层。增多的等离子体辐射更多能量,它们以谱斑的形式出现,即使磁场没有足够强到形成黑子,谱斑也可能出现[9]。

4.暗条

暗条是在高温日冕中局部区域出现的低温、高密度结构,如图 4.11 所示。其温度仅是日冕的 1%,而密度则是周围日冕的上百倍。暗条存在于日面上时,由于吸收太阳光球的辐射,因此表现出暗的结构,其 H-α 谱线表现为吸收线;当暗条出现在日面边缘之上时,由于突出日面之外像人的耳饰,故称为日珥。由于没有背景的辐射,因此日珥表现出亮的结构,其 H-α 谱线表现为发射线。

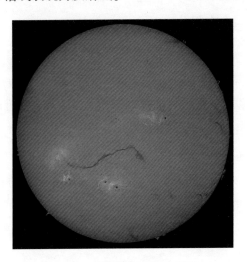

图 4.11　横跨太阳的巨大暗条

暗条有宁静区暗条和活动区暗条两种基本类型。宁静区暗条十分稳定,可存在几个月;活动区暗条有剧烈的运动,寿命从几分钟到几小时。活动区日珥一般是宁静区日珥的 1/4~1/3,在日冕中的高度也比较低,温度比宁静区日珥略高,密度大一些,磁场也较强[10]。图 4.12 所示为宁静太阳和活跃太阳在太阳大气不同高度上展现的特征。

图 4.12 中深蓝色的细曲线表示太阳表面以上的磁力线。太阳黑子中的聚集磁场产

生了在这节讨论的多种太阳特征[3]。

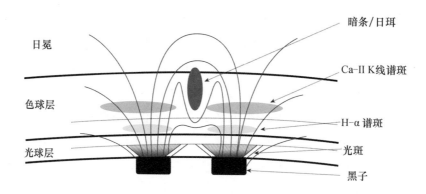

图 4.12　宁静太阳和活跃太阳在太阳大气不同高度上展现的特征

注:图片改编自美国空军气象局

4.3.2　太阳爆发活动

太阳爆发活动是太阳磁场能量累积到一定程度后急剧释放的结果,通常表现为太阳耀斑、暗条抛射和日冕物质抛射等。这些活动可导致太阳大气中的磁场重新配置,释放出巨大的能量,影响整个太阳系的空间天气状况。

1.太阳耀斑

耀斑发生时,磁力线的几何形状被重组,原来存储的一部分能量最终以光子的形式释放出去。强电场加速带电粒子向上进入日冕、向下进入密度较大的太阳大气层中。每秒大约有 10^{36} 个电子被加速到 30 keV 的平均能量。大量的高能带电粒子接下来又会产生很高的电磁辐射,通过耀斑释放出去。大的太阳耀斑主要发生在成熟的活动区中。活动区的大小与 $0.1\sim0.8$ nm 的软 X 射线波段的通量有很强的相关性。尽管耀斑在活动区发展和扩散的任何时间里都有可能发生,但当活动区中的黑子达到最大面积时耀斑活动最频繁。一般来说,耀斑期间能量释放的功率能达到 10^{20} W 量级,大耀斑释放的功率能达到 10^{22} W 量级。

2.暗条抛射

由于太阳表面持续的磁流管运动,暗条会逐渐演化到某种半稳定状态或变得不稳定,从而开始抛射。此时,日珥很快上升并最后在视场中消失。一部分物质从太阳逃逸出去形成日冕物质抛射;另一些物质沿着磁力线下落到色球层。2/3 的暗条爆发事件在经过 $1\sim7$ d 又在同一地方以几乎相同的形状重新形成,也有一些暗条的消失是因为热平衡破坏,并不对应爆发现象。

3.日冕物质抛射

日冕物质抛射是太阳大气中出现的最大规模的快速抛射现象。太阳上大的日珥或日冕有时会变得不稳定,将能量转换成大块日冕气体的整体加速,即日冕物质抛射。它在短时间内从日冕抛射出 $10^{14} \sim 10^{16}$ g 携带磁场的物质进入行星际空间,表现在白光日冕仪的观测图像中为明显亮于背景日冕的瞬变现象,如图 4.13 所示[11]。

图 4.13　太阳和日光层天文台看到的日冕物质抛射的合成图像

注:图片来源于 ESA, NASA/SOHO

日冕物质抛射常常发生在太阳冕洞区域附近。这类抛射活动会以每秒数百千米的速度将数十亿吨、温度高达百万开尔文(K)的气体抛射到行星际空间。在太阳活动极小时期,喷流射线常常在太阳低纬度区域发生[12]。

有些日冕物质抛射伴随的行星际扰动由日冕物质抛射前面的太阳风等离子体和行星际磁场堆积所造成。在行星际传播的日冕物质抛射,常称为行星际日冕物质抛射,简称 ICME。日冕物质抛射传播时会扰动太阳风流,撞击地球后引起地球地磁环境的变化,严重时会带来灾难性的后果。目前,日冕物质抛射已经被认为是产生大地磁暴的主因,在空间天气研究和预报中占有重要地位。

4.4　太阳活动引起的空间环境效应

太阳高能粒子(solar energetic particles, SEP)能够穿透地球大气层,会对在高纬度地区飞行的飞行器和航天器产生多种危害。最高能量的粒子会引起辐射损伤;能量稍低一些的高能粒子和中能等离子体会引起充电效应;能量更低一些的等离子体或光子会引起表面退化;与地球高层大气的化学反应会导致材料表面完整性受到侵蚀和损失。

太阳对地球
的影响

单个粒子的能量较低,但大量粒子会给在轨航天器带来预期之外的能量和动量影响[12]。

4.4.1 高能粒子辐射环境效应

1.粒子辐射环境对人类的损伤和影响

人类太空旅行的环境比典型的地面辐射灾害更加严重,航天员所受到的辐射剂量有时会超过地面辐射操作人员,因为高能粒子会引起生物学损伤。高能粒子穿过细胞时,沿粒子途径形成强电离区域。水和其他细胞成分的电离会损害粒子途径附近的DNA 分子,改变细胞的化学性质,因此会抑制细胞功能。直接轰击 DNA 分子会造成更大的损伤,造血细胞以及使用或产生造血细胞的器官的功能障碍尤为明显。

2.粒子辐射环境对硬件设备的物理损伤和影响

(1)单粒子效应。

高能粒子穿透航天器屏蔽材料,在人造元器件中沉积能量,可能会导致故障,称为单粒子事件。一般来说,微电子器件(集成电路)最容易受高能粒子影响,造成性能衰退,光学器件和高分子聚合材料也会受到影响。大于 10 MeV 的质子能够穿透典型航天器的屏蔽,造成沉积能的风险。大于 30 MeV 的粒子能够进入集成电路,进而导致错误。对集成电路的主要危害是单粒子效应(single-event effect, SEE)。单粒子效应是指单个粒子在模拟电路、数字电路、功率电路中沉积能量引起的功能故障。

当高能带电粒子穿过航天器或飞机内的集成电路器件,形成电子-空穴对时,可能出现单粒子翻转(single-event upset, SEU)。质子、α 粒子或重粒子诱发瞬时电流脉冲,电路状态的非预期改变将发送错误命令,导致随机存储单元中某位的逻辑状态翻转。单粒子锁定(single-event latchup, SEL)是一种由能量沉积导致的大电流状态,器件不能正常工作。功率晶体管或其他高电压器件有时会发生单粒子烧毁(single-event burnout)而被损坏,单粒子烧毁依赖于另一个参数,漏极-源极电压。还有一种单粒子效应称为单粒子功能中断(single-event functional interrupt, SEFI),是指发生在控制单元或其他特殊单元的错误导致的复杂的集成电路故障。单粒子功能中断会引起系统锁定或其他运行错误。

航天器上的另一种粒子穿透引起的效应是深层介质充电(deep dielectric charging),大量高能粒子进入材料形成电荷沉积。当 2~10 MeV 的电子穿入航天器结构时,介质材料(绝缘的、非导电的)在几天内发生电荷沉积。如果电荷泄漏率小于电荷收集率,则形成内部电场。尽管多余的电荷会在导体表面均匀分布,但会在介质中产生非均匀电势分布。此电势差足够大时会导致静电放电。

（2）直接加热。

粒子入射也会使星载仪器和传感器加热。能量守恒定律要求入射粒子损失的动能以其他形式释放，如直接加热（direct heating）。一些卫星利用周围环境温度保持星载红外传感器所需的超低温。但如果很多来自太阳耀斑或 CME 的粒子与传感器碰撞并加热，使得传感器温度超出允许范围，将导致传感器不能正常工作。

（3）姿态控制失灵。

很多卫星依赖电光传感器维持在太空中的姿态。这些传感器自动跟踪特定模式的背景恒星以完成精确指向。这些星敏感器易受高能粒子的影响，粒子入射星敏感器会产生光斑。耀眼的光斑可能会被认为是一颗恒星。当计算机程序不能在恒星目录中找到这个虚假的恒星，或识别错误时，卫星将失去对地姿态定向。定向通信天线、传感太阳能电池板将丢失其预定方向。上述问题可能导致与卫星通信失败，卫星功率下降，在极端状况下电池耗尽可能导致卫星丢失（在持续的辐照下，星敏感器的性能也会逐渐降低）。定向障碍多发生在太阳活动水平较高时同步轨道卫星或极轨卫星上。

（4）卫星电力。

太阳电池阵易遭受与空间环境有关的多种问题。太阳电池是在轨运行航天器最常见的电源，很多航天器运行在具有显著辐射的区域，且必须面向太阳才能发电。在航天器的运行周期中，受辐射损伤的影响，太阳电池的输出功率会下降 30%～40%，甚至更多。

（5）总剂量效应。

总剂量效应影响航天器电子设备和仪器的工作寿命。固态元件电学参数的变化与辐照剂量有关。随着剂量的累积，这些变化促使元件参数超出电路设计范围，最终导致电路完全停止工作。例如，NOAA GOES 卫星的星载空间环境监测仪上多个固态探测器一直遭受正常水平的辐射损伤，导致它们的敏感度降低[3]。

4.4.2　其他空间环境效应

相对于单个能量更高的粒子，能量较低的粒子不会穿透航天器表面，常以等离子体形式对航天器造成影响。这些粒子是背景等离子体的一部分，但与背景等离子体中能量更低的粒子不同，它们依然能够作用于航天器表面，引起导电材料（如隔热涂层）等涂层退化，降低航天器或其搭载部件的在轨寿命。

1.表面充放电和溅射对航天器部件的损害

航天器充放电是空间环境中等能量粒子引起的航天器异常中最常见的一种。在周围等离子体环境的作用下，航天器表面相对周围等离子体的静电电势不断增加，这一过程称为航天器的表面充电。高电势差引起的放电能够造成开关电信号错误、隔热涂层击穿，引起放大电路、太阳能电池以及光敏器件退化。大部分发生这类异常的卫星来自于较高高度(大于 $5R_e$)的磁尾区域，这里的粒子通量较大，是航天器充放电效应的高发区。

航天器表面充电是一个复杂的过程，主要由带电粒子环境的影响、太阳活动的直接作用以及太阳光的光电效应等因素引起。在带电粒子环境中(如地球磁场的辐射带)，航天器会经历"尾流充电"。这一现象在体积较大的航天器，如航天飞机或国际空间站上尤为显著。太阳活动的直接作用则体现在地磁暴和质子事件期间，高能粒子直接轰击航天器表面，导致表面充电。此外，太阳光照射航天器表面时，会引起光电效应，使电子从表面逃逸，这也是表面充电的一个原因。

这些过程均受到航天器表面的形状和材料特性的影响。当表面电势差累积到一定程度时，可能会引发自然放电，进而可能会损坏航天器表面或其附近的部件，并可能导致航天器工作异常，如电弧放电引起的材料退化和传感器损害，以及电子电路的干扰。

航天器表面电荷的变化，即表面充电，通常由等离子体诱导充电、光电子发射引起的充电以及二次电子发射引起的充电 3 种机制引起。等离子体诱导充电是因为离子和电子的运动差异，周围等离子体在航天器表面上累积电荷。光电子发射引起的充电是太阳光子的照射导致航天器表面发射光电子，从而引起充电，在这一过程中，光子被视为粒子。二次电子发射引起的充电则是等离子体轰击航天器表面，引起二次电子的发射，这也是充电的一个原因。这些充电机制都可能导致航天器表面电荷的累积，进而影响航天器的性能和安全[13]。

2.光子与航天器表面的相互作用

光子与物质相互作用的过程与带电粒子有本质的区别。带电粒子以多次碰撞的方式与物质发生作用，而光子会一次性地将能量传递给与其作用的物质并消失殆尽。因此随着穿透深度的增加，光强呈指数下降。光子会激发出电子，使材料表面带正电。同时带正电的表面吸引自由电子抑制这一过程(图 4.14)。

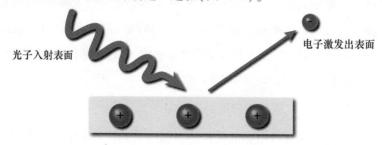

图 4.14　光子引起的表面充电

几乎所有波长小于 0.3 μm(~4 eV)的太阳辐射在到达地面前都会被地球大气层完全吸收。然而在轨卫星会直接暴露在无线电到 X 射线波段的太阳辐射中。波长 0.13~0.82 μm 的光子能够破坏碳基、氧基和氮基化学键,进而改变航天器表面材料的物理特性。极紫外波段的光子能够在航天器表面材料(如油漆涂层和隔热材料)上造成细微裂纹,这些缺损进一步扩散形成脆性结构。久而久之,航天器表层以下的材料也可能受到原子氧和热循环的影响[3,13]。

3.中性原子导致表面材料、传感器和太阳能电池板退化

空间环境中的原子氧以及一些原子序数更高的元素会与航天器表面材料、传感器及太阳能电池板发生化学反应,引起逐渐累积的退化效应。在轨时间几月至几年的低地球轨道航天器长期暴露在原子氧环境中,退化损害最为严重。

300 km 高度环境大气密度比海平面大气密度(约为每立方米 10^{15} 个氧原子)小十个量级左右。航天器在这一高度以 8 km/s 左右运行,每一个轨道周期内单位面积会被 10^{19} 个原子碰撞,产生 5 eV 左右的有效碰撞能量。由于原子氧活性很强,这些碰撞将导致航天器表面材料氧化和腐蚀。

4.中性原子造成航天器辉光

观测表明 LEO 航天器表面会出现可见的辉光现象,在大气层探测卫星(AE)和航天飞机上均发现过这种现象。辉光范围从在轨航天器表面向外延伸至 0.1 m,辉光光谱极值位于波长 680 nm 左右。在高度更低的轨道上这种辉光现象更为常见。辉光最可能来源于高层大气中的高速氧原子与航天飞机表面附着的氧化氮或航天器推力器释放的气体发生的复合反应,反应产生了被激发的 NO_2,NO_2 从航天器表面脱离同时发光。航天器辉光可能对天基光谱测量造成干扰,大气层探测卫星测量到的异常气辉就来源于这种光谱污染。

思 考 题

1.太阳内部结构及能量产生过程是怎样的?

2.太阳活动区有哪些主要特征,它们如何影响空间天气?

3.太阳风和日冕物质抛射(CME)有什么不同,它们对地球空间环境有哪些潜在影响?

航天器表面充放电模拟实验

脉冲激光单粒子效应模拟实验

本章参考文献

［1］ 王劲松，吕建永. 空间天气［M］. 北京：气象出
版社，2010.

［2］ FRAKNOI A，MORRISON D，WOLFF SC. Astronomy［M］. 2nd ed. Houston，TX：
OpenStax CNX，2022.

［3］ 德洛斯·尼普.空间天气及其物理原理 ［M］.龚建村，刘四清，等译.北京：科学出版
社，2020.

［4］ CARROLL B W，OSTLIE D A. An introduction to modern astrophysics［M］. 2nd ed.
Cambridge：Cambridge University Press，2017.

［5］ SUN W Q，XU L，ZHANG Y，et al. 太阳活动区磁场图的生成方法：基于注意力生
成对抗网络［J］. 天文学研究与技术，2023，23（2）：49-54.

［6］ FELDMAN U，LANDI E，SCHWADRON N A. 太阳风的快慢风源研究［J］. 地球物理
研究杂志：空间物理，2005，110（A7）：A07109.

［7］ 张婉婷. 神经网络方法在太阳活动指数预报中的应用［D］. 北京：中国科学院大学
（中国科学院国家空间科学中心），2022.

［8］ SCHWABE H. 1826 至 1843 年的太阳观测［J］. 天文通告，1843，21：233-244.

［9］ 朱健，杨云飞，苏江涛，等. 基于深度学习的太阳活动区检测与跟踪方法研究［J］.
天文研究与技术–国家天文台台刊，2020，17（2）：191-200.

［10］ 贝丝·阿莱西. 太阳［M］. 乔辉，译.北京：科学出版社，2022.

［11］ YAZEV S A，KITCHATINOV L L. 太阳活动的起源［J］. 天文报告，2023，67（1）：
S74-S77.

［12］ 郭大蕾，张振，朱凌锋，等. 太阳活动区 EUV 图像的生成式模型耀斑分级与预报
［J］. 空间科学学报，2023，43（1）：60-67.

［13］ GORNEY D J. 日地空间环境中的太阳周期效应［J］. 地球物理研究杂志，1990，28
（3）：315-336.

第5章 行星环境

基本概念

太阳系行星、火星环境、木星环境

基本定理

行星运动的三大定律

行星环境是指由围绕恒星太阳运行的行星及其卫星、矮行星、小行星、流星体、彗星和行星际尘埃等构成的行星系统环境。行星环境研究的主要内容包括行星系统的物理学和化学特性、太阳辐射变化对行星系统的影响;行星表面形态与内部结构、行星大气层与电离层、行星磁场与磁层、行星的卫星与环;小行星、彗星与流星体;行星的形成与演化、比较行星学、太阳系的起源与演化等。了解地球以外的行星环境是了解地球和太阳系形成与演化的关键,同时有助于未来太空资源开发的评估。例如,地球科学的许多重大科学问题要追溯到其形成期和演化期才能够得以解决,但地球早期的遗迹已消失殆尽,而月球、木星和火星等都在不同程度上保留了某些早期遗迹。

本章 5.1 节行星简况,主要介绍太阳系行星整体环境;5.2 节介绍主要的类地行星——火星环境;5.3 节介绍主要的类木行星——木星环境。

5.1　行 星 简 况

5.1.1　太阳系行星的定义

太阳和以太阳为中心及受其引力支配而环绕其运动的天体构成的系统称为太阳系。具体来说,太阳系包括太阳、行星及其卫星、矮行星、小天体和行星际尘埃等。中心天体太阳是唯一可见到视圆面的恒星,质量占系统总质量的 99.86%,但角动量只占0.5%。2006 年 8 月,国际天文学联合会(IAU)明确提出了行星和矮行星的定义[1],即一颗行星是一个天体,它满足:①围绕太阳运转;②有足够大的质量来克服固体应力以达到流体静力平衡的(近于圆球)形状;③清空了所在轨道上的其他天体。一般来说,行星的直径必须在 800 km 以上,质量必须在 $5×10^{16}$ t 以上。一颗矮行星是一个天体,它满足:①围绕太阳运转;②有足够大的质量来克服固体应力以达到流体静力平衡的(近于圆球)形状;③没有清空所在轨道上的其他天体;④不是一颗卫星。截至 2008 年 9 月,IAU 确认 5 颗天体为矮行星:冥王星(Pluto)、谷神星(Ceres)、阋神星(Eris)、鸟神星(Makemake)和岩神星(Haumea)。

2008 年 6 月,IAU 定义了一类新的天体——类冥王星(Plutoid),条件是:围绕太阳公转,轨道在海王星之外,有足够大的质量来克服固体应力以达到流体静力平衡的(近于圆球)形状,没有清空所在轨道上的其他天体,同时不是一颗卫星。目前符合"类冥王星"定义的除了冥王星之外,还有阋神星、鸟神星和岩神星。谷神星则不符合"类冥王星"的定义,因为它位于火星和木星之间的小行星主带之中。其他围绕太阳运转的天体(卫星除外),统称为"太阳系小天体"。

按离太阳由近及远,8 颗行星依次为水星、金星、地球、火星、木星、土星、天王星和海王星(图 5.1)。它们绕太阳的轨道均为偏心率不大的椭圆(近圆性)。如果从太阳的北极上空往下观察,8 颗行星都在接近同一平面的近圆形轨道上(共面性),逆时针绕太阳公转(同向性)。除了金星和天王星外,行星的自转与公转方向相同。

图 5.1 太阳行星示意图

除了水星和金星之外,其他 6 颗行星都有自己的自然卫星。地球有 1 颗卫星,火星、木星、土星、天王星和海王星分别有 2、92、145、27 和 14 颗卫星。

5.1.2 行星的分类

太阳系 8 颗行星可按其轨道特性或物理性质的不同进行分类。

(1)以地球轨道为界,把离太阳较近的水星和金星称为"地内行星",而把离太阳更远的火星、木星、土星、天王星、海王星称为"地外行星"。地内行星轨道小,从地球上看它们离太阳的角距小(水星小于 28°角,金星小于 48°角),只在拂晓前(或黄昏后)作为晨星(或昏星)被看到;地外行星离太阳的角距可在 180°内变化。

(2)以小行星带为界,把水星、金星、地球和火星称为"带内行星",而把其余 4 颗行星称为"带外行星"。

(3)根据行星的物理性质,把体积和质量小、平均密度大的水星、金星、地球和火星称为"类地行星";把木星、土星、天王星和海王星称为"类木行星",它们的体积和质量大,但密度小。另外,也把木星和土星称为"巨行星",它们的体积和质量最大,而密度最小;把天王星、海王星称为"远日行星",它们的密度介于巨行星和类地行星之间。类地行星主要由固态岩石物质组成,巨行星主要由氢氦气体物质组成,而远日行星还含大量冰物质(水、氨、甲烷冰等)。

此外,如前所述,比 8 颗行星小的冥王星、谷神星、阋神星被划归为"矮行星"类,且还有十多颗候选的矮行星,它们或者是较大的小行星,或者是"柯伊伯带"内的较大"冥族天体"。

5.1.3　行星的轨道运动

17 世纪初,德国天文学家开普勒继承第谷·布拉赫的长期观测资料,经过分析和推算,总结出行星运动的三大定律:

(1)行星绕太阳公转的轨道是椭圆,太阳位于椭圆的一个焦点上。

(2)连接太阳到行星的直线(向径)所扫过的面积与所用时间成正比,或单位时间扫过的面积相等,称为面积定律示意图。

图 5.2 所示为行星的椭圆轨道和面积定律示意图。

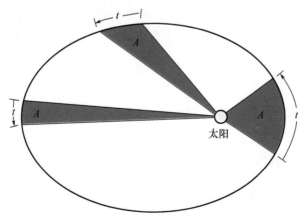

图 5.2　行星的椭圆轨道和面积定律示意图

（3）行星绕太阳公转周期的平方与轨道长半径的立方成正比。

牛顿从开普勒定律推导出了万有引力定律，奠定了天体力学的理论基础，并用于计算行星的轨道。按照万有引力定律，质量为 M_1 和 M_2 的两个天体，距离为 r 时，它们之间的相互引力为

$$F = \frac{GM_1M_2}{r^2} \tag{5.1}$$

式中，G 为万有引力常数，$G = 6.672 \times 10^{-11}$ m^3/(kg·s^2)。

从行星的平均轨道来看，一般有以下特征：

①近圆性，各行星的轨道偏心率 e 值都很小，轨道近于圆（$e \approx 0$）。

②共面性，各行星的轨道倾角值都很小，轨道面都与黄道面相近，而且太阳的赤道面与黄道面交角也很小（7°15′）。

③同向性，各行星的轨道运动方向都与地球公转同向，而且与太阳自转方向相同。

④距离规律，也称提丢斯–波得定则，行星轨道半长径有以下近似经验关系，其中 a 为行星到太阳的平均距离（天文单位），可表示为

$$a = 0.4 + 0.3 \times 2^n \quad (n = 0, 1, 2, 4, 8, \cdots) \tag{5.2}$$

5.1.4　行星的大气

研究各行星大气有助于认识地球大气的形成、演化及气候变迁。木星、土星、天王星、海王星都有浓厚大气，主要成分是氢和氦，这些大气可能是形成后就保存下来的原始大气。类地行星的原始大气都在漫长的历史演变中逸散到行星际空间了，现在的大气主要是从内部排出或俘获的次生大气。

金星的大气浓厚，主要成分是二氧化碳，表面气压达 9×10^6 Pa[2]。火星的大气稀疏，主要成分也是二氧化碳，表面气压约 700 Pa。水星几乎没有大气，仅有从太阳风俘获的少量氢、氦气体以及从内部放射元素衰变放出的氩、氧、氙等气体，表面气压小于 2×10^{-2} Pa。地球的大气主要成分是氮（N_2），其次是氧（O_2），不同于其他行星，现在的地球大气与生命活动有密切关系。

行星大气影响其热量收支状况，大气中的二氧化碳和水蒸气会产生"温室效应"，使金星、地球和火星的平均表面温度分别提高 500 ℃、35 ℃和 50 ℃。各个行星的大气中有不同的环流和气象情况，金星大气中有浓厚的硫酸云，云量近 100%，几乎完全笼罩其全球，通过光学观测难以识别其表面的"庐山真面目"；地球大气中有水蒸气凝结的云，平均云量约 50%；火星大气中有二氧化碳及水汽凝结的云，云量很小，但常发生尘暴；木星和土星有氨（NH_3）、氢硫化铵（NH_4SH）和水冰晶的浓云，呈现为平行于其赤道的亮带

和暗带纹的彩带,还有一些卵形斑,最突出的是木星的大红斑。天王星和海王星也有类似木星和土星的云带,但特征不很明显。

在矮行星中,冥王星有稀疏变化的大气,可能由甲烷和氨所组成,其表面气压约1 Pa;阋神星或许也有类似冥王星的稀疏变化的大气;谷神星则是没有大气的岩石体。

5.1.5 行星的结构

行星的结构一般可分为内部、表层和大气3部分[3]。

类木行星(木星、土星、天王星和海王星)都没有固态的表层,在浓厚大气之下是液态的氢分子(H_2)和氦(He)表层,一般观测不到。

类地行星都有起伏不平的固态表层,是目前重点探测和研究的对象,已经形成了一门新学科——行星地质学或天文地质学,研究内容包括表层物质成分、性质及地质演化过程。行星的表面特征反映了有关的地质过程。各个行星的地质情况有很大差异,但也有某些相似性。一般来说,行星的地质过程可分为内成过程和外成过程两大类。内成过程包括火山活动和构造活动,外成过程包括大气圈和水圈的作用及陨石撞击作用。每种过程都会产生特定的地貌特征,常通过行星表面特征与地球表面特征的类比来辨识行星的地质过程,但类比时应谨慎地做出结论。因为不同的地质过程往往可能产生相似的特征(如火山口与陨击坑的外貌相似),也可能是地球上独特过程所形成,如板块构造。研究行星的地质还应结合岩石、矿物和化学成分等有关资料来进行。

很多卫星、矮行星、彗核也具有岩石或冰-尘冻结的表层,也发生过相应的陨击作用、火山过程和构造活动等地质过程。

5.1.6 行星的内部

目前仍缺乏行星内部的直接探测资料,但是从行星的大小、质量、平均密度、重力场转动惯量、磁场、热流、行星(地)震等资料,结合理论计算已经可以建立各行星的内部结构模型,即内部的物质密度、压力、温度、化学成分的分布及圈层构造等。一般来讲,行星的内部物质都不同程度地越靠近中心越密集,形成核、幔(或中间层)和壳(或外层)的圈层构造。地球的有关资料最多,因而地球内部结构模型较好,其次是月球,其他行星的内部结构只有大体轮廓。类地行星的核可能以铁镍成分为主,并含有一定量的较轻元素(硅、硫、氧)。现在的地球内核为固态,而外核为液态,其他类地行星的核可能也是固态的。它们的幔主要由硅酸盐组成,在上层压力下可能是部分熔融或具可塑性对流。各个类地行星的核、幔、壳的比例及具体情况不同。

巨行星(木星和土星)的核可能是岩石或岩冰的固态核,中间层主要是由金属态的氢组成,外层是液态的分子氢和氦。天王星和海王星可能也有岩冰核、冰(水、甲烷冰)的中间层、气态(或液态)分子氢和氦外层。冥王星和其他矮行星的内部可能分为核、幔、壳3层。大的卫星、小行星乃至彗核也都可能是分异而形成圈层结构。

5.2 火星环境

从距离太阳由近至远讲,火星是太阳系中第4颗行星。其大小在太阳系中居第7位,火星的一天与地球的一天几乎相等,但火星的一年却几乎是地球的2倍。由于火星的自旋轴相对于轨道平面倾斜,因此和地球一样有四季的变化。火星轨道的外侧邻近的是小行星带和木星,内侧最靠近它的行星是地球。火星与地球的某些物理特性类似以及其独特的地形地貌,引起了人类对火星探测的浓厚兴趣。迄今为止,人类执行了多次火星飞行探测任务,取得了大量的探测成果[4]。图5.3所示为火星与地球半径对比图。

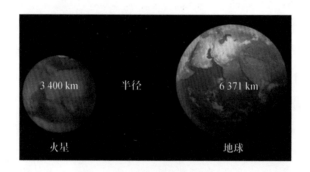

图 5.3　火星与地球半径对比图

5.2.1 火星空间物理环境

1.火星的基本参数

火星和地球的主要物理参数[5]见表5.1。火星直径约为地球直径的一半,体积约为地球体积的15%,质量约为地球质量的11%,表面积相当于地球陆地面积,密度则比其他3颗类地行星小很多。

火星自转轴倾角为25°19′44″,火星像地球一样也有四季之分,由于火星轨道偏心率为0.093(地球只有0.017),因此各季节长度颇不一致,又由于远日点接近北半球夏至,因此火星北半球春夏比秋冬各长约40天。

表 5.1 火星和地球的主要物理参数

基本参数	火星	地球
近日距	204.52×10^6 km	147.7×10^6 km
远日距	246.28×10^6 km	149.5×10^6 km
轨道长半径	1.524 AU	1 AU
公转周期	687 地球日（668 火星日）	365.26 地球日
自转周期	1.026 天（24 h 37 min）	0.997 3 天（23 h 56 min）
轨道倾角	1.8°	0°
自转轴倾角	25°19′44″	23°27′
平均轨道速度	24.13 km/s	29.783 km/s
球面拟合度	0.009	0.003
太阳常数	586.2 W/m²	1 367 W/m²
轨道偏心率	0.093 4	0.016 7
赤道半径	3 398 km	6 371 km
扁率	0.005 2	0.003 35
质量	0.646×10^{24} kg	5.98×10^{24} kg
与地球的质量比	0.108	1
与地球的体积比	0.15	1
平均密度	3.94 g/cm³	5.5 g/cm³
重力加速度	3.71	9.75 m/s²
逃逸速度	5.0	11.2 km/s
反照率	0.15~0.25	0.30~0.35
视太阳直径	21″	31′59″
平均温度	216 K（-57 ℃）	286 K（13 ℃）
磁场强度	3×10^{-8} T	3.05×10^{-5} T
卫星数	2	1

2.火星的磁场

太阳系天体按照磁场可大致分为有内禀磁场和没有内禀磁场两大类。行星的内禀磁场起源于星体内部的外核发电机过程。太阳系中的水星、地球、木星、土星、天王星和海王星等行星具有全球性的偶极子内禀磁场，内禀磁场穿过星体内部扩展至星体周围空间中，与行星际空间中的等离子体相互作用，形成行星磁层，保护行星的大气，构成行星空间环境的组成部分。对于没有内禀磁场的行星，岩石磁场主要起源于岩石在形成过程中记录下的行星磁场信息,行星的构造运动和小行星撞击会改变和影响岩石的剩余磁化强度。

火星磁场和地球磁场形态迥然不同,地球具有较强的偶极子内禀磁场和较弱的岩石磁场,火星没有较强的全球性的偶极子场,却有很强的岩石磁场。由于火星壳层的磁化需要磁化场,因此火星壳岩石磁场表明火星过去可能存在磁场发电机过程;火星表面有些撞击坑的剩余磁场很弱,表明撞击发生后岩石没有被行星磁场再次磁化,根据撞击坑的形成时间推测,火星发电机过程在 40 亿年前已经停止。火星岩石磁场分布具有显著的南北半球差异,强磁场主要集中在南半球,在有些地区表现出强弱磁场交替的条纹状结构,与地球海底条纹状磁场异常相似。

"水手 4 号"飞船于 1965 年飞越火星时,首次证实火星有弱的磁场[6]。当前对火星偶极矩估计的上限是地球的 $3×10^{-4}$ 倍,等效于赤道磁场(小于 100 nT)。对火星磁场进行较长时间观测的是"勘探者"(MGS)飞船。MGS 的观测数据表明,火星的内禀磁场比地球弱得多,但火星上局部地区的磁场很强,这是因为一定的矿物质保留了远古时期火星的剩余磁场。

一般认为,火星岩石磁场主要由岩石最后一次冷却至阻挡温度以下时获得的热剩磁贡献,如大规模的岩脉侵入事件之后的冷却过程。火星岩石剩磁主要由两部分组成:火星壳上层岩石的热剩磁,称为原生剩磁,主要在火星早期获得,此时火星还存在全球性的内禀磁场;火星壳下层岩石的热剩磁,称为次生剩磁,由上部火星壳磁化获得,此时火星发电机过程已停止或减弱,火星岩石磁场主要由火星壳上部的原生剩磁贡献。

3.火星的电离层

火星探测器的观测结果表明,火星存在电离层,但其高度较低。初步研究表明,火星电离层不像地球那样具有明显的分层。火星电离层属于查普曼型(在单色太阳辐射和单一大气成分的假定下,由英国物理学家查普曼提出的电离层理论所描述的电离层形态),是由光化学平衡形成的,包括分子和离子。电子密度峰值通常出现在约 140 km 的高度上,峰值的电子密度和高度随天顶角变化。O_2^+ 和 O^+ 在约 250 km 的高度起主导作用,并可达到约 2 500 K 的温度。火星夜间电离层较弱且变化多样。

由于火星的磁场较弱,因此太阳风与火星大气的相互作用使火星电离层结构和动力学变得复杂,还受太阳周期性变化和火星沙尘暴的影响。

5.2.2　火星大气环境

火星的质量只有地球的 1/10,所以火星重力很小,导致失去了大气中的挥发性物质。火星的大气很稀疏,平均表面气压仅为 700 Pa,不到地球海面气压的 1/100。火星表面各处的实际气压因地而异,也随季节变化,最大气压也仅为 1 000 Pa。

1.火星大气的垂直结构

火星大气温度和压强随高度的垂直分布结构受太阳辐射水平和天顶角的影响[7]。火星低层大气的垂直结构由纯 CO_2 和悬浮尘埃体积分数决定,CO_2 在火星大气中有效地辐射能量,而悬浮尘埃直接吸收大量的太阳辐射。火星大气按照成分、温度、气体同位素特征以及大气气体的物理性质,一般分为上、中、下 3 层。

(1)上层大气。

上层大气一般指 200 km 以上的区域。这一层大气较为稀薄,气体分子之间的距离较大,受到太阳辐射和太阳风的影响最为强烈。太阳风是从太阳表面喷射出的高速带电粒子流,它与火星上层大气相互作用,会导致火星大气的逃逸。太阳风可以将火星大气中的带电粒子(如氢离子等)剥离并带走,使得火星大气逐渐损失。此外,在太阳活动剧烈时,如太阳耀斑爆发等,会向行星际空间释放大量的高能粒子和电磁辐射,这也会对火星上层大气产生显著影响,可能改变其温度、密度和化学成分等。

(2)中层大气。

中层大气大致位于 45~200 km。中层大气的温度、密度和成分等特性处于上层大气和下层大气之间的过渡状态。这一层大气中的气体成分还是以二氧化碳为主,同时也包含氮气、氩气等其他气体。中层大气的温度会随着高度的变化而变化,一般来说,高度越高,温度越低。在中层大气中,也存在着一些复杂的物理和化学过程,如大气的对流、扩散等。这些过程会影响气体的混合和分布,进而影响整个火星大气的结构和性质。

(3)下层大气。

下层大气指 45 km 以下的区域,是火星大气最接近火星表面的部分。下层大气的密度相对较高,气体分子之间的碰撞较为频繁。这里的大气成分同样主要是二氧化碳,体积占比达到 95.7%,其次是 2.7% 的氮气和 1.6% 的氩气,还含有很少量的氧气、水汽等。由于火星表面的地形地貌复杂多样,如山脉、峡谷、平原等,这会导致下层大气在不同地区的流动和分布存在差异。例如,在山脉附近,大气可能会受到地形的影响而形成气流的上升和下降,从而影响该地区的大气温度、湿度和压力等参数。同时,火星表面的沙尘也会与下层大气相互作用,沙尘颗粒可以通过散射和吸收太阳辐射来影响大气的加热和冷却过程,并且沙尘还可能会被大气携带形成沙尘暴等天气现象。

火星的大气密度不仅与高度有关,而且具有明显的季节性变化特点。其大气非常稀薄,密度仅为地球大气的 1% 左右,平均气压约为 700 Pa。火星大气的平均相对分子质量为 43.34,火星表面声速为 270 m/s,比地球表面声速低 20%。火星大气具有特定的组分、密度,并沿水平和垂直方向呈规律性分布。火星大气压随着二氧化碳和水体积占比的季节性变化而变化,变化幅度可达 20%。稀薄的大气很难保留来自太阳的热能,因此火星表面的昼夜温差非常大。

表 5.2 所示为火星大气组成,是 1976 年由"海盗"系列探测器对火星大气成分进行的准确测定。

表 5.2　火星大气组成

气体成分	体积比
二氧化碳(CO_2)	95.32%
氮气(N_2)	2.70%
氩(Ar)	1.60%
水(H_2O)	210×10^{-6}
一氧化氮(NO)	100×10^{-6}
氙(Xe)	0.08×10^{-6}
氧气(O_2)	0.13%
一氧化碳(CO)	0.08%
氢-氘-氧(HDO)	0.85×10^{-6}
氖(Ne)	2.5×10^{-6}

2.火星大气的演化

现在的火星大气非常稀薄,这种低压条件下不可能存在液态水,但是地质学和矿物学的证据表明火星表面并非一直如此[5]。纵横交错的峡谷群体系、高度退化的撞击坑现象等地质特征和层状硅酸盐的存在都表明,火星在诺亚纪曾经很湿润。火星大气中的氢氘比(P/H)是地球大气氢氘比的 5 倍,这也表明火星过去曾经有较厚的大气层。火山作用(包括高地锥状火山和塔尔西斯区的形成)可能是火星大气中 CO_2 的来源,同时火山喷发会释放大量的水蒸气。诺亚纪放射性元素衰变能的迁移与聚集增强了火星大地热流,增加了火山作用的次数与规模,这样由火山释放出的 CO_2 和 H_2O 气体便形成了一个早期的厚大气层。

CO_2 和 H_2O 都是温室气体,会增加火星表面温度,加上厚大气层施加的表面压力增大,可能会形成降雨,出现液态水。但恒星演化模型表明,40 亿年前太阳的亮度只有现在的 25%~30%,这样小的亮度在火星上仅可以转化产生约 196 K 的温度,同时还需要有 77 K 的温室加热。数值模拟结果表明,富含 CO_2 的大气,可以产生 $5×10^5$ Pa 的表面压强,在太阳低亮度的情况下将会使火星表面温度增加到 273 K。CO_2 在这种高压环境中将冷凝,在大气中形成云并且释放更多潜热。这两种机制都会使得火星表面温度降至水的凝固点以下。

火星沙尘暴的观测可以追溯到 1971 年"水手 9 号"飞船的任务,这是首次有记录的火星沙尘暴观测。随后,"海盗 1 号"和"海盗 2 号"着陆器在火星表面工作期间也记录了大量关于火星沙尘暴的数据。到了 2001 年,全球性的火星沙尘暴被 NASA 的火星全球勘探者号(MGS)通过高分辨率相机图像和热发射光谱仪(TES)的数据进行了详细观测。

火星沙尘暴的形成与多种因素有关,包括大气动力学过程、地形特征及火星自身的气候条件。首先,火星的大气密度较低,需要较高的风速才能启动沙尘暴,这通常发生在离地面约 2 m 高的地方,风速需达到 28.7 m/s。此外,火星的轨道变化可能导致最大风速的位置发生变化,从而影响沙尘的分布和移动。火星次表层水冰的存在也可能影响沙尘暴的形成和发展,尤其是在天气尺度上。

火星沙尘暴主要发生在南半球的春季和夏季,其在不同季节和地理位置的表现存在显著差异。在有全球性沙尘暴的年份中,沙尘主要在南半球被提升,并通过加强的哈德利环流传播到整个星球。在没有全球性沙尘暴的年份中,沙尘则主要在北半球由活跃的中纬度风暴系统产生,但不会全球传播。这表明,火星的沙尘活动与地球上的气候系统有所不同,其季节性和全球性特征更为复杂。

火星沙尘暴还受到其轨道与太阳的距离的影响。研究表明,火星在地球轨道附近时,沙尘对气候的影响更为显著,尤其是在冬季半球。这种影响可能与火星表面的辐射吸收有关,沙尘的存在可以改变火星的气候和可居住性。

在特定的地理位置上,如乌托邦平原南部,火星车"祝融号"所处区域是火星季节性沙尘暴的高发区。这表明,火星表面的不同区域可能因地形、风向和其他因素而具有不同的沙尘活动模式。

火星沙尘暴对火星表面探测器构成了重大威胁。它们会降低太阳能电池板的发电量,增加环境温度,扰动大气密度和风场,阻碍通信并污染仪器。例如,2001 年的全球性沙尘暴就严重影响了火星表面的观测和探测任务。因此,未来的火星探测任务需要考虑如何规避或减轻这些风险,如选择合适的发射窗口和设计能够抵抗沙尘暴影响的硬件系统。图 5.4 所示为哈勃望远镜展示了发生在火星北极冠区的一个沙尘暴。

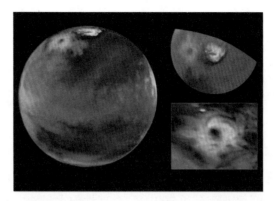

图 5.4　哈勃望远镜展示了发生在火星北极冠区的一个沙尘暴

5.2.3　火星表面地貌环境

火星的地形地貌反映了火星表面的形态变化。火星表面不同区域呈现出不同的形态特征，火星上不同历史时期形成的表面形态也存在明显差异，这是由其地质作用类型及作用程度的不同造成的。通过研究火星表面形态特征，可以深入认识火星表面的形成演化过程以及火星地质的演化历史。根据火星全球表面形态特征，可以将火星表面划分为南、北不同的两个半球：南半球为高原地带，平均海拔较高，年龄较大，以火山高原地貌和撞击高原地貌为主，断裂构造和火山锥发育，熔岩喷发强烈，也是撞击坑分布密度和规模最大的地区，同时可见水流、冲蚀、堆积、冰川和风蚀等作用形成的各种地貌类型；北部为平原地带，平均海拔较低，地势广阔平缓，年龄较大，撞击坑较少（但存在很多被掩埋的大型撞击坑），以火山物质为主，火山熔岩分布广泛，形成大量小型熔岩饼、熔岩丘、熔岩被、火山和火山锥等火山地貌。火星形貌分区图如图 5.5 所示。

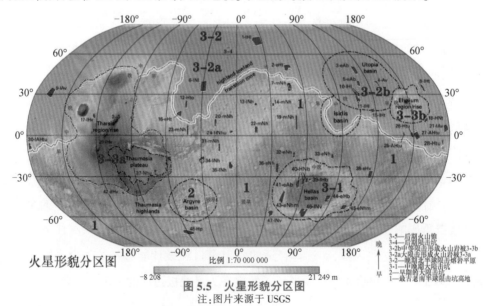

图 5.5　火星形貌分区图
注：图片来源于 USGS

1.火星主要地貌类型

（1）撞击坑和盆地。

火星撞击坑是除了地球以外的固体天体表面上最具特色的地貌类型。根据撞击坑的大小、形态和溅射物的特点，可以将火星上的撞击坑分为 4 类：简单撞击坑、复杂撞击坑、多环盆地和掩埋的撞击坑。

①简单撞击坑。火星上直径小于 5 km 的撞击坑大部分呈碗状形态，撞击坑的深度和直径比约为 0.2，如图 5.6 所示。在撞击坑的坑壁顶部常出现水平的层状基岩，在坑的外缘可见亮色或者暗色的放射状溅射物。

②复杂撞击坑。火星上复杂撞击坑的直径一般为 5~130 km，有以下一个或多个内部形态特征：宽阔水平底部有一个丘陵或土丘隆地区，存在一个复杂的中央峰，所有复杂的撞击坑都比简单形态撞击坑要浅，撞击坑的深度和直径比随其直径的增加而减小，从直径为 5~8 km 时的 0.2 变化到直径为 100 km 时的 0.03，如图 5.7 所示。

图 5.6　简单撞击坑影像

注：图片来源于 NASA

图 5.7　复杂撞击坑影像

注：图片来源于 NASA

③多环盆地。火星上的大型撞击坑通常会出现一种特殊的结构和形态，即中心峰附近还会有一个或多个同心环。大型撞击坑的盆地边缘，可以看到叶状的溅射物向外延伸，其中一些溅射物还具有放射状条纹，并且还产生了许多密集的二次撞击坑。如图 5.8 所示的海拉斯盆地的高程图。

④掩埋的撞击坑。掩埋的撞击坑是指分布在北部平原上各种大小的撞击结构，其

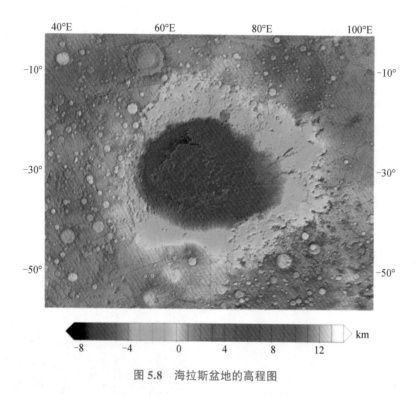

图 5.8　海拉斯盆地的高程图

识别主要依赖于雷达数据的解译。研究表明,北部平原区有大量的半圆形洼陷,它们被认为是被掩埋的大型撞击坑。

(2)峡谷地貌。

在赤道南部 250°E 和 320°E 之间分布着几条大型的连通峡谷,合称为水手大峡谷,其东西向延伸超过 4 000 km,占火星赤道区长度的 1/4,宽 150~700 km,最深可达 7 km。图 5.9 所示为"海盗号"轨道器拍摄的水手大峡谷全貌图。水手大峡谷主要由断层作用形成,其成因可能类似于地球上的非洲大裂谷。另外,块体移动作用和其他侵蚀作用也会影响峡谷的形成。

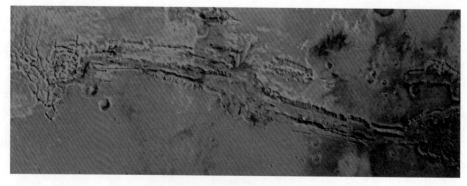

图 5.9　"海盗号"轨道器拍摄的水手大峡谷全貌图

（3）水流地貌。

火星表面发育了许多河道，并保留了大量流水冲刷的痕迹。根据形成年龄和表面特征，火星的水流地貌可分为 3 种类型：网状河谷、外流河道和冲沟。

①网状河谷是最古老的水流地貌类型。它们的宽度通常不超过几千米，但长度可达上百甚至上千千米，深度一般为 50～200 m。网状河谷的典型特征是陡峭的岩壁，横断面形状从上游的 V 形变为下游的 U 形或矩形，并且大部分区域都有短而粗的分支，图 5.10 所示为位于霍顿撞击坑的网状河谷。

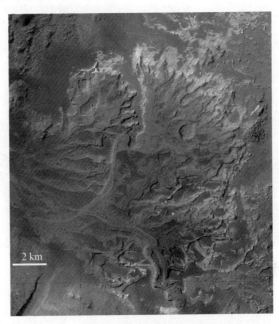

2 km

图 5.10　位于霍顿撞击坑的网状河谷

②外流河道是灾难性洪水形成的河道，宽度变化很大，从小于 1 km 到几百米不等。它们的弯曲度较小，长宽比也较小，分支复合现象明显，河道中常见泪滴状孤岛。

③冲沟是一种年轻的侵蚀特征，常见于火星南半球中纬度地区的陡坡上。冲沟的宽度通常为几米到几十米，长度可达上百米，比网状河谷小得多。冲沟形成较晚，表面上没有或很少有撞击坑。

（4）火山地貌。

火星有一个长期而复杂的火山作用历史，目前可能仍处于火山活跃期。火星表面还保存有大量的火山活动痕迹，包括火山熔岩平原、小型火山盾和大型火山盾。火星上大部分大型火山为盾形火山，主要由流动的玄武质岩浆喷发形成，其中一组巨大的盾形火山被称为萨希斯火山群。萨希斯火山省高 10 km，横跨 5 000 km，其火山作用持续了一个非常长的时期，可能从约 38 亿年前一直持续到现在，从而形成了太阳系内最大的火山群。除此之外,火星上另外两个重要的火山区域分别为伊利瑟姆火山省和环海拉斯火山省。

狭义的萨希斯火山群是指中心位于赤道247°E的三座大型火山:阿西亚山、阿斯克瑞斯山和帕吾尼斯山。广义的萨希斯火山群是指中心位于赤道南部约265°E的宽广的异常隆起区域,包括狭义的萨希斯火山群和大量小型盾形火山,它们与奥林匹斯山、阿尔巴高地共同组成萨希斯火山省,宽度可达5 000 km(图5.11)。

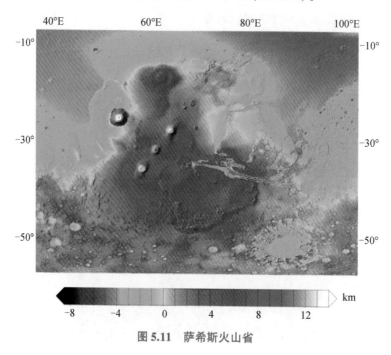

图5.11 萨希斯火山省

奥林匹斯山与上面三座大型火山类似,但是面积更大,其底部被一圈悬崖所围绕,还存在一个大型的叶状条纹沉积区域,图5.12所示为奥林匹斯山全貌。

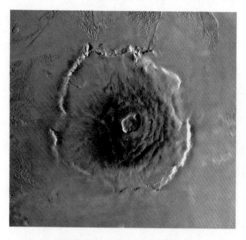

图5.12 奥林匹斯山全貌(火星上最高最大的火山)

伊利瑟姆火山省(图 5.13)是火星上第二大火山省,但比萨希斯火山省小得多,存在大量的熔岩流、火山灰、岩墙和岩脉,主要包括三座火山:伊利瑟姆山、赫卡忒斯山和阿尔伯山。

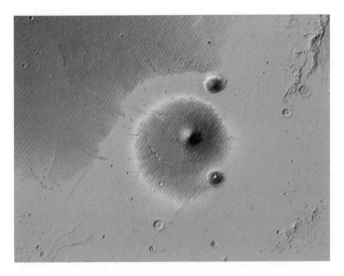

图 5.13　伊利瑟姆火山省

环海拉斯火山省(图 5.14)分布有多座火山,覆盖面积大于 2.1×10^6 km²,是火星表面最老的盾形火山区。环海拉斯火山省的多座火山与萨希斯火山省和伊利瑟姆火山省的火山截然不同,都具有非常低的台地及一个大的中央火山口,大部分火山被具有脊和沟痕的地台所围绕。

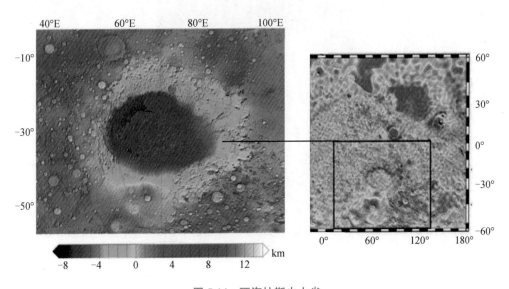

图 5.14　环海拉斯火山省

（5）冰川地貌。

火星的两极均有白色冰冠覆盖。两极的冰层随着季节和极偏转而发生变化。火星自转轴倾斜方向和轨道的偏心率使得火星南部的冬季较长,南部极冠的增长也比北部极冠大得多,火星两极的极冠是目前已知的最大储水库,也记录了火星详细的古气候变化。

火星两极的二氧化碳冰盖随着季节的变化而发生增加和消减。当这些季节性的二氧化碳盖层在夏季消失时,北极就暴露出下层的残留水冰盖层,而南极却是永久的二氧化碳冰盖。北极残留的盖层是火星大气中水蒸气的主要来源,并且是火星全球水循环的主要驱动力。相对而言,南极残留盖层只起到调节年均大气二氧化碳浓度的作用。

（6）风化地貌。

风是改变火星表面形貌的一种重要的动力。火星上的风速一般为每秒几米,有时会刮起 50 m/s 的飓风。风的作用对于改变火星表面形态有效,包括风蚀作用和风成堆积作用。原始火山和撞击坑的风蚀作用通常很小,明显侵蚀作用仅发生在对非黏性层状沉积岩体的侵蚀上。火星上的风蚀地貌多出现在两极高纬度区,那里广泛分布着巨大条形切沟。

风成堆积作用使火星表面广泛分布各种类型的风成波痕和沙丘,风成碎屑物质的堆积范围变化很大,从厘米级别到千米级别都可发生,其中风成波痕主要为厘米级到米级范围的堆积,沙丘一般为大于 25 m 的堆积,图 5.15 所示为"火星全球勘探者"拍摄的暗色沙丘。

图 5.15 "火星全球勘探者"拍摄的暗色沙丘

注:图片来源于 NASA

火星上的沙丘比较普遍,和地球上的沙丘一样具有多种形态,主要有月牙形沙丘、似月牙形沙丘和横断面沙丘。

2.火星地形

火星表面积只有地球表面积的 28%,但是火星表面的地形起伏却要远远大于地球。目前火星的海平面是以赤道半径为 3 396 km 的等势面为参照面。火星表面最大高程差达 29.429 km,最高点为奥林匹斯山,海拔 21.229 km,最低点为海拉斯盆地,海拔−8.200 km。火星地形的基本特征为全球二分性[8],南北半球分区明显,主要存在 3 个方面的差别:高度、撞击坑密度和火星壳厚度。南半球普遍高于海平面,平均海拔为1.5 km,北半球基本上低于海平面,平均海拔为−4 km,两者相差 5.5 km。这不仅导致火星南极半径 3 382.5 km 和北极半径 3 376.2 km 相差了6.3 km,而且导致火星的重心偏离了2.99 km。南北分区的撞击坑密度差异表现为南部高原撞击坑密布,而北部平原撞击坑稀疏。但是这可能只是火星的一个表面现象,根据最新的探测数据显示,北部平原实际上可能存在大量被掩埋的大型撞击坑。南北分区的火星壳厚度差异表现为,根据地形和重力场数据推断火星全球的平均火星壳厚度为 45 km,从南到北火星壳厚度逐渐变薄,南部高原的平均火星壳厚度约为 58 km,北部平原的平均火星壳厚度约为32 km,相差约26 km。图 5.16 所示为火星全球地形图。

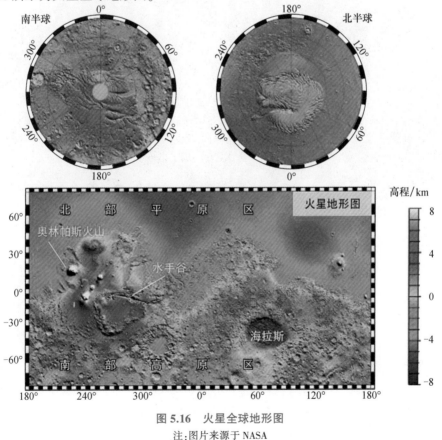

图 5.16　火星全球地形图

注:图片来源于 NASA

火星上最大的正地形是萨希斯高原,其中心地理位置为(0°,265°E),横跨5 000 km,高10 km。萨希斯高原形成于火星历史的早期,并且从形成到现在一直都是火山活动的重点区域。第二大正地形是伊利瑟姆高原,其中心地理位置为(25°N,147°E)相对萨希斯高原要小得多。火星上最大的负地形为海拉斯盆地,其中心地理位置为(47°S,67°E),海拉斯盆地的底部要低于其边缘约9 km。海拉斯盆地边缘围绕该盆地形成了一个宽阔的环状区域,该环状区域包括了南半球东部地区大部分较高地形。第二大负地形为阿吉尔盆地,其中心地理位置为(50°S,318°E),相对海拉斯盆地要浅得多,盆地的底部只比其边缘低约1~2 km。

5.2.4 火星地质环境

对于火星地质的研究,绝大多数的信息来自于遥感数据[9],火星表面的形貌是各种地质过程综合作用的结果,因此在火星地质的研究和描述中,须密切结合火星表面形貌的特征。图5.17所示为火星地质地图(扫描二维码可看高清彩图)。

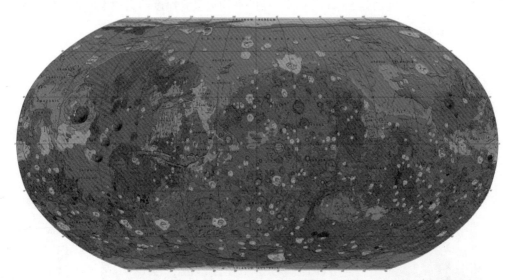

图5.17　火星地质地图

注:图片来源于USGS

彩图

1.火星土壤

火星土壤是指分布在火星表面的松散、未固结的土状细粒风化物质,它是火星表面岩石长期风化形成的风化层。与火星表面的岩石、基岩及强胶结物质有明显区别。行星科学家通常使用"土壤"一词来指代行星表面的风化物质层[10]。火星土壤是固体火星壳层直接与火星大气相接触的地带,记录了火星表面经历的地质作用、风化作用、撞击作用及演化过程等信息,对研究火星表面的地质过程、水的作用、生命物质、宜居环境、大气活动等具有重要意义,也是火星着陆探测和巡视探测工程实施需要考虑的重要因素之一。火星土壤由细小颗粒物质组成,颗粒的粒径从微米级到厘米级都有分布。根据颗粒粒径的大小,火星土壤通常分为尘埃和沙粒。尘埃是火星土壤中容易被风搬运的细小颗粒物质(通常粒径小于 5 μm),分布在火星表层,容易被风搬运到火星大气中,在尘暴作用下能够长距离传播;沙粒则是火星土壤中的细小颗粒组分(通常粒径为 5 μm~2 mm)。

2. 火星岩石

火星表面岩石以玄武岩为主,露有少量安山岩,说明火星的岩浆演化停止在基性或基性至中性岩浆活动阶段,介于地球与月球之间。目前为止,还没有发现火星存在板块运动的证据。虽然今天的火星表面非常干燥寒冷,但火星早期的环境可能与现在的地球相似,表面存在过短暂性的水体,甚至海洋,因此根据火星表面的岩石类型和后期形成的次生矿物可以认识火星的岩浆演化,还可以揭示火星古气候演化。下面主要围绕火星探测和火星陨石的研究结果,从岩石和矿物的视角来认识火星。

(1)岩浆岩。

目前在火星着陆探测到的岩石主要以玄武岩质岩浆岩为主,其遭受了不同程度的蚀变作用,根据 SiO_2 和 Na_2O+K_2O 的体积分数可以细分为安山岩质、玄武岩质和碱性岩质几种类型。

火星表面玄武岩和安山岩的分布特征与火星南北二元结构相关,火星南部较老的高地和大型盆地富含玄武岩(斜长石和辉石),而火星北部年轻的洼地地体以安山岩为主(斜长石和火山玻璃为主要组成矿物)。

(2)沉积岩。

火星除了岩浆岩之外,另一类常见的岩石就是沉积岩,主要包括风成沉积岩和水成沉积岩,还存在一些富碳酸盐、硫酸盐和二氧化硅的岩石露头。

(3)火星矿物。

在"好奇号"火星车着陆之前,火星表面的矿物成分只能通过间接测量方法进行分析。这些间接测量方法包括元素分析与矿物化学的关联性、火星遥感光谱测量、生物学模拟和其他实验,以及各种热力学模型。通过实验室比对,可以确定火星表面的矿物成分为:有岩浆岩的主要造岩矿物、岩浆岩的副矿物、岩浆岩中的含水矿物、冲击成因高压矿物、表生矿物。

硅酸盐是地球表面最丰富的矿物。火星表面的硅酸盐矿物主要为橄榄石、辉石和斜长石,最新研究结果表明可能还有长英质矿物。

图 5.18　火星沉积岩

火星陨石中主要的副矿物为铬铁矿、钛铁矿、钛磁铁矿、磁黄铁矿、石英、锆石和斜锆石,总体积分数常小于 2%。副矿物虽然含量少,但是副矿物的化学成分、矿物组合是反映母岩浆性质、氧逸度、结晶温度和结晶年龄的重要依据。

火星陨石中的最主要含水矿物为磷灰石[11],普遍以副矿物的形式产出于火星陨石中,在火星陨石熔融包裹体中有时也可见少量的磷灰石。在高温高压条件下,组成火星陨石的主要矿物相会发生相变,转变成对应的高压相矿物。

5.2.5　火星卫星环境

火星有两颗天然卫星[3]:火卫一(Phobos)和火卫二(Deimos),它们是美国天文学家霍耳于 1877 年发现的。这两颗卫星离火星都很近,从火星上看,火卫二每昼夜东升西落,而火卫一则西升东落。它们都同步自转,即自转周期与绕转周期相同,因而以同一侧面对向火星。

火卫一和火卫二的成因仍然还存在着争议。火卫一和火卫二的光谱、反照率和密度与 C 型或者 D 型小行星很像,基于这一特点,两颗卫星被认为是由小行星主带捕获而来。两颗卫星都具有非常圆的轨道。还有一个假说就是火星周围曾经存在着像火卫一和火卫二这样的天体,而且火卫一高的孔隙度特征和小行星起源的天体不一致。对火卫一的红外观察表明,火卫一主要含有硅酸盐,这在火星地表非常常见。

火星的卫星可能起源于一次巨大的撞击,火星三分之一的质量撞击出来形成一个环围绕火星。内圈的物质形成一个大的卫星,外圈的物质形成火卫一和火卫二。随后,大的卫星撞击火星,与火星结合,而火卫一和火卫二仍然停留在轨道上。卫星表面的细粒物质和高孔隙度支持了这一理论。

（1）火卫一。

火卫一（图 5.19）的尺寸相对较大，大约为 26.6 km×22.4 km×18.4 km，轨道半长径为 9 378 km，轨道偏心率为 0.015 1，大致在火星赤道面上空，它的轨道面与赤道面倾角为1.08°，绕转周期为 7.654 h。

图 5.19　火卫一（Phobos）

火卫一的形状不规则，表面布满了撞击坑。它是太阳系中最大的不规则小行星之一。火卫一的轨道距离火星非常近。它的表面颜色较深，反照率低，表明其表面可能富含尘埃和碎石。火卫一已经被"火星全球勘测者"和"火星快车"任务探测，获得了详细的图像和地形数据。

（2）火卫二。

火卫二（图 5.20）的轨道半长径为 23 459 km，轨道偏心率为 0.000 5，大致在火星赤道面上空，它的轨道面与赤道面倾角为 1.79°，绕转周期为30.299 h。

图 5.20　火卫二（Deimos）

火卫二比火卫一小得多,尺寸约为 15 km×12 km×11 km。火卫二的形状同样不规则,表面也布满了撞击坑,但相对于火卫一来说,它的表面较为平滑。火卫二的轨道距离火星较远。它的表面颜色较浅,反照率较高,这可能意味着它的表面覆盖着更多的细颗粒物质。火卫二也受到了火星探测任务的关注,如"火星勘测轨道器"和"好奇号"火星车任务提供了火卫二的高分辨率图像,帮助科学家研究它的表面特征和组成。

5.2.6　火星环境影响

1.火星空间物理环境影响

火星表面温度极端,夜间温度可降至极低,火星大气稀薄,主要由二氧化碳组成,对人类生存和户外活动构成障碍,对人类发展生命维持系统和设计居住设施提出了巨大挑战[12]。

由于缺乏强大的全球性磁场,火星表面的辐射水平较高。这对于计划长期居住在火星上的宇航员来说是一个重大的健康风险。火星的弱磁场可能使导航系统在火星上的效果大打折扣。因为无法有效保护其卫星免受太阳风的侵蚀,所以可能导致火星的卫星(火卫一和火卫二)逐渐解体。火星探测器也需要特殊的辐射防护措施,以确保在火星表面或轨道上运行时电子设备的安全。

火星的电离层是太阳紫外线和太阳风与火星大气直接相互作用的结果。火星电离层的密度和结构随时间和地理位置变化,这可能影响无线电通信和行星表面特征的观测。电离层的变化会导致火星表面与轨道器或地球之间的无线电通信出现干扰。火星探测器和火星车也需要能够适应电离层变化的通信系统,以确保数据传输的可靠性。着陆器也需要精确的计算来避免过热以至偏离预定轨道。

2.火星大气环境影响

火星大气的密度只有地球大气密度的 1%,这种低气压环境可能导致火星探测器在穿越大气层时发生放电现象,这种现象称为低气压放电,会对探测器的电子系统造成损害。放电产生电磁脉冲,可能会干扰或损坏探测器上的敏感电子设备。长期的放电效应可能导致探测器表面材料的退化,影响其结构的完整性。火星大气虽然稀薄,但足以在着陆器进入大气层时产生有效的阻力来进行伞系减速。稀薄的大气使减速发动机的点火和运行面临特殊挑战,需要特殊的点火和燃烧技术。

火星上的沙尘暴是探测器需要面对的另一个挑战。这些沙尘暴可能会覆盖探测器的太阳能板,影响其能量供应,同时也可能对探测器的机械系统造成磨损。大规模的沙尘暴可能会暂时阻断探测器与地球的通信联系。沙尘暴也会降低探测器的导航能力,因为能见度降低和地表特征被掩盖。

火星沙尘暴对火星探测器的电源系统和表面温度有着显著影响[13]。首先,沙尘暴会显著降低太阳电池阵的发电能力。火星尘埃在太阳电池阵表面沉积,导致透光率下降,从而减少太阳电池阵的发电效率。例如,"索杰纳"火星车在经历火星沙尘暴后,其太阳电池输出功率下降了 1.5%。此外,全球性沙尘暴期间,太阳辐射中的短波被强烈削弱,使得蓝光减弱,这要求在设计火星车太阳电池片时需要调整工艺参数以更好地响应红色和红外线。

火星沙尘暴还会影响火星表面的温度。沙尘暴阻碍了太阳辐射的进入,降低了火星表面的平均温度和最高温度;同时,也阻碍了火星表面的红外辐射,从而提升了火星表面温度的最低值。这种温度变化对火星探测器的热控设计提出了特殊要求,需要探测器在长期沙尘暴期间自动进入休眠或待机模式。例如,在一次全球性沙尘暴中,"机遇号"火星车的太阳能电池板输出功率降至 22 W·h,导致通信自主中断,探测器进入睡眠模式。

火星探测器的设计必须考虑到这些环境因素,以确保任务的成功和探测器的安全。随着人类对火星环境的进一步了解和技术的进步,未来的火星探测任务将更加适应这些挑战。

3.火星表面地貌环境影响

火星表面的峡谷、撞击坑等地貌见证了火星漫长的地质历史。大型撞击坑可能改变了火星的地壳结构和内部物质分布,影响了火星的热演化。例如,巨大的撞击可能导致地壳破裂,使得火星内部的岩浆有机会上升到地表,形成新的地质构造。峡谷的形成和演化反映了火星过去可能存在的大规模水流活动,这些水流对火星的地表进行了侵蚀和塑造,改变了火星的地形地貌,也可能影响了火星的气候演化。

极地冰冠的存在影响着火星的气候系统。随着季节变化,冰冠的融化和冻结会改变火星大气中的水汽含量,进而影响火星的天气和气候。

火星表面的崎岖地形给探测器的着陆带来了巨大挑战[14]。陡峭的山脉、深谷和大型撞击坑可能使探测器难以找到安全的着陆点。例如,探测器需要精确选择平坦的区域着陆,以避免碰撞和损坏。火星表面的松散沙土和岩石可能影响探测器的移动。探测器在行驶过程中可能陷入沙土中,或者被岩石卡住,影响探测任务的进行。不同地形的摩擦力和稳定性也不同,需要探测器根据实际情况调整移动策略。

5.3　木星环境

木星、土星、天王星和海王星统称为类木行星,因为它们都和木星一样,比地球大得多,且主要以气体为主。

　　木星虽然巨大无比,但它的自转速度却是太阳系中最快的,自转周期为 9 h 50 min 30 s,公转周期为 4 332.71 天。木星的许多性质都是由它快速自旋造成的。例如,木星并不是正圆球,赤道的半径为 71 500 km,通过南北极的半径为 66 900 km,两者相差 4 600 km;快速的自转在木星表面形成了极其复杂的花纹图案,促使气流与赤道平行,产生了巨大的离心力,两极相对扁平,赤道隆起,并出现与赤道平行的云带。

　　木星的探测历史始于 20 世纪 70 年代[15],"先驱者 10 号"和"先驱者 11 号"探测器是最早接近木星的航天器,它们提供了关于木星磁场和大气的初步数据。随后,"旅行者 1 号"和"旅行者 2 号"探测器在 1979 年飞越木星,发送回了详细的木星云层和卫星的图像。1995 年,"伽利略号"探测器进入木星轨道,对木星的大气和磁场进行了深入研究,并发现了木星卫星上可能存在液态水的证据。2011 年发射的"朱诺号"探测器,于 2016 年进入木星轨道,其任务包括研究木星的重力场、磁场和内部结构,以及探索木星的形成和演化。图 5.21 所示为韦伯望远镜拍到的木星图片。

图 5.21　韦伯望远镜拍到的木星图片

注:图片来源于 NASA

5.3.1　木星空间物理环境

1.木星的基本参数

　　木星是太阳系中最大的行星,到太阳的最小距离是 7.407×10^8 km(4.95 AU),最大距离是 8.161×10^8 km(5.46 AU)。木星半径为 71 500 km,是地球的 11.2 倍,体积为地球的 1 316 倍,质量是地球的 318 倍,是所有其他行星质量的 2.5 倍。平均密度相当低,仅

1.33 g/cm³,表面重力加速度为 24.8 m/s,是地球的 2.364 倍。平均轨道速度为 13.1 km/s,逃逸速度为 59.5 km/s。木星的磁场是太阳系中最强的,其磁层范围巨大,甚至超过了土星轨道。木星的磁层和太阳风的相互作用产生了壮观的极光现象,强度约为地球的 100 倍。木星的主要物理参数见表 5.3。

表 5.3　木星的主要物理参数

半长轴	5.20 AU
偏心率	0.05
轨道倾角	1.30°
公转周期	11.86 a
平均半径	69 911 km
质量	1.90×10^{27} kg
平均密度	1.31 g/cm³
自转周期	9.925 h
天的长度	9.9 h

2.木星的内部结构

虽然木星大气浓厚,但其质量仅占木星总质量的极小部分。木星的绝大部分物质存于其液态外层及其下面的内部。由于直接观测到的只是木星大气,因此为了确定木星内部的成分和结构,可以利用已取得的资料和理论来导出间接的结论,图 5.22 所示为木星的内部结构。

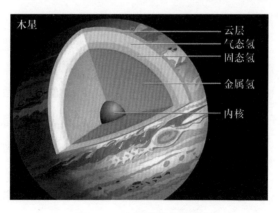

图 5.22　木星的内部结构

木星大气的主要成分是分子氢,大气深处因绝热压缩而使压强增大和温度升高,气态分子氢变为液态,气态与液态没有严格分界。到云顶下 20 000 km,压强达 2 mbar(1 bar = 10^5 Pa),温度达 7 000 K,根据实验研究分子氢发生"相变"而成为液体金属态——金属氢(电子不再束缚于原子核而自由流动)。木星主要由 3 层组成,分别是内核、氢幔、外层。

木星的内核由硅酸盐、铁等金属及一些冰物质组成[16]。它是木星中心的部分,质量约为地球质量的 15~40 倍,但直径只有地球的 1.5~3 倍。内核的温度为 20 000~30 000 ℃,压力为 1 亿~3 亿个地球大气压,在如此极端的温度和压力条件下,物质可能处于固态或液态,也可能是一种类似熔融塑胶的状态。

围绕着内核的是中间层,主要由氢组成,即氢幔。在木星表面 25 000 km 深处,这里的氢分子被巨大的压力压缩,温度也极高,达到约 10 000 ℃。在这种高温高压环境下,氢分子形成金属氢。金属氢具有金属的性质,能够导电,使得木星拥有强大的磁场。

外层主要是由液态分子氢构成,其厚度可达 25 000 km。木星的大气圈厚度从云顶到压力大到使气体液化的部位约为 1 000 km。液态氢与大气层中的气态氢之间没有明显的分界线,随着深度的增加,气体逐渐被压缩成液体。木星的大气层主要由氢气和氦气组成,其中氢气占 88%(体积分数)左右,氦气占 11%(体积分数)左右。

3.木星的磁场

木星是太阳系中最大的行星,拥有强大的磁场,其磁矩为 $1.58×10^3$ Gs·cm³,表面磁场强度达到 3~14 Gs,延展范围达到数百万千米。木星的磁场比地球的磁场更为复杂,其偶极磁场轴与自转轴的交角约为 9.6°,偶极中心位于赤道面上,偏离质心约 0.1 个木星半径。此外,木星的南北极性与地球磁场相反,非偶极磁场主要在 10 倍木星半径以外的范围。木星磁场的来源被认为是其内部的液态金属氢层,其中涡流通过"磁流体发电机"机制产生强磁场。这种磁场的产生与木星的快速自转和内部的热能有关[17]。木星的磁场对其磁层和卫星都有重要影响,如木卫一的火山活动产生的硫和氧离子与木星的磁场相互作用,形成了强烈的辐射带。其观测历史可以追溯到 1955 年,当时观测到来自木星的射电,推断与木星的磁场有关。随后的"先驱者号"和"旅行者号"飞船的近距探测进一步确证了木星有很强的磁场。近年来,"朱诺号"探测器提供了更详细的木星磁场数据,揭示了木星磁场的复杂性和动态变化。图 5.23 所示为木星的磁场示意图。

类似于地球上的北极光,高能带电粒子易从磁极区沿磁力线进入木星的极区大气,使木星大气的分子和原子被激发或电离而发光,产生极光。"旅行者号"和"伽利略号"飞船所摄木星黑夜半球的紫外像上,可明显地看到木星的极光;哈勃空间望远镜拍摄到木星白昼侧的远紫外极光(图 5.24)。此外,地球上观测记录到木星两极区 H_3^+ 离子的红

图 5.23 木星的磁场示意图

外发射,拍摄到相关的极光。显然,从磁层来的质子(氢离子 H^+)沿磁力线螺旋运动到木星的电离层,撞击以分子氢为主的大气,形成激发的 H_3^+,其辐射产生极光。

图 5.24 哈勃望远镜拍摄到的木星极光

注:图片来源于 NASA

5.3.2 木星大气环境

在"伽利略号"探测器进入木星大气之前,主要由木星的光谱观测来得到木星大气的成分和温度[18]。早在 20 世纪 30 年代,就观测到木星大气中含有甲烷和氨,直到 1960 年才观测到氢(因为氢分子的光谱特征弱),而后测到更多成分,尤其是飞船探测得到了更丰富的资料。不同于类地行星的大气,木星大气的主要成分是分子氢,其次是氦,次要成分有甲烷、氨、水汽,微量成分有硫化氢、HD、氖、乙烷、乙炔、磷化氢、一氧化碳等。其中有些成分是处于(化学反应)平衡的,有些是处于非平衡的,有的仅在同温层或极区探测到,有的虽然探测到存在,但还未定量。

1.木星大气的垂直结构

与地球大气的情况类似,木星大气的密度和气压随高度的增加而减小。由于很难探测木星大气的底部,因此常以气压表示高度,取气压 1 bar 作为起算高度。木星大气的温度垂直分布也呈现从底层向上减小,然后温度又随高度增加的情况,因而可把木星大气分为几个圈层,分别是对流层、热层和外大气层,也有人与地球类比而细分为对流层、平流层、中层、热层和外大气层。在木星对流层以上,温度的垂直分布还随着纬度和经度不同而有所差别。根据木星的云层温度的垂直分布和大气成分,推断木星大气中气压 500 mbar(高度)之下的对流层内由高到低主要有 3 个云形成区:①大红斑;②冻结的氨冰晶体云层,白色,云顶温度约 120 K,类似于地球大气的水冰卷云;③氢硫化冰晶形成的云层,因含其他氨硫化合物(如复硫化合物,硫化物是带色介质)而呈黄褐色,形成温度约 200 K。木星大气的垂直运动把下层云转移到高层,由于木星的引力场很强,最轻的氢原子也不易逃逸到行星际,因而保存形成以来的广延富氢大气。

木星大气不仅显示上述的云层垂直结构,还在水平方向呈现平行的云带纹,这些云系在几小时内就发生变化,但云带纹的纬度分布却相当稳定。

木星的云带纹分布与纬度环流之间有一定的对应关系,云带纹特征有短时间(几年)变化,但远不如纬度环流持久。木星全球的云带纹分布如图 5.25 所示,主要是平行于木星赤道的向东或向西的水平运动,也有垂直的对流运动。亮的云带称为"亮带"(zone),常呈白色或淡黄色,是低温的高层云,反气旋式运动,有垂直的上升运动;暗的云带称为"带纹"(belt),常呈褐色,是温度较高的较低层云,气旋式运动,有垂直向下的运动。低纬的云带比高纬的宽,到极区后变为不规则,这是因为高纬区受到克里奥利力的影响比低纬大所致。

图 5.25　木星全球的云带纹分布
注:图片来源于 NASA

木星大气中还有很多涡流,小涡流的寿命仅 1~2 天,大涡流(卵形斑)的寿命可达几年甚至更久。极区的气流是湍动的,涡流更多。

2.木星的环系

木星的环是在 1979 年由"旅行者 1 号"太空探测器首次发现的。它们由非常微小的粒子组成,这使得环系统非常暗淡,以至于在地球上很难观测到。环主要由 3 个部分组成:①主环是最明显的环,由微小的尘埃粒子组成,这些粒子的直径一般不超过数微米;②哈罗环是内侧毗邻主环,它是一个厚度较大的、结构较为模糊的环,主要由非常微小的尘粒构成,它们散射光线的方式使得哈罗环呈现出云雾般的外观;③外环位于主环之外,由两个较为透明的环组成,称为艾米斯环和忒拜环,它们分别与木星的两颗小卫星艾米斯和忒拜的轨道有关。这些环的粒子主要由微小的岩石和尘埃组成,而且反射率非常低,这意味着它们吸收了大部分落在上面的太阳光。

1974 年,"先驱者 10 号"探测器接近木星时,探测到离木星中心约 125 000 km(1.7~1.8 个木星半径)带电粒子的密度突然减少,由此推测在该距离处或有颗卫星或有物质环进行绕木星的轨道运动。1979 年,"旅行者 1 号"探测器穿过木星赤道面,以及随后的"旅行者 2 号"探测器都对此区专门摄像,包括在木星影子中的一系列摄像,寻找到了从 1.8 个木星半径向内延展的模糊盘——木星环系。

因为木星环系位于赤道附近,亮度很暗,又因环内物质密度很小,向地球的背散射太阳光很弱,所以过去从未在地球上被观测到;因木星向前散射太阳光较强,故探测器在木星影子中更易拍摄到木星的环系。图 5.26 所示为詹姆斯·韦布空间望远镜的红外图像显示出木星的薄环。

图 5.26　詹姆斯·韦布空间望远镜的红外图像显示出木星的薄环

3.大红斑、卵形斑和热斑

位于木星南纬23°左右的大红斑(图5.27)是木星最显著而奇特的特征[19]。它呈椭圆形,东西向长达26 000 km,短轴在南北向,宽达14 000 km。从1664年发现大红斑以来它已持久地存在300多年,仅在颜色、大小或结构上发生某些变化。"旅行者号"探测器的观测揭示,大红斑比周围云顶高15~25 km,是温度较低的巨大反气旋,也是相对于邻近云带反时针方向转动、周期约6天的超级旋风。

图5.27　木星大红斑
注:图片来源于NASA

木星大红斑区域的温度较周围要高,同时该区域内的气体呈高速旋转。这个巨大木星气旋风暴形成的源头有可能位于木星大气层的下方,即某种原因在为木星表层的大红斑提供源源不断的能量。可以将木星大红斑想象成沸腾的汤锅中往上冒的气泡,热量向上传递到表层,加热表层大气并促使其向外旋转流出,形成巨大风暴。

5.3.3　木星卫星环境

截至2022年,科研人员发现了木星的12颗新卫星,已知卫星总数达到92颗,超过了土星的83颗,成为太阳系中已知卫星最多的行星。木星最大的4颗卫星为木卫一(Io)、木卫二(Europa)、木卫三(Ganymede)和木卫四(Callisto)[20]。这4颗卫星是由伽利略在1610年首次发现的,被称为伽利略卫星。

1.木卫一

木卫一的半径1 815 km和质量8.94×10^2 kg及平均密度3.57 g/cm³与木卫二及月球相当,这说明它们物质总组成相似,即少H_2O的岩石物质天体。但是,木卫一的表面与木卫二及月球大不一样。

木卫一表面几乎完全没有陨击坑,其外壳也不存在冰。虽然离木星更近的木卫一受到比其他伽利略卫星更多的陨击,但陨击地貌很快被改造消除掉了。木卫一表面有许多火山地貌:层状熔岩平原、岩流峰面、火山山脉、火山口和火山锥,其整个表面约有200 个直径大于 20 km 的火山口。图 5.28 所示为 1999 年 7 月 3 日"伽利略号"探测器拍摄到的木卫一图像。

图 5.28 1999 年 7 月 3 日"伽利略号"探测器拍摄到的木卫一图像

木卫一是太阳系中火山活动最活跃的天体,拥有数百座火山。在木卫二和木卫三之间的引力相互作用下,这些火山一直处于活跃状态。

2.木卫二

木卫二与木卫三和木卫四不大一样。木卫二的半径 1 569 km 和质量 4.80×10^{22} kg比它们小,而平均密度 2.97 g/cm³ 比它们大,这表明木卫二主要由岩石物质组成,仅含约 10% H_2O(冰)。木卫二的表面是伽利略卫星中最亮的(反照率达 0.7),光谱表明其表面成分是较纯的冰,在这方面木卫二很像地球,即内部是较密物质而表面大部分是水和冰,还有少量的硫、硫化物、过氧化氢和有机物。

木卫二是最小的伽利略卫星,是一个已知的冰冻世界,它的表面很年轻,可能只有4 000万年的历史,可以看到的陨石坑非常少。在木卫二 15~25 km 厚的冰壳下面有一个液态海洋,其水总量可能是地球的两倍。这使它成为一个有寻找生命希望的地方,"JUICE"和"欧罗巴快船"任务都将对其进行探索。图 5.29 所示为木卫二图像。

图 5.29 木卫二图像

注:图片来源于 NASA

3.木卫三

木卫三是木星的最大卫星,也是太阳系所有卫星中最大的,其半径(2 631 km)大于水星,但其质量(1.49×10²³ kg)小于水星。木卫三的平均密度(1.94 g/cm³)比水星小很多,而其表面反照率较高(0.4),这说明它的总质量中水可能占比 30%~50%。它的红外光谱也表明其表面是脏污的水冰。木卫三几乎没有大气,表面气压小于 10 mbar。木卫三的表面似月球表面,主要有亮(反照率 40%)和暗(反照率 25%)两种地貌,各占一半。这与月球表面亮区(高地)都是古老的多陨击坑、暗区(月海)多为较年轻的少陨击坑不同,在高分辨照片上木卫三表面暗地貌的主要特征是陨击坑多。陨击坑直径从几千米到 50 km 以上,较大陨击坑像月球高地那么密集,但陨击坑的地形起伏小,比同样大小的月球陨击坑浅得多,退化程度严重,这说明木卫三的暗地貌是保存下来的古老地质单元。木卫三的亮地貌上有许多亮暗平行条纹,是山与谷或脊与沟,宽度为几千米到几十千米,长度在 100 km 以上乃至上千千米,山脊高度为 300~400 m,还有些呈交叉或交汇的交织网状,各处的陨击坑数目不一,单位面积上的平均陨击坑数目约为亮地貌的1/10,这说明亮地貌比暗地貌年轻。不同于地球上的山脉和山谷是由地壳皱褶产生的,木卫三的山脉和山谷地貌可能是由断裂或外壳扩张(而非挤压)产生的。有些山谷被侧向错动(可达几百千米),类似地球板块边界上的转换断层,这种构造特征是其他天体上少见的。

2023 年 4 月,ESA 向木星的冰卫星发射了"JUICE"任务,该任务计划在 2031 年左右抵达木星系统,并将重点观测木卫三。图 5.30 所示为"旅行者 2 号"探测器拍下的彩色木卫三图像。

图 5.30 "旅行者 2 号"探测器拍下的彩色木卫三图像

注:图片来源于 NASA

4.木卫四

木卫四是木星的第二大卫星,其半径为 2 400 km,平均密度 1.8 g/cm³ 比木卫三小,这意味着其组成中 H_2O 占一半以上。木卫四没有大气,其表面很暗(反照率为 0.2)红外吸收带表明是多尘的冰。其表面陨击坑累累,陨击严重,几乎达到饱和程度,没有像暗区(月海)那样的平坦平原;另外,由于其表面缺少带亮辐射纹的年轻陨击坑,又缺少构造活动证据,因此推断其表面很古老,至少像月海那么古老,因为在后来的漫长年代中很少(或没有)经历内部物质上涌等地质活动的改造,陨星尘的累积使冰表面变暗。

木卫四表面与月球高地的陨击情况类似,但实际上有差别。木卫四表面的陨击坑比月球高地的陨击坑浅而且较平坦,陨击盆地也没有月球及水星表面的盆地那样的中部凹陷和外部山脉环,地势起伏小,而且往往比周围地区亮,这可以用木卫四外壳是薄冰壳,陨击坑形成后经受了塑性变形来解释。"伽利略号"探测器揭示,10 km 以下的小陨击坑被类似于泥土矿物的细微暗物质掩埋。木卫四表面最突出的特征是大陨击产生的多环结构。图 5.31 所示为"伽利略号"探测器获得的完整的彩色木卫四图像。

图 5.31 "伽利略号"探测器获得的完整的彩色木卫四图像

注:图片来源于 NASA/JPL/DLR

5.3.4 木星环境影响

1.木星空间物理环境影响

木星的磁场和磁层不仅构成了太阳系中最大的磁层之一,而且对周围的空间环境产生了深远的影响。木星捕获的太阳风中的带电粒子在磁层中加速,形成了高能粒子流和辐射带,这些粒子与木星高层大气的相互作用激发了极光,使得木星的极光活动异常活跃。木卫一的火山活动释放的离子被木星磁场捕获,进一步增强了极光现象。同时,木星的磁场和大气层的复杂相互作用引发了强烈的射电爆发,这些射电爆发是研究木星空间环境的重要线索。木星的磁场还起到了屏蔽太阳风的作用,影响了太阳风的流动,为太阳系内部的行星提供了一定程度的保护。这些特性共同塑造了木星独特的空间环境,木星的环境对太阳系中的其他天体和探测器的轨道、辐射防护和观测等方面都产生重要影响。

2.木星大气环境影响

木星的大气环境非常独特和复杂,主要是由氢和氦组成,同时含有微量的水、氨、甲烷和其他化合物。

木星的大气层表现出极其强烈的气旋和反气旋活动,著名的大红斑是一个巨大的高压区域,已经存在了至少数百年。这些现象不仅展示了木星大气层的动态变化,也为研究行星大气科学提供了宝贵的资料。例如,哈勃空间望远镜拍摄到新云团取代了大红点,显示出木星天气的多变性。木星上风速极其惊人,可达数百千米每小时。木星的大气层有明显的带和区结构,由暗色带和亮色区交替构成,这些结构是由不同温度和成分的气体流动所形成的。这种流动受到快速自转(木星自转一周仅约 10 h)和行星内部热量的共同影响。大气温度随着深度和纬度变化,表面的云顶温度可能在−145 ℃ 左右,而深入内部,温度会急剧上升。这种温度梯度导致对流运动,进一步加剧了大气的动态复杂性。大气层中发生各种化学反应,尤其是在受到太阳紫外线辐射的情况下,这些反应可以形成如氨冰、水冰和硫化氢冰等多种化合物。木星的磁场捕获了大量带电粒子,形成辐射带,这些带电粒子在大气层中与分子碰撞,可能诱发更多的化学反应,也是对探测器和潜在的微生物生存构成挑战的一个因素。木星的极光是太阳系中最亮的,是因为带电粒子沿着磁场线进入大气层而引起的发光现象。木星的极光不仅由太阳风驱动,还与其卫星相互作用有关。

木星的大气效应不仅为天文学家提供了研究行星气候和动力学的实验室,而且对于理解其他巨大气态行星的大气行为也非常重要。由于木星的大气环境极其恶劣,任何未来的探测任务都必须考虑保护探测器免受高速风暴、极端压力和辐射等环境因素的影响。

3.木星卫星环境影响

木星是拥有最多卫星的行星。截至目前,科学家已经发现木星拥有 92 颗已确认的卫星。其中,最为人所熟知的是伽利略卫星,包括木卫一(伊欧)、木卫二(欧罗巴)、木卫三(甘尼米德)和木卫四(卡利斯托)。这些卫星对于人类科学研究,特别是对于天体物理学和行星科学有着巨大的价值。

木星及其卫星系统的复杂环境不仅对卫星本身产生了深远的影响,也为科学研究提供了丰富的数据和研究对象[21]。例如,ESA 的"木星冰卫星探测器"(JUICE)计划于 2031 年进入绕木星运行的轨道,并将对木星及其 3 颗最大的冰卫星进行详细探测,以寻找生命栖息地的可能性。

木星的卫星可能为人类寻找外星生命提供线索。例如,木卫二被认为存在大面积的地下液态水海,而水被认为是生命存在的关键因素。因此,木卫二被视为太阳系中可能存在生命的地方之一。木星的强大磁场为其周围的卫星提供了一个独特的辐射环境,这对于研究空间物理学,尤其是磁场和粒子物理学具有重要意义。木星环境对于探测木星卫星的影响主要体现在两个方面。

（1）木星强大的引力。

木星强大的引力使得探测器在接近木星时必须拥有足够的能量来抵抗引力，否则可能会被拉入木星。同时，木星的引力也可以被用来进行"引力助推"，让探测器获得足够的速度来到达更远的目的地。

（2）木星的辐射环境。

木星强大的磁场环境中充满了高能粒子，对探测器的电子设备和仪器构成威胁。因此，对木星及其卫星进行探测需要采取一定的防护措施。

尽管面临多项挑战，但人类对木星及其卫星的探测工作仍在不断进行。例如，NASA的"朱诺号"探测器正在对木星展开详细的研究，并取得了许多新的发现。此外，ESA正筹备着"木卫二探测器"项目，该项目将于未来几年内启动，预计将为研究木卫二提供更多宝贵的信息。

思 考 题

1.行星和矮行星是怎样定义的？分析引入这些概念的必要性和意义。

2.火星的地形地貌具有哪些特征？

3.火星磁场有什么特点？

4.对类木行星的卫星进行分类。

5.探测外行星需要解决哪些关键技术问题？

行星自转角动量
守恒定律仿真实验

本章参考文献

［1］胡中为，徐伟彪. 行星科学［M］. 北京：科学出版社，2008.

［2］达道安，杨亚天. 地球，金星大气寿命的计算［J］. 真空与低温，2005，11（2）：70-77.

［3］焦维新，邹鸿. 行星科学［M］. 北京：北京大学出版社，2009.

［4］杨孟飞，郑燕红，倪彦硕，等. 太阳系内行星探测活动进展与展望［J］. 中国空间科学技术，2023，43（5）：1-12.

［5］欧阳自远，邹永廖. 火星科学概论［M］. 上海：上海科技教育出版社，2015.

［6］王天媛，匡伟佳，马石庄. 火星磁场和行星发电机理论［J］. 地球物理学进展，2006，21（3）：768-775.

［7］ BANFIELD D, SPIGA A, NEWMAN C, et al. The atmosphere of Mars as observed by InSight［J］. Nature geoscience, 2020, 13(3)：190-198.

［8］ AHARONSON O, ZUBER M T, ROTHMAN D H. Statistics of Mars′ topography from the Mars orbiter laser altimeter：Slopes, correlations, and physical models［J］. Journal of geophysical resear all series, 2001, 106(10)：723-736.

［9］欧阳自远, 肖福根. 火星探测的主要科学问题［J］. 航天器环境工程, 2011, 28(3)：205-217.

［10］党兆龙, 陈百超. 火星土壤物理力学特性分析［J］. 深空探测学报（中英文），2016, 3(2)：129-133,144.

［11］ AGEE C B, WILSON N V, MCCUBBIN F M, et al. Unique meteorite from early Amazonian Mars：Water－rich basaltic breccia Northwest Africa 7034［J］. Science, 2013, 339(6121)：780-785.

［12］高耀南, 王永富. 宇航概论［M］. 北京：北京理工大学出版社, 2018.

［13］王誉棋, 魏勇, 范开, 等. 沙尘暴对火星表面探测器的影响：回顾与展望［J］. 科学通报, 2023, 68(4)：368-379.

［14］董捷, 饶炜, 王闯, 等. 国外火星探测典型失败案例分析与应对策略研究［J］. 航天器工程, 2019, 28(5)：122-129.

［15］高博宇, 陈忠贵, 周文艳. 国外木星探测任务进展与分析［J］. 航天器工程, 2021, 30(5)：107-114.

［16］ GGUILLOT T, STEVENSON D J, HUBBARD W B, et al. The interior of Jupiter［J］. Jupiter：the planet, satellites and magnetosphere, 2004, 35：57.

［17］顾炜东, 魏勇, 尧中华, 等. 木星磁场研究：回顾与展望［J］. 地球与行星物理论评, 2024, 55(6)：638-651.

［18］魏强, 胡永云. 木星大气探测综述［J］. 大气科学, 2018, 42(4)：890-901.

［19］ MARCUS P S. Jupiter′s great red spot and other vortices［J］. In：annual review of astronomy and astrophysics, 1993, 31：523-573.

［20］ WHIFFEN G J. An investigation of a Jupiter Galilean moon orbiter trajectory［C］// 2003 AAS/AIAA Astrodynamics Specialist Conference. Big Sky：AAS, 2003：683-702.

［21］夏亚茜, 卢波. 木星和土星探测的未来发展态势［J］. 国际太空, 2012(8)：24-31.

第6章　月　球　环　境

基本概念

月球空间物理环境、月球地貌环境、月球地质环境

基本定理

月表平均累计流星模型、月球重力场模型、月表热惯性参数

　　月球环境是指月球空间物理环境、月球地貌环境、月球地质环境,以及这些环境的影响[1-4],可分为近月空间环境和月球表面环境两类。月球环境的研究为了解月球及其形成和演化的过程,为建设月球科研基地、开发月球资源、开展深空探测任务提供理论和技术支撑。

　　本章 6.1 节介绍月球空间物理环境;6.2 节介绍月球地貌环境;6.3 节介绍月球地质环境;6.4 节介绍月球环境影响。

6.1　月球空间物理环境

　　月球空间物理环境是指影响月球表面和周围空间的物理因素。与地球不同,月球没有稳定的磁场和大气,表面受到来自太阳和宇宙射线的辐射影响明显,表面温度极端。月球空间物理环境包括月球辐射环境、月球流星体环境、月球电离层环境、月球重力场、月球磁场、月表温度和月震等要素。

6.1.1　月球辐射环境

　　月球缺乏大气层和全球磁场的保护,直接暴露于高能宇宙射线、太阳风和地球磁尾等离子体等复杂辐射环境中。月球辐射环境主要受到 3 种辐射源的影响,即太阳风辐射、太阳高能粒子事件(SPE)和银河宇宙射线(GCR)[3]。

　　太阳高能粒子事件中粒子主要来自太阳活动期间,如太阳耀斑或日冕物质抛射(CME),它们包括高能质子、电子和重离子。太阳高能粒子事件的强度和频率受太阳活

动周期的影响,在太阳活动高峰期会显著增加,对月球环境的短期辐射强度产生重要影响。

在太阳耀斑强烈爆发期间,从太阳里喷射出大量的太阳宇宙射线。太阳耀斑活动周期为 11 年,太阳宇宙射线随耀斑活动变化而变化。太阳宇宙射线是太阳爆发期间从太阳活动区喷射出来的高能粒子流,因其主要成分是高能质子,故称太阳质子事件。因为没有大气屏蔽,这些高能粒子毫无阻力地直接到达月球表面,并穿透月球表面材料达 1 cm 的深度。月球岩石中保留了太阳活动的记录信息,表明太阳宇宙射线通量在过去 1 000 多万年里几乎不变。

银河宇宙射线指来自太阳系以外的银河系的高能粒子。银河宇宙射线由能量极高、通量很低的带电粒子组成,在整个行星际空间只具有小的各向异性。对于能量大于 5 GeV 的质子,各向异性为 0.4%,对于 10 MeV 的质子则小于 0.1%。它们在行星际空间中传播时,受到行星际磁场的影响,它们的时间特性明显受到太阳活动的控制。其中银河宇宙射线中的低能粒子,受太阳活动的影响最大。银河宇宙射线对月球表面的影响主要体现在它们与月球表面物质的相互作用,这些高能粒子能够穿透月表物质,产生次级粒子,如中子和 γ 射线,形成月球特有的强中子辐射环境。由于月球缺少磁场和大气层的保护,其表面直接暴露在银河宇宙射线的辐射之下。这些高能粒子与月球表面物质的相互作用可能导致月壤成分发生变化,并对执行月球探测任务中的航天员和电子设备构成潜在威胁。例如,银河宇宙射线与月壤的相互作用产生的次级中子能谱特征,随着月壤深度的增加,中子通量呈现出先增加后减小的趋势,在大约 1 m 深度达到最大值。这些次级中子辐射可以反演水冰含量,同时其具有高穿透性,对航天员和电子设备可能造成辐射伤害,因此在月球探测中受到高度关注。

6.1.2　月球流星体环境

月球的流星体环境主要是由各种大小不一的流星体(也称为微陨石或微流星)轰击月球表面形成的。这些流星体来源广泛,包括太阳系内的彗星、行星,以及小行星带中的小天体。流星体是自然存在且正在穿过空间的固态物体,但由于其体积非常小以至于不能称它为小行星或彗星。直径小于 1 mm 的流星体称为微流星体。流星体坠落到行星上并被发现的就是陨石。在月球表面几乎所有暴露在空间的岩石都包含微陨坑。月球表面岩石的研究揭示了过去几亿年间流星体的平均流量。

月球表面平均每年累计流星模型估计可用下列方程表示:

$$\begin{cases} \lg N_t = -14.597 - 1.213\ 1\ \lg m & (10^{-6} < m < 10^6) \\ \lg N_t = -14.566 - 1.584\ 1\ \lg m - 0.063\ 2 & (10^{-6} < m < 10^6) \end{cases} \tag{6.1}$$

式中，N_t 为流星体的流量，单位为粒子数/（m² · s）；m 为质量，单位为 g。

流星体撞击到月面的速度可以通过计算得到，约为 13～18 km/s。流星体在每平方厘米上的撞击概率是：在一百万年里，撞击坑的直径在 500 μm 以上的次数为 1～50。质量为 1 g 的陨石可以形成厘米级的或稍小一点深度的撞击坑，这样的陨石在月球上击中航天员的机会非常之小，每年约 10^{-6}～10^{-8} 次。质量为 10^{-6} g 的陨石可以在月球上形成直径为 500 μm 的撞击坑，其撞击坑深度都相当或小于其直径。流星体环境对航天器或航天员构成撞击损伤的概率很小，发生灾难性的撞击概率更小。对于短期月球探测任务，流星体可在任务设计中不作为重点考虑，但在未来长期任务中需要加以考虑和研究。

6.1.3　月球电离层环境

月球电离层环境是指月球表面周围的电离层特征和电离层活动[5]。地球电离层是大气层中被太阳辐射电离而产生的带电粒子层，由电离的气体分子和自由电子组成。由于月球表面缺乏大气层和磁场，因此月球电离层环境与地球的电离层有很大的不同。月球表面的电离层环境主要受到太阳辐射的影响，太阳光中的紫外线和 X 射线等高能粒子可以将月壤的分子和原子电离，产生自由电子和离子。此外，月球电离层也容易受到太阳风的影响，当太阳风与月球电离层相互作用时会导致月球电离层的形态和密度发生变化。研究月球电离层环境可以更好地了解月球环境对未来建设月球基地的影响，为研究其他行星的电离层提供参考和依据。

6.1.4　月球重力场

月球重力场是指月球表面或附近区域的重力特征及变化。与地球相比，月球重力场相对较弱，约为地球重力场的 1/6[6]。这是因为月球的质量较小，直径也较小。月球重力场是进行月球内部构造研究、建立月球参考框架的基础，同时月球重力场直接影响低轨环月航天器的运行轨道，也是研究地月系空间力学的基本依据，是保证月球探测任务成功实施的重要保障。

与地球重力场相比，月球重力场有其自身的特点。地球重力场是低阶项占有明显的优势，在高空运动的物体只需考虑低阶项即可。由于月球重力场的高阶项与低阶项量级的差距不是很显著，其球谐系数的收敛性要比地球上的情况差，因此对月球飞行器轨道的受力情况的分析不能只考虑有限的几个低阶项。此外，月球重力异常主要由一些质量瘤（密度异常体）和盆地中的火山岩引起，而质量瘤的分布极不均匀，会导致月球重力场球谐系数的正交性较差。由于月球自身的旋转速度较快，其公转与自转速度相同,这导致对月球重力场的分析也不同于地球。月球的带谐系数与扇谐系数相比,不具有明显优势。图 6.1 所示为"圣杯号"探测器测绘的月球重力图。

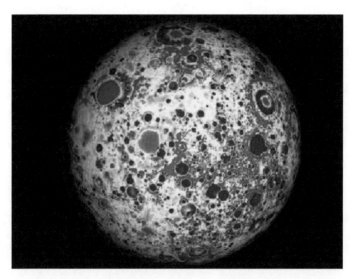

图 6.1　"圣杯号"探测器测绘的月球重力图[2]

月球重力场的求解也有别于地球重力场的求解。地球上传统的地面重力测量数据和航空重力测量数据可以提供重力场的精细结构即球谐函数的高阶系数的信息,卫星重力测量可以提供精确的中长波重力场信息,特别是 GOCE 计划能提供全球覆盖的高精度中长波重力场信息。现在的月球重力场观测手段还是在地面的深空跟踪测量网(DSN)的站点上进行 VLBI 或者 Dopple 跟踪测量。对于月球背面还没有直接的观测数据。为了获得全月球的重力场信息,只能假设所有飞行器在月球背面受到同样的动力学影响以进行轨道的推估。

目前月球重力场模型一般采用球谐系数的形式表达。位于球面上某点(r,φ,λ)的重力位 $U(r,\varphi,\lambda)$ 的球谐级数的表达形式为

$$U = \frac{GM}{r}\left[1 + \sum_{p=2}^{N_{\max}} \sum_{m=0}^{n}\left(\frac{R_{p}}{r}\right)^{n} \overline{P}_{nm}(\sin\varphi) \cdot (\overline{C}_{nm\cos}(m\lambda) + \overline{S}_{mmS}(m\lambda))\right] \qquad (6.2)$$

式中,GM 为月球引力质量;R_{p} 为月球参考半径;(r,φ,λ) 分别为计算点向径、纬度和经度;n、m 表示 n 阶 m 次为球谐级数;$\overline{P}_{nm}$ 为正规化勒让德函数;$\overline{C}_{nm\cos}$、$\overline{S}_{nmS}$ 为月球重力场模型的球谐系数。

利用绕月卫星轨道摄动数据求解月球重力场的基本步骤为:首先根据先验月球重力场理论模型,同时考虑大气校正、地球自转、月球自转及测站坐标改正等因素的影响,并结合行星历表等,应用理论模型对探测器进行轨道预报,获取观测值的理论计算值;

然后将此理论计算值与实测数据进行对比,得到两者之间的残差;最后根据残差迭代结果对理论模型进行修正,直至理论观测值与实际观测值符合程度满足期望值,从而获得最终的重力场模型。

6.1.5 月球磁场

行星磁场是行星重要的物理场,是研究太阳风与行星相互作用的基础资料,也是探索行星内部结构、行星起源与演化历史的重要渠道,对行星探测器的轨道控制和着陆器的防护设计等具有重要意义[7]。但月球磁场随着其内部的冷却凝固,这个磁场慢慢消失了。

现有研究表明,月球在 42 亿年前可能存在液态金属核和磁场发电机,并产生出全球性的磁场,但随着其内部的冷却凝固,这个全球性磁场慢慢消失了。类似于火星,岩石被全球磁场磁化,虽然月球失去了全球磁场,但是岩石磁场却得以保留。月球表面不同年龄的岩石剩磁记录了其形成时月球磁场发电机的运行状态。因此,月球表面的磁场探测对研究磁场发电机过程以及月球演化具有重要的科学意义。

在月心坐标系下,令 r 为观测点至月心的距离,φ 与 θ 分别为纬度与余纬度,λ 为经度;内源磁场的磁位满足拉普拉斯方程,根据边界条件求解该方程,可得到磁位的球谐展开表达式。具体计算如下:

$$V(r,\theta,\lambda) = a \sum_{l=0}^{L} \sum_{m=0}^{l} \left(\frac{a}{r}\right)^{l+1} \left[g_l^m \cos(m\lambda) + h_l^m \sin(m\lambda) \right] \tilde{P}_l^m(\cos\theta) \quad (6.3)$$

式中,a 为月球内源磁场参考球面半径;g_l^m、h_l^m 为 l 阶 m 次高斯球谐系数;L 为截断阶数或最大展开阶数;$\widetilde{P}_l^m(\cos\theta)$ 为完全归一化缔合勒让德函数。对式(6.3)求负梯度得到磁场三分量,将其表达在解算点所在的球面局部指北直角坐标系(X 轴、Y 轴与 Z 轴分别指向月球北极、东向与径向)中,得到

$$\begin{cases} B_x(r,\theta,\lambda) = \sum_{l=0}^{L} \sum_{m=0}^{l} \left(\frac{a}{r}\right)^{l+2} \left[g_l^m \cos m\lambda + h_l^m \sin m\lambda \right] \frac{\mathrm{d}}{\mathrm{d}\theta}\widetilde{P}_l^m(\cos\theta) \\[2mm] B_y(r,\theta,\lambda) = \sum_{l=0}^{L} \sum_{m=0}^{l} \left(\frac{a}{r}\right)^{l+2} m\left[g_l^m \sin m\lambda - h_l^m \cos m\lambda \right] \frac{\widetilde{P}_l^m(\cos\theta)}{\sin\theta} \\[2mm] B_z(r,\theta,\lambda) = -\sum_{l=0}^{L} \sum_{m=0}^{l} (l+1)\left(\frac{a}{r}\right)^{l+2} \left[g_l^m \cos m\lambda + h_l^m \sin m\lambda \right] \widetilde{P}_l^m(\cos\theta) \end{cases} \quad (6.4)$$

上述方法称为集总系数法(lumped coeffi-cients approach, LCA)用于进行起伏月球的磁场解算。

月球磁场强度分布图如图 6.2 所示,月球上的磁场分布很不均匀,总体水平很弱。

大部分月球探测器都搭载了测量月球磁场的磁强计,它们的磁场观测数据和月球岩石样品的剩磁表明在 42 亿年前可能存在液态金属核和磁场发电机。然而,受制于早期磁强计的精度以及岩石样品所覆盖的年龄,并不能给出月球磁场发电机完整的演化历史。尤其在 15 亿年到 30 亿年之间缺乏磁场观测记录,这段时间磁场发电机是否经历了从热对流向成分对流的演化过程仍然是悬而未决的科学问题之一。

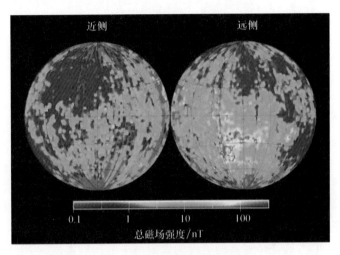

图 6.2　月球磁场强度分布图

6.1.6　月表温度

月球没有大气层来保持相对稳定的温度,因此月表温度会受到日夜温差的影响。在月球的白天,阳光直接照射到月表导致表面温度升高[8]。而在月球的夜晚,没有大气层来保持热量,导致月表温度急剧下降。月球表面的极限温度为-180~150 ℃。月球表面温度由所吸收的太阳辐射和来自于其内部的热量所决定。假设月表物质有持续稳定的热性质,那么表面温度曲线只依赖于一个热惯性参数,其定义如下:

$$\gamma = \frac{1}{\sqrt{k\rho c}} \tag{6.5}$$

式中,γ 为导热系数;ρ 为密度;c 为比热容。

由于月球自身的热惯性非常小,因此月球白天表面的温度基本上是吸收太阳入射辐射获取的。在月球赤道上,满月时吸收太阳辐射产生的月球温度为 390 K。新月前,温度降到了大约 110 K,同时随着纬度的增高而降低。图 6.3 所示为月表温度变化趋势。

在 Apollo17 着陆区,白天温度为 384 K,在太阳刚升起之前的温度为 102 K。月球勘测轨道器测量到南极陨石坑的夏季最低温度为-238 ℃,接近北极的埃尔米特陨石坑的

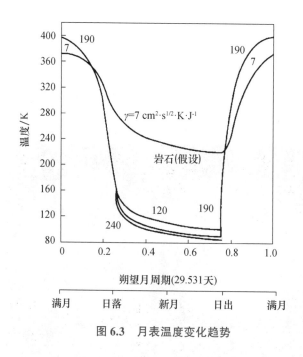

图 6.3　月表温度变化趋势

冬至温度为-247 ℃。这是探测器测量到的太阳系中最冷的温度,甚至比冥王星的表面温度还要低。

6.1.7　月震

受内部岩石构造活动的作用,月球上也可以产生类似于地震一样的地质活动,称为月震[9]。在各类探测月球内部结构的方法中,月震波观测是获取月球内部结构极为重要的方法。目前,月震波观测主要来自于"阿波罗"任务于 1969—1972 年在月球上安放的 4 台月震仪(图6.4)所记录的月震数据。这 4 台月震仪进行了 8 年(于 1977 年 9 月 30 日同时关闭)的数据采集,共记录了 12 000 多个月震事件,其中包括 9 次人工撞击、1 743次陨石撞击、28 次浅源月震、7 245 次深源月震,还有 3 500 多个月震未能识别。根据震源深度及其形成原因,一般将月震划分为 4 类:浅源月震、深源月震、热月震和陨石撞击。

尽管月球内地震能量释放的平均速率似乎远低于地球,但在阿波罗任务 12 和 14 期间,安装在月球表面的 2 个地震台站记录了 100 多次月震事件。其中,月震在近地点和远地点附近每月发生一次,并显示出与长期(7 个月)月球重力变化的相关性。重复的月震发生在不少于 10 个不同的地点。月震活跃区似乎位于阿波罗 12 号和 14 号地点西南偏南 600 km 处的月球深处。每个焦点区都必须很小(线性尺寸小于 10 km)并在 14 个月内固定在位置上。

图 6.4　Apollo 月震台站分布图

　　月震的空间分布基本分布在近地的一侧,而且具有一定的对称性,但在每个区域的分布没有规律,且随机性较强,图 6.5 所示为不同震级月震源分布图。在月球基地选址时,应该考虑到活跃逆断层可能引发强烈月震的可能性,这可能会对未来机器人和人类对南极地区的探索构成危险。

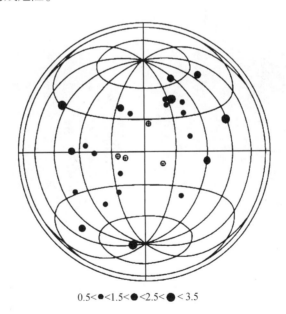

0.5< ● <1.5< ● <2.5< ● < 3.5

图 6.5　不同震级月震震源分布图

6.2 月球地貌环境

月球地貌是指月球表面高低起伏的状态,是表达构造的一个重要手段。早期火山作用及长期撞击作用,对月表的形貌特征起重要作用,通过月表地貌的精细解析可以显示构造单元的宏观特征和微观特征,以及它们之间的相互叠加关系[10]。月球地貌按照自然形态可分为月海、类月海、撞击坑、撞击盆地、山脉、峭壁、月谷、月溪和熔岩管等主要地貌类型,分布于月海和高地内部或横跨月海和高地两大地理单元。

6.2.1 月海与类月海

月海是月球表面平坦广阔的低洼平原,是月表的主要地理单元。绝大多数月海(19/22 个)分布在月球正面,而月球背面以月陆为主;月球正面的月海面积约占半球面积的一半,且在北半球分布显著;大多数月海具有圆形封闭的特点,圆形封闭的月海大多为山脉所包围

月海与类月海

(如月海周围分布着朱拉山脉、阿尔卑斯山脉、高加索山脉、亚平宁山脉等);月海的地势一般较低,大约比月球平均水准面低 1~3 km,类似地球上的盆地;月海平原被玄武岩质熔岩所覆盖,玄武岩的反照率较低,因此在遥感影像上月海比月陆的色调暗淡。图 6.6 所示为月球正面和月球背面的影像图。

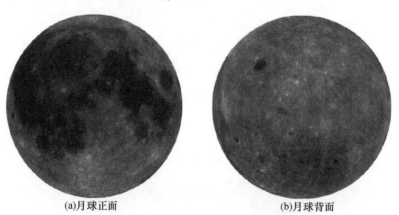

(a)月球正面　　　　　　　　　　(b)月球背面

图 6.6　月球正面和月球背面的影像图

注:底图是"嫦娥一号"CCD 影像,正射投影,参考椭球 D_Moon_2000

月球正面风暴洋月海区与月球背面高地区具有显著的反照率差异,月海物质反照率低表现为暗色,而高地成分反照率高表现为亮色。月球背面除占据大部分区域的高亮区域以外,在南半球有很大一片亮度较低的区域,属于月球上最大、最古老的盆地——

南极艾特肯盆地。除了明显的区域亮度差异外,在影像上最显著的特征就是密集分布的撞击坑,使得月球表面起伏不平,部分年轻撞击坑的辐射纹在影像上清晰可见。

6.2.2　撞击坑/撞击盆地

撞击坑是月球表面最为显著、数量最多的环形构造(图 6.7),由撞击物撞击月表形成,通常呈圆形或椭圆形的凹陷状。月球表面直径不小于 1 km 的撞击坑数量已超过 130 万个,尤其月陆地区更为密集。月球撞击坑的大小、形态各异。撞击坑直径可小至几微米,大到数千

撞击坑

千米,且随着直径的增大,撞击坑的形态也变得更加复杂。一般来说,直径小于 18 km 的撞击坑形态较为简单,其剖面呈现圆形或碗形,有清晰且陡峭的边缘。当直径大于 18 km 时,撞击坑的坑底更加平坦,有阶梯状坑壁,且在坑底出现中央峰,撞击坑外围出现溅射物。当撞击坑直径大于 150 km 时,其底部的中央峰会逐渐被中央环所取代。当直径大于 200~300 km 时,坑底会出现两个或多个同心环状的地形特征,就形成了撞击盆地。撞击盆地与撞击坑同为撞击作用产生,撞击坑和撞击盆地对研究月球地质演化的重要性不同。撞击盆地对于研究月球地质历史具有重要意义,月球撞击盆地大多形成于月球地质历史的早期,其内部多数被玄武岩充填,并发展成复杂的构造系统,如雨

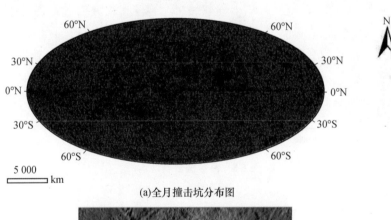

(a)全月撞击坑分布图

(b)冯·卡门撞击坑

图 6.7　全月撞击坑分布和冯·卡门撞击坑

海盆地和东海盆地等。因此,撞击盆地保留了较为完整的月球早期的撞击记录,是研究月球早期地质演化的一个窗口。

关于撞击坑和撞击盆地在直径上的界限,目前还未有统一定论。但最新研究表明,当撞击坑直径大于 200 km 时,坑内已有峰环特征出现且在最内层的峰环内存在明显的重力异常。大型撞击盆地是月球表面一种重要的地形,由大型撞击作用形成,代表着非常重要的地质活动时间标志,为认识月球的早期历史提供了重要的线索。月球撞击盆地示例如图 6.8 所示。

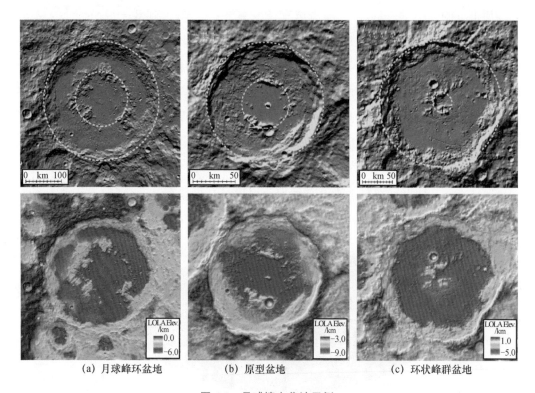

(a) 月球峰环盆地　　　　(b) 原型盆地　　　　(c) 环状峰群盆地

图 6.8　月球撞击盆地示例

6.2.3　高地、山脉和峭壁

月球表面高出月海的地区均称为高地。在月球正面,高地的总面积与月海的总面积大体相等。在月球背面高地面积要大得多,高地一般高出月海水准面 2~3 km。由于高地主要是由浅色的斜长岩组成,因此它对阳光的反射率较高,用肉眼看到月球上洁白发亮的部分就是高地地区。根据高地上撞击坑的密度计算得知,形成时代高地比月海要老。高地斜长岩的同位素年龄测定结果(46 亿~40 亿年),也证实高地的形成时代比月海要早得多。

高地、山脉和峭壁

月球表面上分布有连续的、险峻的山峰带,称为山脉(或山系)。它们的数目不多,高度可达7~8 km。这些山脉大多是以地球上的山脉名称命名的,如雨海周围的高加索山脉、亚平宁山脉和喀尔巴阡山脉,酒海周围的阿尔泰峭壁(图6.9)和比利牛斯山脉,东海周围的科迪勒拉山脉和卢克山脉,澄海南面的海码斯山脉等。月球上最大的山脉是亚平宁山脉,长达1 000 km,高出月海水准面3~4 km。月面山脉的地貌特征呈明显的悬崖状,向外侧的陆地这一面坡度极缓。据统计,月球上有6个山峰高度6 km以上,20个山峰高度5 km,约有80个山峰高度4 km,还有近200个山峰高度1 km。

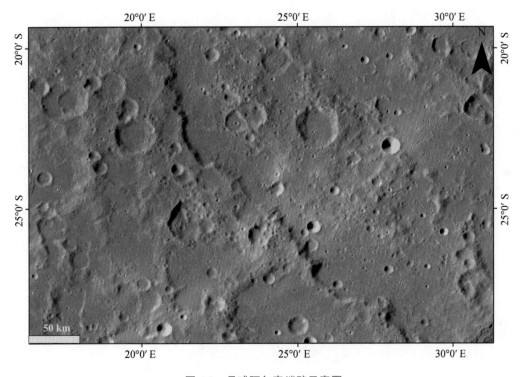

图6.9 月球阿尔泰峭壁示意图

月表还有4座长达数百千米的峭壁,除最长的阿尔泰峭壁组成酒海的外层环壁外,其他3座峭壁均突出在月海水准面之上,它们是静海中的科希峭壁、云海中的直壁和湿海西部边缘的利比克峭壁。

6.2.4 月谷和月溪

月球上有许多规模巨大的狭长断陷带,类似地球上的东非大裂谷,称为"月谷"(Lunar valley)。月谷通常是指两个高地形之间的空间,高地形可能是丘陵或是山脉等。若两个高地形区域移动分开,中间部分下沉也可形成月谷。月谷是月球表面一类规模较大的构造类

月谷和月溪

型,其延伸长度可从数十千米至数百千米,宽度从几千米至数十千米,在月海和月陆中皆有分布。

月谷的成因多样,以月球典型月谷为例进行分析,阿尔卑斯月谷(图 6.10)是月球表面规模较大、引人瞩目的月谷,其穿过位于雨海和冷海之间的阿尔卑斯山脉,谷底宽约 10 km,长 180 km。目前,阿尔卑斯月谷成因被认为是两个平行断层之间的月面下沉,与月堑成因相同,属于同一类型构造。位于阿里斯塔克高原附近的施勒特尔月谷(图 6.11)也被认为是月球表面最大的弯曲月谷,其产生于火山活动下的热侵蚀作用。勒伊塔月谷(图6.12)的形态特征表明其似乎是由几个重叠的撞击坑组合而成,而撞击坑的来源可能是由雨海盆地物质溅射的次级撞击坑,成因与坑链一致。

图 6.10　阿尔卑斯月谷

注:图片来源于 Lunar Orbiter V 图集,编号:5102

图 6.11　施勒特尔月谷

注:图片来源于 Apollo 15 图集,编号 AS15—M—2611

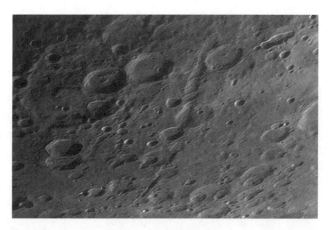

图 6.12　勒伊塔月谷

注:图片来源于 William Giotto 天文学与天文摄影

月溪最早是在地基望远镜观测月球的过程中被发现的,表现为长而窄的凹槽。月溪在月表通常表现为 3 种几何形状:弯曲形、弧形和直线形,分别对应弯曲形月溪、弧形月溪和直线形月溪 3 个名称。不同形态的月溪具有不同的成因机制,其中弧形月溪和直线形月溪(图 6.13)不仅具有地堑的形貌特征,而且成因也与地堑相同。因此,月溪与地堑在所属范畴上存在重复,考虑成因机制的月球构造分类体系中不应同时出现月溪和地堑。

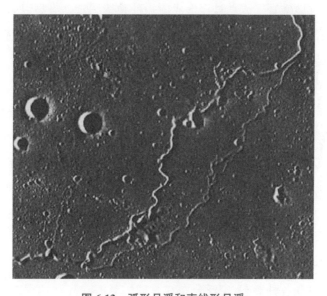

图 6.13　弧形月溪和直线形月溪

注:图片来源于 Apollo 17 图集,编号 AS17-M-3128

弯曲形月溪通常与代表潜在喷出口的各种形态的凹陷相连,其通道通常终止于月海区域,表现为逐渐消失在月海中,或在与年轻的月海接触时突然中断。

"叶状陡坎"(lobate scarp,图 6.14)是由逆冲断层形成的一类小规模构造。月球叶状陡坎的长度通常小于 10 km,起伏仅有数十米,其形态和切割关系等特征均表明叶状陡坎是月壳物质收缩的结果,月球的全球性冷却收缩是产生该现象的主要原因。

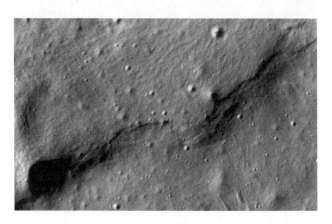

图 6.14　月球叶状陡坎

注:图片来源于美国喷气推进实验室

6.2.5　月球熔岩管

熔岩管是通过熔融岩浆流动过程形成的一种独特洞穴。当高温岩浆从火山喷发并流经月表时,熔岩流的表面最先冷却凝固形成厚厚的外壳。这层外壳起到隔热作用,使内部熔岩保持高温,并持续流淌很长距离。随着岩浆源区供给的结束,岩浆也停止了流动,因此形成一个坚固中空的管道,即熔岩管[11]。

地球、月球上的火山活动均可形成熔岩管。月球低重力、地质环境稳定等条件使得月球熔岩管更容易保持完好。针对月球熔岩管的研究,在美国"阿波罗"系列任务开展期间,通过分析"月球轨道器 5 号"(Lunar Orbiter 5)拍摄的照片,在月球马里乌斯山(MariusHills)区域发现了潜在的熔岩管。随着更多探月任务的实施,通过大量清晰的月球影像数据发现月球表面存在天窗(skylights)和深洞(pits),它们证明了月球熔岩管的真实存在。

月球熔岩管的形成机制与地球熔岩管相似,通常由月球上的火山活动产生。这些管道在月球表面呈现各种形态,广泛分布在月球的月海和高地地区[12]。根据目前的月面火山活动痕迹推断,月面之下的熔岩管可能呈现出不同的形状,包括圆柱形、椭圆形或不规则形状,坡度范围为 0.4°~6.5°,其尺寸也多种多样,从几米到数千米不等。在重力不稳定塌陷前宽度可能达到 500 m,深度范围也广泛,通常在数百米到数千米之间。

此外,在陨石等天体的撞击作用、地质构造运动、地震及自身重力等因素的影响下,月面的熔岩管普遍存在着塌陷的现象,形成很长的、管道形状的、洞穴弯曲的坍塌链和天窗结构。

从图 6.15 可以看出,熔岩管洞穴的地下部分具有明显的中空结构。与深度和直径比较小的普通撞击坑不同,塌陷后熔岩管可能会形成天窗式结构,其特点为结构下部与中空的熔岩管洞穴相连,并伴有不规则的底部形态。此外,熔岩管洞穴的塌陷口一般具有向内倾斜的斜坡。斜坡外缘没有撞击坑但有明显的环状隆起和堆积的溅射物。

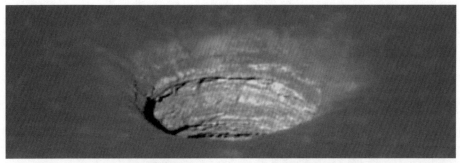

(a) 侧视影像 (LROC NAC ML11395745L)

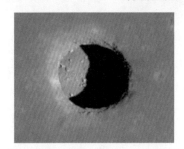

(b) 下视图 (LROC NCA M126710873R)

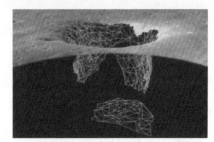

(c)熔岩管洞穴地下结构的东、西墙和底部的三维重建模型 (TIN 格图)

图 6.15　绕月轨道器获取的静海区域熔岩管天窗[13]

相较于在月面直接进行科研站等月球基地的建设,在月球熔岩管内建立初步的月球基地有着得天独厚的优势。研究显示,宇宙射线和太阳辐射无法穿透并达到月面 6 m以下的熔岩管的内部,而对于位于月面 1 m 以下的熔岩管,其内部环境也基本不会受到太阳耀斑和太阳粒子事件的影响。同时,熔岩管上方的玄武岩和月壤可为月球基地提供良好的遮蔽,很好地抵御月球尘埃和陨石撞击。

6.3　月球地质环境

月球的地质环境涵盖了月球表面和内部的多个方面,具体包括:表面特性、物质组成、物理场、地质构造、内部结构、演化历史、月壤和月尘、月球岩石和月球矿物,这些要素共同构成了月球独特的地质环境,它们记录了月球的形成、撞击历史、火山活动以及可能的内部动力学过程[14]。通过对月球地质环境的研究,科学家可以更好地理解月球的起源及其演化。

6.3.1 月壤

月壤是指由月面岩石碎屑、粉末、角砾、撞击熔融玻璃物质组成的、结构松散的混合物,覆盖在月球表面。月壤具有松散、非固结、细颗粒等特点,一般呈现为淡褐、暗灰色。月壤主要通过陨石和微陨石撞击、宇宙射线和太阳风持续轰击、大幅度昼夜温差变化导致岩石热胀冷缩破碎共同作用于月球表面而形成的。月壤的物理力学特性参

月壤

数表明其在着陆器的软着陆方面,具有着陆冲击和着陆稳定性的作用,具体特性参数包括颗粒组成、密度、孔隙度、内聚力、内摩擦角、承载力等。月壤的力学性质对了解月球的演变和未来月球基地的建设也具有重要意义。

(1)风化层。

月壳表面覆盖着一层高度粉碎的表面层,称为风化层。这是由多种撞击过程形成的,大块的基岩破碎成越来越小的颗粒。风化层分为表土、较老表土和巨表土。表土很细,富含二氧化硅,具有类似于雪的质地和类似于废火药的气味。较老表土通常比较新、比较厚,在高地地区厚度为 10~20 km;在平原地区厚度为 3~5 km。在细碎的表土层下面是巨表土,是许多上千米厚的高度断裂的基岩层。

(2)颗粒组成。

月壤的分选性普遍较差,粒度分布范围很宽,颗粒直径以小于 1 mm 为主,绝大部分颗粒直径为 30 μm~1 mm,中值粒径为 40~130 μm,平均为 70 μm。月壤颗粒级配如图6.16 所示。

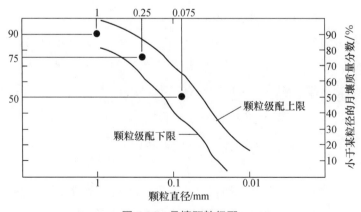

图 6.16 月壤颗粒级配

颗粒直径小于 20 μm 的细粒月壤占 10%~20%,这些颗粒易于飘浮,并附着在机械设备上。月壤的颗粒形态极为多变,从球形到极端棱角状都有出现,长条状、次棱角状和棱角状的颗粒形态相对最为常见。月球风化层一般由直径不到 1 mm 的细沙状粒子构成,只有很少散布的岩石。月球土壤粒子的大小分布近似对数正态分布,但有一个平缓的双峰分布的趋势,这种双峰分布可能是由 60~500 μm 的玻璃胶粒和来自其他区域的撞击坑的精细喷射物聚集所造成的。

(3)孔隙度

孔隙度包括孔隙比和孔隙率。月壤的孔隙比 e 是指月壤中孔隙体积与颗粒体积的比。天然状态下的月壤孔隙比可以用来评价月壤的密实程度,一般 $e<0.6$ 为密实的低压缩性月壤,$e>1.0$ 为疏松的高压缩性月壤。孔隙率 n 是指月壤中孔隙所占体积与总体积之比,用百分数表示。不同深度月壤平均孔隙率和孔隙比的最佳估计值见表 6.1。

表 6.1　不同深度月壤平均孔隙率和孔隙比的最佳估计值

深度范围/cm	平均孔隙比 e	平均孔隙率 n/%
0~15	1.00~1.14	50~54
0~30	0.89~1.03	47~51
0~60	0.80~0.94	44~48
30~60	0.71~0.85	42~46

6.3.2　月尘

月尘是月球表面覆盖的一层粉末状尘土,其粒径一般小于 1 mm。月尘容易在太阳辐照、空间带电粒子和碰撞摩擦的作用下带上电荷,并在电场的作用下悬浮和迁移。月尘对探测器敏感表面和宇航员健康安全存在潜在危害,向阳面月表接受太阳光照作用发射光电子而带正电;背阳面主要受太阳风、地球风等离子体的作用带负电。月尘带电是伴随月表充电过程同时进行的,在月面电场作用下一部分月尘会克服重力及月表黏附力而离开月表,并在近月空间悬浮和输运,形成尘埃外逸层等环境。图 6.17 所示为月表带电、磁异常及月球尾迹示意图。

月尘记录了陨石、微流星的撞击历史,也显示了太阳风作用过程以及挥发成分的保存和逃逸,深入了解月尘的基本性质对研究月球表面物质和月球大气演化具有重要科学价值;同时月尘是月面环境中非常重要的空间环境因素,会对航天器、探测载荷及宇航员造成危害,与航天探测科学目标的实现乃至整个探测任务的成败密切相关。

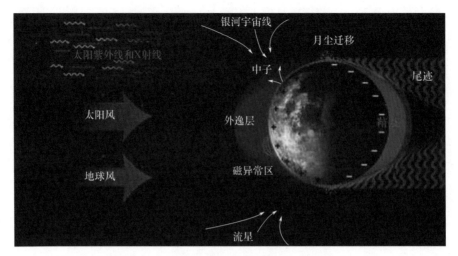

图 6.17　月表带电、磁异常及月球尾迹示意图[15]

　　探测月尘,一方面要获得月尘累积量的时空分布,另一方面要探测它的带电特性,全面了解月尘的运动迁移机制,为后续探月任务的月尘防护提供数据。20 世纪 60 年代中后期,美国"勘测者 7 号"携带的电视摄像机在月面日落之后拍摄到了"地平线"辉光现象(图 6.18)。此后,美国"阿波罗 11、12、14、15、17 号"和苏联"月球-19 号""月球-21 号"均给出了月面上空存在静电悬浮月尘的间接证据。中国在"嫦娥三号"任务中,对着陆激起的月尘和自然环境下的月尘累积量进行了测量,进一步研究了"地平线"辉光现象成因。

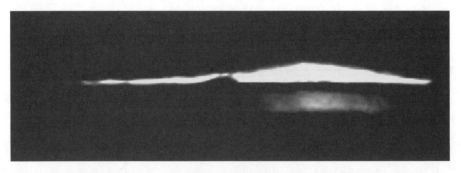

图 6.18　"勘测者 7 号"探测器在月面日落后拍摄的"地平线"辉光现象[16]

6.3.3　月球岩石矿物

　　月球表面的岩石全是岩浆岩,而没有沉积岩。根据岩石颜色的深浅可以将月球表面分为浅色区(即高地)和暗色区(即月海)[17]。月海的形成要比高地晚,月海区由层状玄武岩所覆盖,而高地部分则是由几种不同的岩石构成,这些岩石主要为辉长岩、苏长岩和斜长岩。高地地区的岩石以富含浅色矿物长石及富含钾、稀土和磷等元素为特征，月海区岩石则主要富含橄榄石、辉石及钛铁矿（$FeTiO_3$）等。月球岩石的化学组成随地点不同而有所变化，浅色的高地部分富含钙和铝，而暗色的月海区则富含钙、铁、锰。月球上没有液态水和游离氧，月球上所有的矿物均为不含水矿物，因此月球上所有的岩石保存很好。一块亿年前形成的古老月球岩石看起来比陆地火山喷出的含水岩浆岩还要新鲜。由于没有游离氧，月球岩石中的铁以细小的金属铁晶体或是二价铁形式存在，而没有三价的氧化态，因此所有的月球岩石样品带回地球后，样品的保存、加工均需在特殊的干氮环境中进行。

月球具有丰富的矿产资源。据探测，月球约有 60 种矿藏，月球岩土中含有丰富的氧、铁、镁、钙、硅、钛、钠、锰等物质。月球表面平均有 10 cm 厚的沙土，含有 80 000 亿吨铁。月球表面的土壤中含有由太阳风粒子累积所形成的气体，如氢、氦、氖、氮等气体，这些气体在加热到 700 ℃时，就可以全部释放出来。尤其是月球上的氦 3，是地球上所没有的核聚变反应的高效燃料，总量达到 100 万～500 万吨。利用氦 3 进行热核反应产生的放射性最低，具有经济和安全两大优点。从月球中每提炼 1 t 氦 3，可以获得 6 300 t氢气、700 t 氮气和 1 600 t 含碳气体。

月球有与地球相同的化学元素，但元素间比例不同。相比较而言，月球含有更多的以及大量高熔点的稀有元素等，科学家认为构成月球的物质曾经历过比构成地球物质更高温度的受热作用。

月壤和月岩中存在着地球上组成物质的全部化学元素，拥有丰富的自然资源，包括水冰、矿物、氦 3 等。例如，月海玄武岩蕴藏丰富的钛铁矿，估计总资源储量为 $1.3 \times 10^{15} \sim 1.9 \times 10^{15}$ t。月球克里普岩（KREEP）富含钾（K）、稀土元素（REE）和磷（P）以及钍、铀等放射性元素，风暴洋区的克里普岩中总稀土元素资源量为 $2.25 \times 10^{10} \sim 4.5 \times 10^{10}$ t，其中的稀土和铀资源分别达 200 亿吨和 3.6 亿吨，而地球储量分别仅约 1 亿吨和 160 万吨。此外，月球还蕴藏丰富的铬、镍、钾、钠、镁、铜等金属矿产资源。由于两极永久阴影区内长期缺乏太阳辐照，温度基本维持在 40K 左右，因此在此区域沉积了大量不同形态的水资源，初步估计月球极区有约 6 亿吨水冰资源。更为重要的是，在太阳风长期轰击下，月球表面汇聚了超 60 万吨氦核聚变资源，远超地球所储藏的 500 kg。

"嫦娥五号"首次在月球上发现新矿物，并命名为"嫦娥石"，由斜长石、橄榄石和钙钛铁矿等组成，具有高度的石橄岩特征。"嫦娥石"的发现对月球研究、地质演化、太空探索具有重要影响。通过对这些矿物的研究，能够更深入地了解月球的起源、演化历史和资源潜力，也为人类未来的月球探索和资源利用提供了重要的指导和参考。

6.4　月球环境影响

月球空间作为日-地-月空间的重要组成部分,是研究基础空间物理及等离子体与类月天体(无大气且无全球磁场)相互作用的天然实验室,也是影响月球探测任务实施的重要环境因素。月球环境影响主要包含月球辐射环境、微流星撞击、月震等空间物理环境的影响和月壤特性、月尘环境、月表形貌等表面地貌环境的影响。

6.4.1　月球空间物理环境的影响

月球基地、月球空间站等空间基础设施长期运行期间,以太阳宇宙线、银河宇宙射线、太阳风、太阳电磁辐射及月面中子等构成的月球空间物理环境将给月球空间基础设施材料带来严重影响[18]。

月球空间
物理环境

1.辐射环境的影响

由于月球周围没有辐射带,月球探测卫星受到的大量粒子辐射主要来源于太阳质子事件。现有的数据显示在每次太阳 11 年活动周期中都有可能发生1~3次危险的太阳粒子事件,而且这些事件在太阳极小年的几年期间不太可能发生。在太阳质子事件中,能量大于 10 MeV、年积分通量至少为 $2×10^9$ 个/cm^2 的普通质子事件对卫星有不利的影响。能量大于 10 MeV 且最高达 10^3 MeV 通量大于 10^{10} 个/cm^2 的事件,称为特大质子事件。

太阳宇宙射线中的高能质子会引起单粒子效应,可能损害月球探测器表面、电子元件和结构的整体性。这些高能质子使光学材料电离,同时由于这些粒子大而重,可能导致光学设备瘫痪。因此,月球探测器和月球车应采取措施屏蔽太阳耀斑粒子对探测器及仪器电子元件的损害。

月球表面的每日银河宇宙射线(GCR)剂量当量比国际空间站内的剂量高 2.6 倍。太阳宇宙射线粒子可以在日冕或行星际空间中被加速,并在不到一天的时间内到达地月空间。在太阳活动峰年期间,来自于太阳耀斑和日冕物质抛射的高能量、高通量带电粒子流将给月球空间基础设施中的电子材料、光学材料及光电材料带来严重的电离和位移,引起电离总剂量效应、位移损伤效应及单粒子效应,导致关键光学器件、光电器件及电子学器件的在轨故障甚至失效。

月球表面受太阳风、地球风和微流星体轰击的空间风化作用,其物质的性质也会发生变化。太阳风氢离子及微流星体轰击在矿物中产生纳米级单质金属铁,降低反照率。由于月球的潮汐锁定效应,因此来自地球风的粒子大多轰击月球正面。太阳风和地球风经过月球时,会在月球背面形成尾迹,影响整个月球空间环境。月球以每个月两次的频率穿过晨侧和昏侧的磁层顶、弓激波等边界区域,在磁层内还会经历等离子体、尾瓣等不同的等离子体环境,因此会与这些边界和区域发生相互作用,如在月球的尾迹里,弓激波的结构会因为尾迹发生很大的改变。同时,弓激波扫过月球尾迹时能显著地改变尾迹的形态。

月球表面晨昏交界位置受到太阳紫外光子的作用,将引起月尘的带电漂浮。这些尘埃带电粒子以及来自于太阳风的低能粒子可以使月球探测器的表面充电,进而可诱发放电效应。相较于地球轨道和地面环境,中子环境是月球表面的特殊环境,其对关键光电材料、有机材料、电子材料均具有严重威胁,可造成光学玻璃类材料颜色变暗、有机材料快速老化、电子材料及其器件的单粒子效应等。因此,月球探测材料的中子损伤效应及中子防护材料的研究对于保障月球探测任务的成功和宇航员的安全至关重要。

2.微流星撞击影响材料结构和性能

月球表面平均每年累计流星模型计算显示,来自于太阳方向的小流星体(小于 1 μm)通量明显增加,而从地球运动方向到达月表的大粒子流星体通量(大于 1 μm)稍有增加。月面朝向地球公转运动方向时,将遇到更大更多的流星体;同时有数据表明,在月球表面的流星体通量可能比在月球轨道上高得多。质量为 1 μg 的小流星体可以在金属表面形成直径为 500 μm 的撞击坑,大流星体的撞击概率低且危险更大。质量约为 1 g 的流星体,就会形成厘米级的陨石坑。微流星将对航天器复合材料造成损坏,对压力容器造成损害进而影响航天器姿态控制能力,对于天线系统则会造成天线变形及性能下降;撞击坑可能对太阳能阵列结构没有明显的影响,但可能损坏传感器[19],同时使光学盖片的透光性能下降并影响到电池性能。对于一个大型但非载人的结构来说,微流星体造成的后果可能非常小,然而对于一个小型但至关重要的生命保障系统来说,后果可能巨大。因此,在开展月球基地设计和建设时必须周全考虑流星体的危害。

3.月球表面温度的影响

(1)极大的温差对月球车温控要求的影响。

月球车周围的热量环境是由太阳直射通量、月球反射通量和月表的红外辐射组成的。月球车受到这些辐射的加热,最高温度可达 150 ℃。没有受到阳光照射的部位,温度为-130 ℃ ~ -160 ℃。月球的黑夜最低温度可达-180 ℃。月球车内探测仪器的工作温度一般为-40 ℃ ~ +40 ℃,为保证探测仪器的正常工作,月球车必须采用温控装置,使用可移调的太阳遮掩物、热隔离系统、覆盖层等被动温控装置;或采用自动调温器、热发生器等主动温控装置,以保证月球车及其探测仪器正常工作。

（2）月球黑夜的温度对月球车"过夜"和寿命的影响。

月球的黑夜极限温度可达-180 ℃，传统太阳能电池已不能工作，携带的蓄电池难以维持能源的需要，为保持月球车平安"过夜"必须采取特殊的措施，采用238Pu、210Po等原子能电池可提供能源使月球车过夜。当新的白天来临时，月球车和探测仪器应具有唤醒功能，继续工作。月球车"过夜"和月球车的工作寿命密切相关。月球车过一夜，工作寿命将延长一个月球日（28~29个地球日）。若能持续过夜，月球车的工作寿命可大大延长。因此，为尽量延长月球车的工作寿命，获取更多的科学探测数据与成果，关键要解决月球车"过夜"的温控和高效能源问题。

4.月震的影响

月震活动通常是由撞击事件产生的外力和次生效应引起的。月球具有非常低的弹性波传播损耗，这样月震活动可以传播到很远的距离。弹性波微弱的衰减也会导致月震有很长的半衰期，约10 min。月震活动的次生效应能对月面上的物体产生危害。由于月球有很好的波传播特性，月震活动能产生非常广泛的次生效应，如撞击坑壁上土壤和岩石滑落等。

尽管月震活动的影响是非常广泛的，但月球车或宇航员难以注意到月震的发生，预防月震更难以考虑。在着陆点选择时应注意避开具有潜在次生效应的区域。"嫦娥七号"任务拟搭载我国首台月震仪，这也将是"阿波罗"计划50年后首次布设月震仪。"嫦娥工程"当前仍处于无人探测阶段，因此月震仪自动布设和自主操控等设计十分关键。"嫦娥七号"月震仪的设计方案与"洞察号"火星地震仪基本相似，拟采用三分量宽频带地震计和微机电系统（MEMS）型地震计相结合的方式，设计频带略宽。月震仪拟搭载在着陆器舱外的底部，落月后将完全自主释放、自主调平和自主温控。月昼开机工作，月夜关机休眠，预计持续工作8年。剧烈的昼夜温差对仪器的生存提出了严苛考验，松散的月壤不利于月面耦合，低重力环境不利于垂直分量的观测。

此外，由于月球没有大气层和海洋，不存在地球和火星固有的风声及洋流噪声，因此对于监测远场小震和深部反射震更为有利。为此，仪器研制过程中需要在确保可靠性的前提下，尽可能提高仪器的灵敏度并降低仪器的本底噪声，为监测更多的有效信号奠定基础。"嫦娥七号"月震探测任务的顺利实施有望解决阿波罗时期遗留下来的部分探测难题，清晰刻画月球内部的圈层结构，并深刻认识月震的时空分布规律。

6.4.2　月球表面地貌环境的影响

1.月壤特性的影响

月壤物理力学特性对月球车运动影响很大，为了保证月球车在月面顺利行走，设计月球车轮子和行走速度,应满足月壤的承压能力[20]。一般而言,考虑到月球车行走的稳定性、通信时延、月球车的自主能力和越障能力,要求月球车行走的速度比较缓慢。国际上新研制的火星车和月球车的行走速度一般为 1~5 m/min。我国研制的月球车的行走速度应充分考虑月球的地形与月壤的结构对月球车行走速度的影响。若月球车的行走速度为 1 m/min,则一小时可行走 60 m,一个全地球日可行走 1 440 m。一个月球日的白天时间大约有 14.5 个全地球日的时间,考虑到月球白天太阳升起和太阳降落时日照角偏小,太阳能电池能量不足,月球车无法正常工作。在一个月球日内,月球车能够正常工作的时间大约可有 10 个全地球日,月球车的行走距离可以超过 14 km,与苏联的无人驾驶月球车的行走距离相近似。

2.月尘环境的影响

月尘是月壤中颗粒较小的部分,且较为松散,在一定的外力作用条件下会产生扬尘,因此其基本理化特性与月壤相同。月尘的激起机制有两大类:自然的和人为的。自然的激起机制包括因流星和微流星体碰撞而起的二级喷发和微尘静电飘浮。人为的激起机制有 3 种,按影响程度由小到大为:航天员的行走、巡视器车轮旋转带起、发动机喷流影响和软着陆冲击激扬[21]。

月尘对探测器造成的危害具体表现为:月尘会使对月测距测速敏感器、光学敏感器测量误差增大或失效,可能会使太阳敏感器、相机镜头、太阳电池阵、热控涂层(OSR 片等)等表面形成污染,造成光透过率下降、供电能力和热控性能降低等。此外,细小的月尘颗粒还可能侵蚀没有完全密闭的轴承、齿轮和其他机械装置,造成机械零件的磨损或卡滞。因此,月尘的特性及其对探测器的影响是探测器设计中必须考虑的重要问题。

3.月表地貌的影响

(1)月球表面地形坡度对月球车爬坡能力的影响。

月表的高山与悬崖、撞击坑内侧的陡坡一般大于 30°,不适宜月球车巡视勘测;撞击坑的外侧坡度较平缓,一般小于 25°;月表的高地地区地形起伏,平均坡度小于 30°;月海地区地势平坦,最大坡度可达 17°。因此,综合上述地形的坡度数据,为了使月球车能够在月球表面大部分地区行走并能够进行科学探测,月球车的爬坡能力应考虑以 25°~30°为宜[22]。

我国研制的月球车(图 6.19),驱动系统为 6 轮独立驱动,每个轮子有独立的发动机。前面 2 个和后面 2 个轮子有独立的转向发动机,这个转向装置可使月球车在原地转动 360°。同时,也允许月球车 6 个轮子形成一个弓形弯曲,便于越过障碍和有利于爬坡。

图 6.19 "嫦娥三号"探测器(左为着陆器,右为玉兔号巡视器)

(2)月球的悬崖、陡坡和大尺度岩石对月球车导航能力的影响。

月球车除具有地面遥控导航能力外,应充分预计在行走勘测过程中遇到悬崖、陡坡、沟谷和大块岩石露头而不可逾越,因此月球车应该具有自主规避障碍的能力。由于地球和月球相距近 $4×10^5$ km,往返通信延时近 3 s,这会给月球车的实时遥操作带来一定的困难,因此月球车必须具有较强的自主导航能力。月球车及其车载探测仪器的行动应该采用地面遥控导航与自主导航运行相结合的方式,具有自主规避障碍的能力。

月球表面裸露着大量岩石碎块,这些岩石碎块一般小于 25 cm,因此为了使月球车能在月球表面顺利行走,月球车应具有翻越 25 cm 高度的能力。对于大于 25 cm 的岩石露头,月球车应具有自主规避的导航能力。

月球车及其车载探测仪器的行动应该采用地面遥控与自主运行相结合的方式[23],根据导航设备获得的影像数据,由地面预先制定好行动路线和仪器操作计划,注入指令,让月球车完成预定动作和探测任务,然后停下来接受下一步的操作命令,这种走走停停的方式,有利于月球车和探测仪器的操作,也有利于科学任务的实现。

思 考 题

1. 月球上是否存在地下水资源?如果存在,如何利用地下水资源来支持未来的月球探索和开发计划?

2. 月球上的氧气和水等重要资源很有限,如何在月球上建立氧气和水的生产设施,以满足未来的人类探索需求?

3. 如何利用月球上的土壤和矿物来建立有效的保护措施，以抵御太空辐射和微陨石的影响？

4. 月球上的温差非常大，如何建立适合人类居住的生态系统，以保护人类免受月球上的极端气候条件的影响？

5. 月球上引力只有地球的 1/6，如何在月球上建立有效的基础设施和运输系统，以支持未来的人类探索和开发计划？

本章参考文献

[1] MIROSHNICHENKO L. Solar cosmic rays：Fundamentals and applications［M］. Cham：Springer International Publishing, 2015.

[2] ZUBER M T, SMITH D E, WATKINS M M, et al. Gravity field of the Moon from the Gravity Recovery and Interior Laboratory（GRAIL）mission［J］. Science, 2013, 339（6120）：668-671.

[3] 欧阳自远. 月球科学概论［M］. 北京：中国宇航出版社, 2005.

[4] 叶培建, 肖福根. 月球探测工程中的月球环境问题［J］. 航天器环境工程, 2006, 23（1）：1-11.

[5] 丁锋, 万卫星. 月球电离层探测与研究［J］. 地球化学, 2010, 39（1）：11-14.

[6] 张诗雨, 陈波, 徐长仪. 月球和火星重力场与岩石圈结构研究进展［J］. 地球与行星物理论评（中英文）, 2024, 55（5）：524-536.

[7] 李泳泉, 刘建忠, 欧阳自远, 等. 月球磁场与月球演化［J］. 地球物理学进展, 2005, 20（4）：1003-1008.

[8] 李雄耀, 王世杰, 程安云. 月球表面温度物理模型研究现状［J］. 地球科学进展, 2007, 22（5）：480-485.

[9] 张翔, 张金海. 月震研究进展与展望［J］. 地球与行星物理论评, 2021, 52（04）：391-401.

[10] 程维明, 刘樯漪, 王娇, 等. 全月球形貌类型分类方法初探［J］. 地球科学进展, 2018, 33（9）：885-897.

[11] 郑翀, 邓青云, 叶茂, 等. 月球熔岩管探测研究现状与发展方向［J］. 前瞻科技, 2024, 3（1）：100-108.

[12] 马士璇, 董晓龙, 朱迪, 等. 月球熔岩管探测中月表杂波识别方法仿真［J］. 空间科学学报, 2023, 43（5）：853-863.

[13]周昶宇,周米玉,徐聿升,等.月面形貌勘察重建及其在熔岩管探测中的应用与展望[J].前瞻科技,2024,3(1):34-48.

[14]中国科学院贵阳地球化学研究所.月质学研究进展[M].北京:科学出版社,1977.

[15]史全岐,宗秋刚,乐超,等.月球表面及空间环境对太阳风与地球风的响应[J].中国科学基金,2022,36(6):871-879.

[16]王永军,赵呈选,李得天,等.空间尘埃探测进展与发展建议[J].前瞻科技,2022,1(1):38-50.

[17]姚美娟.月球正面与背面的地质构造特征与演化分析[D].北京:中国地质大学(北京),2016.

[18]侯东辉,张坤毅,张斌全.月球粒子辐射环境探测现状[J].深空探测学报(中英文),2019,6(2):127-133.

[19]高鸿,沈自才,何端鹏,等.我国未来探月工程任务对材料需求展望[J].宇航材料工艺,2021,51(5):15-25.

[20]肖福根,庞贺伟.月球地质形貌及其环境概述[J].航天器环境工程,2003,20(2):5-14.

[21]张小平,甘红,李存惠,等.2021.月尘运动与生物毒性研究进展[J].地球与行星物理论评,52(5):495-506.

[22]黄卫东,鲍劲松,徐有生,等.月球车坡路行驶地面力学模型与运动性能分析[J].机械工程学报,2013,49(5):17-23.

[23]邸凯昌.月球和火星遥感制图与探测车导航定位[M].北京:科学出版社,2015.

第 7 章　地球磁层环境

基本概念

地球磁场、地球磁层、地磁活动指数、磁暴、地磁亚暴

基本定理

自激发电机理论

地球磁层是地球磁场的延伸,受太阳风的作用地球磁场被限定在一个有限的空间内,这个空间称为磁层。地球磁层占据了地球空间绝大部分体积,它是太阳风与地球磁场相互作用形成的一个巨大的等离子体腔。磁层的基本结构分为弓激波与磁鞘、磁层顶、磁尾、内磁层等区域。地球磁层阻挡了太阳风和宇宙高能粒子的入侵,将太阳风暴粒子引导至极地区域,从而保护地球上的生物免受伤害。地球磁层与太阳活动有密切的关系,是研究地球空间环境的重要参考依据之一,也为人类提供了认识地球和探测空间环境的重要途径。

本章 7.1 节介绍地球磁场;7.2 节介绍地球磁层,包括磁层结构及辐射带的相关概念;7.3 节介绍磁暴与地磁亚暴;7.4 节介绍磁场扰动的影响。

7.1　地　球　磁　场

地球磁场的主要来源是地核,地核产生的磁场向外穿过地幔和地壳,一直延伸到地表,并向外扩展到太空。在地球内部深处流动的电流产生了约 90% 的地球磁场,其余的磁场主要来源于电离层和磁层。地球表面的磁场可以看作是偶极场,其磁轴与地球自转轴存在一定程度的偏离,由于地球的磁场是一个动态系统,它受地壳构造变化、地球自转变化以及地球外部太阳风活动的影响,因此这种偏离的大小和方向在地球表面上是不断变化的(图 7.1)。

磁层的定义
与范围

地球的磁力线从地理南极点附近出发,汇聚于地理北极点附近。然而,非偶极场成

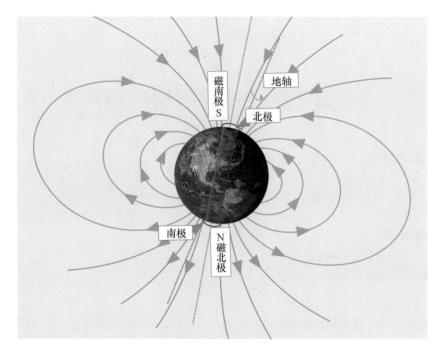

图 7.1　地球磁场示意图

分导致指南针的方向与北-南连线存在偏离。例如,地壳中的巨大铁矿导致北太平洋区域的磁场出现轻微增强,而南大西洋区域的磁场出现显著减弱,最低值约为 22 500 nT,大约只有同纬度地区磁场强度的一半(图 7.2),因此这一区域被称为南大西洋异常区。

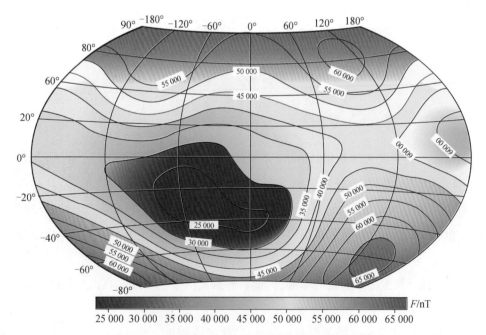

图 7.2　国际参考地球磁场总磁场强度等值线图[1]

此外,在空间环境活动水平较高时,地球磁场会出现短时的偏离。这种偏离的程度(磁偏角)会随着地理位置和空间环境活动水平的变化而变化。历史上,这种偏离曾让航海家感到困扰,航海家依赖指南针来确定方向,而指南针实际指向地球磁场的磁南极,而非地理北极,航海家会误以为自己是在沿着地理经线(即北-南连线)航行,这种偏差可能导致他们偏离预期航线,甚至迷失方向。

7.1.1　地球磁场的基本形态

地球的基本磁场可分为偶极子磁场、非偶极子磁场和地磁异常 3 个部分。偶极子磁场产生于地球液态外核内的电磁流体力学过程,即自激发电机效应。非偶极子磁场的场源是由地球的液态外核边界的湍流所产生的自激发电机效应,非偶极子磁场主要分布在亚洲东部、

磁层形成机制

非洲西部、南大西洋和南印度洋等地域。地磁异常又分为区域异常和局部异常,与岩石和矿体的分布有关。当考虑地球磁场的物理描述时,能量守恒往往是问题的有效切入点,磁场的任何改变都反映了能量流入或者流出磁场。关于地球磁场起源的假说或理论大致可以分为 5 类[2]:磁化理论、感应理论、电流理论、波动理论和发电机理论。所有地球磁场起源理论都试图解释地球磁场时空结构特征以及形成这些特征的物理机制,但其侧重点各不相同。下面重点对自激发电机理论进行介绍。

在地球内部,由热能和化学能驱动着外核中的液态铁做对流运动,地球内部环流运动以自激发电机的方式,通过消耗内部环流运动的能量并伴随着地球的自转产生了地球的主磁场。岩石的古地磁测量结果表明,地球拥有磁场至少已经有 35 亿年。和太阳类似,地磁具备一种再生能力,可以自我补偿发电机电流耗散导致的能量损耗。地核就是一个天然的发电机,将对流动能转化为电磁能,其中对流动能所需的能量由化学能和热辐射所提供。导电的流体切割磁力线会产生感应电流,该电流又将产生出磁场。当流体和磁场达到某种合适的几何关系时,感应磁场将补充原有磁场。

除稳定的基本磁场及其缓慢的长期变化外,地球磁场还存在各种类型的短期变化。短期变化是指在不到 1 s 至数小时的时间范围内发生的变化,其变化幅度较小。在地面观测到的这部分磁场称为变化磁场或者外磁场。与基本磁场不同,变化磁场主要来源于地球外部。在地球表面,这种变化磁场比起基本磁场要小得多,通常约为万分之几到千分之几,偶尔可达百分之几。变化磁场不仅来源各异,其时间和空间变化规律也相当复杂,其中磁暴是最重要的一种扰动类型。在太阳活动低年,磁暴特别是强烈磁暴很少出现。但在太阳活动高年,磁暴频繁发生而且强度很大、变化剧烈。地磁亚暴是另一种重要的扰动变化,它主要表现在极区和高纬度地区。亚暴通常持续几十分钟到一两个

小时。亚暴的发生与日冕物质抛射和耀斑爆发等太阳活动过程有着密切的关系。变化磁场在地面上的数量虽小,但对磁层空间天气的影响巨大,其空间分布和时间变化能够反映高空各种电磁过程,对于研究高空物理现象、空间介质的性质和运动状态非常重要。

7.1.2 地球磁场单位及地磁要素

地球磁场由空间中任意一点的磁场大小和方向来描述的。磁场矢量在地理坐标系中的方向通常可以采用磁偏角和磁倾角两个角度参量来描述,其通用单位是度、分、秒。磁场的大小则通常用相互垂直或相互独立的 3 个分量来确定,其国际制单位是特斯拉(Tesla),简称 T(特),用以表征磁通量密度。考虑到自然界中各处的磁场强度远小于 1 T,因此在空间物理中纳特(nT,1 nT = 10^{-9} T = 10^{-5} Gs)成为最广泛使用的磁场强度单位。

在描述地球磁场时,常用的磁场角度和强度分量示意图如图 7.3 所示。其中,*F* 代表地球磁场总强度。*H* 代表水平强度,它是总磁场矢量 *F* 在水平面上的分量。*Z* 代表垂直强度,是总磁场矢量 *F* 在垂直方向上的分量。*X* 和 *Y* 分别代表 *H* 的南、北向和东、西向分量。*D* 为磁偏角,即水平分量 *H* 与北向之间的夹角(由北转向东为正值)。*I* 为磁倾角,即总磁场矢量 *F* 与水平面之间的夹角(由水平面向下为正值)。在地球表面磁倾角为 90°的点称为磁极。北半球的磁倾角都是正值,南半球的磁倾角都是负值。*F*、*H*、*X*、*Y*、*Z*、*D* 和 *I* 统称为地磁要素。

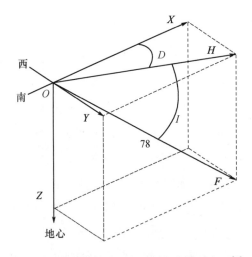

图 7.3 常用的磁场角度和强度分量示意图[3]

7.1.3 地磁活动指数

地磁活动指数是用来描述一段时间内地磁扰动强度的指数或某类磁扰强度的一种物理量,时间段均按世界时划分。地磁指数可以分为两类。

1.第一类地磁指数

K、Kp 和 Ap 指数:描述一个时间段内地磁扰动强度的指数。在中低纬度地区,扰动的强度是按地球磁场水平强度的变化确定的。K 指数是单个台站 3 h 内地磁扰动强度的指数,称为三小时磁情指数。把一天按照世界时分为 8 个时间段,每段 3 h。每段都有一个 K 指数,从 0~10,数字越大表示地磁活动越强烈。全球各地台站有明显的地区特征,并且受季节和纬度的影响。为了得到全球的地磁活动指标,在全球范围选了12 个台站。首先求出每个台站的标准化指数 Ks,然后求出平均值得到 Kp,称为行星际或者国际三小时磁情指数,每天 8 个值。例如,北京时间 2024 年 5 月 11 日 2:00~8:00,地磁发生强烈扰动,Kp 指数连续 6 h 达到最强磁暴等级(Kp = 9),达到红色警报级别,为 2004 年以来最强磁暴。此次磁暴事件是由 5 月 8~9 日爆发的多个全晕日冕物质抛射到达地球共同引起。Ap 指数是全球的全日地磁扰动强度指数,它基于 Kp 指数,通过换算将 Kp 指数转换为 ap 指数,然后取一天中 8 个 ap 值的平均数作为 Ap 指数,$Ap = \frac{1}{8}\sum ap$。Kp 与 ap 对应关系见表 7.1。

表 7.1 **Kp 与 ap 的对应关系**

Kp	0o	0+	1−	lo	1 +	2−	2o	2+	3−	3o	3+	4−	4o	4+
ap	0	2	3	4	5	6	7	9	12	15	18	22	27	32
Kp	5−	5o	5+	6−	6o	6+	7−	7o	7+	8−	8o	8+	9−	9o
ap	39	48	56	67	80	94	111	132	154	179	207	236	300	400

2.第二类地磁指数

AU、AL、AE 和 Dst 指数:专门描述某类磁扰强度的指数。AU、AL 及 AE 指数是描述极区地磁亚暴强度,即描述极光带电急流强度的指数。AE 指数是由美国地球物理学家戴维斯和日本地球物理学家杉浦于 1966 年引入的[4],可作为极光带地磁活动的量度,它是由均匀分布在极光带 62°~72° 的 10~13 个地磁观测站的每分钟内测量的水平磁场强度扣除平均平静变化后的值决定的,单位为 nT。目前,AE 指数已广泛应用于地磁、电离层物理学和磁层物理学的研究中。计算 AE 指数时,每个观测站的基值首先需要数据归一化,然后在给定的时间(UT)对所有的 AE 观测站的数据进行时间序列叠加。

叠加结果的上包络线就是 AU 指数,是观测站中每分钟内的最大正变化,通常正变化出现在午后和傍晚,因此 AU 指数反映了东向的极光带电集流的强度。叠加结果的下包络线就是 AL 指数,是观测台站中每分钟内的最大负变化,通常负变化出现在夜间和早晨,因此 AL 指数反映了西向的极光带电集流的强度。AE 指数是每分钟内最大正变化与最大负变化的差值(AE＝AU−AL),反映了极光电集流的整体活动[5-6]。AO 指数提供了等效纬向极光电集流的量度(AO＝(AU+AL)/2)。

Dst 指数是描述磁暴时地磁变化的指数。在地磁赤道附近选取 7 个均匀分布在不同经度上的地磁台站,将这些台站每个小时内水平强度变化的平均值归一化到赤道的值就是 Dst 的数值,单位为 nT。Dst 指数的值可以是正值或负值,正值通常表示地球磁场的增强,而负值表示地球磁场的减弱。在磁暴期间,Dst 指数通常会显著下降,因为磁暴期间地球磁场会受到太阳风的压缩和扰动[7-8]。Dst 指数的最低值通常用来衡量磁暴的强度。地磁水平分量的减小幅度表示磁暴扰动的严重性。Dst 指数给出了一般磁暴的统计平均特征,但个别情况下的磁暴变化可能有一定的偏差。

7.2　地球磁层

太阳风对地球的影响是多方面的,但最为显著的是它对地球磁场的影响。太阳风撞击地球时,地球磁场会阻止太阳风进入。在这种相互作用下,太阳风会绕过地球磁场继续向前运动,逐渐形成以地球为核心、被太阳风包围的地球磁场区域,即地球磁层,其基本结构如图 7.4 所示。

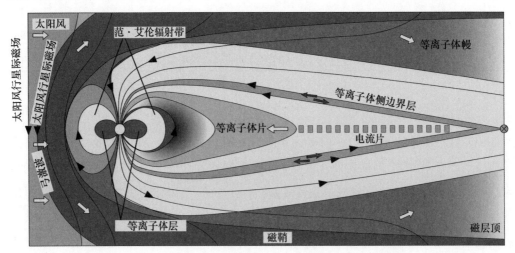

图 7.4　地球磁层的基本结构[3]

地球磁层被定义为电离层以上的空间区域,其中的带电粒子运动受地球磁场控制。根据地球磁层内等离子体密度、速度等性质的不同,可以将地球磁层划分成磁层顶、磁尾(包含尾瓣、等离子体片和等离子体侧边界层)、内磁层(包含等离子体层和范·艾伦辐射带)、极尖区和等离子体幔等区域,在磁层顶外还存在磁鞘与弓激波,构成了一个外壳将磁层嵌在其中[9-11]。这些结构在地球磁层中扮演着不同的角色。

7.2.1　磁鞘、磁层顶、极尖区和等离子体幔

1.磁鞘

弓激波和磁鞘是形成磁层的外部结构,它们的外形就像一个弓,激波就位于这个弓的顶端,而磁鞘则是包围磁层的外部等离子体。这些结构的存在使得磁层免受太阳风等离子体的直接冲击,同时也对太阳风的粒子进行减速和加热。磁鞘的厚度为 3~4 个地球半径。因太阳风的作用,磁鞘中的磁场会定期衰减导致其难以完全偏转太阳风中的高能带电粒子。磁鞘中的等离子体密度为 20~30 个/cm³,大大高于弓激波但又低于磁层顶,被认为是两者间的过渡区域。在迎向太阳风的一侧,磁鞘距离地心大约 10 个地球半径,而在下风侧因太阳风的压力导致其向磁尾明显延伸,其确切位置与宽度随着太阳活动的强弱而改变。

2.磁层顶

磁层顶是太阳风等离子体与磁层等离子体之间的边界层。这个边界层就像一个屏障,对太阳风粒子的动量和能量输入到磁层的过程进行了控制。磁层顶的位置是由太阳风的动压与地球磁场的磁压相互平衡制约而决定的。在向阳侧,磁层顶可以近似看成一个椭圆面,而地球位于该椭圆面的焦点上。当太阳活动平静时,磁层顶日下点距离约 10~11 个地球半径,在两极可以增加到 12~13 个地球半径。随着太阳活动逐渐增强,太阳风动压随之增加,最多可将磁层顶压缩至距地心 6~7 个地球半径。在背日侧,磁层顶被拉长成半径约为 20 个地球半径的圆柱形。

3.极尖区

磁层顶的超导特性和偶极子场的特性共同产生了高纬磁零点(Q)。从地球表面延伸到磁零点 Q 的单根磁力线称为极尖区(又称极隙区)。极尖区等离子体占据了磁层向阳侧两个漏斗状的区域。极尖区处于高纬地区,在这里磁力线向外延伸,基本上与磁层顶相互垂直,其磁场十分微弱。对于太阳风来讲,极尖区并不是一个屏障,更像是一个漏斗状的通道,太阳风进入极尖区后会沿着磁力线流向地球。高速的带电粒子将在中心磁纬度约 75°狭窄区域中轰击中高层大气。在极尖区,质子和电子的能谱与磁鞘的能

谱相似,部分磁鞘中的等离子体被认为是在磁层顶的中性点附近进入极尖区,其中一部分通过这一区域进入磁层,另一部分沿着磁力线沉降到上层大气。这些粒子可以与磁力线相互作用产生电流,并以热能的形式耗散掉。极尖区充当了一个局部粒子加速器的作用,为非常远的区域提供高能粒子,许多粒子都是在极尖区这个狭窄的通道中获得能量,一部分粒子被加速后,沿着磁力线逃逸成为磁尾所存储粒子的一部分。

4.等离子体幔

一些太阳风粒子被磁尾边界增强的地球磁场所束缚,这些被束缚的等离子体区域即为等离子体幔。等离子体幔与磁层顶相邻,是磁尾与极尖区相连的尾部区域,内部等离子体从磁鞘向磁尾流动,从极尖区一直延伸到整个磁尾边界区域。等离子体幔覆盖了极尖区极侧的高纬磁层,其厚度大约几千米,其中等离子体密度为 $0.01\sim1$ 个$/cm^3$,能量大约为 100 eV,尾向流速度为 $100\sim200$ km/s。等离子体幔中质子的速度约为相邻磁鞘内质子速度的一半,并且平行于磁力线的速度远远低于垂直于磁力线的速度。等离子体幔可以从向阳面磁层顶向磁尾电流片输送动量和质量,影响电流片内部平衡,当行星际磁场长时间保持南向分量时,这种影响极其显著,等离子体幔也会比平常显得更厚一些。

7.2.2 内磁层

内磁层包括等离子体层和辐射带,内磁层中的磁力线是闭合的,包含两种完全不同类型的等离子体。等离子体层中是温度较低的冷等离子体,通常用温度和数密度来描述。在同样的空间区域中,还存在另一类温度较高的等离子体,包含两种非常稀薄的高能粒子,通常用能量通量来描述,这些粒子称为辐射带粒子。在平静时期,这两类等离子体基本不相互作用。

1.等离子体层

等离子体层是电离层向外的延伸,由低能量(~1 eV)且相对高密度(10^3个$/cm^3$)的等离子体构成。这些等离子体来自电离层,与地球共转运动。等离子体层的产生是地球磁场受到太阳风的作用,使得地球磁场的磁力线向后弯曲,在向阳面形成一个包层,而背阳面的磁力线向远处延伸,这样就在地球周围形成一个被太阳风包裹住的、彗尾

磁层中的
等离子体

状的磁层空间(图 7.5)。在近地空间,磁层磁场近似于偶极磁场。在中高纬度的电离层高度($70\sim1\,000$ km),偶极磁场近似位于垂直方向。因此电离层的带电粒子就可能自由地沿着磁力线向上运动,进入较高的磁层区域,并被束缚在地磁场的磁通量管中,沿着闭合的路径漂移。同一根磁通管可以经过几天的时间来重填,经过复杂的过程,最终

形成了高密度的通量管。这些由几个电子伏能量、温度小于 1 eV 的带电粒子围绕地球形成的稠密的、冷的等离子体区域，即等离子体层。

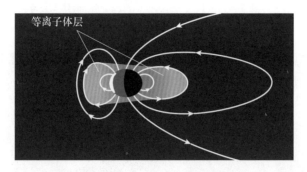

图 7.5　磁场中闭合磁力线区域示意图[4]

等离子体层中的离子成分主要是 H⁺，约占 90%，其次是 He⁺，约占 9%，还有 O⁺，约占 1%。因此，通常认为 H⁺ 和 He⁺ 的密度分布及其变化可以代表整个等离子体层的特征。等离子体层是辐射带与环电流中高能粒子的主要来源，其中低温、高密度的等离子体对于运行于其中的中低轨道航天器有着显著的影响。等离子体层内粒子温度较低，内层粒子的特征能量大约为 0.3 eV。外层的温度相对较高，在等离子体层顶附近粒子的特征能量为 1 eV。在等离子体层外的等离子体槽区，特征能量为 100 eV~100 keV。

20 世纪 60 年代初期，Gringauz(1969)和 Carperter(1968)分别利用地面哨声观测和卫星对地观测发现了等离子体层，并发现这一区域的粒子密度呈现随着高度缓慢下降的趋势，到达 3~5 个地球半径的距离之后，等离子体的密度会突然下降形成一个很陡的边界，即等离子体层顶。当赤道面上的粒子密度在 0.5 个地球半径的距离内下降为原来的 1/5 时，就可以认定到达等离子体层顶的位置了。通常等离子体层顶以内每立方厘米有几百个质子，而在等离子体层顶以外每立方厘米只有几个质子，等离子体层顶的厚度不到一个地球半径。在太阳活动平静时，等离子体层顶距地心 5~6 个地球半径；而当太阳活动剧烈时，等离子体层顶的位置被压缩到 4 个地球半径之内。图 7.5 中绿色区域为等离子体层，表现为一个环向对称的结构，类似于一个"面包圈"，沿着子午线方向的截面与偶极磁场的形状类似。

2.辐射带

地球辐射带位于地球磁层的范围，像一大一小两个汽车轮胎套在地球周围。两个辐射带都是由地球磁场俘获太阳风的带电粒子而形成的，带电粒子主要是质子和电子。辐射带占据了等离子体层的大部分区域，包括内带和外带两个主要部分，离地球较近的辐射带称为内辐射带，较远的称为外辐射带(图 7.6)。辐射带从四面把地球包围起来，而在两极处留下了空隙。内辐射带以高能质子为主,外辐射带以高能电子为主。地球辐射带是 20 世纪 50 年代到 60 年代初,由美国科学家范·艾伦(Van Allen)根据宇宙探测器"探险者" 1 号、3 号和 4 号的观测而发现的,因此地球辐射带也称为范·艾伦辐射带。

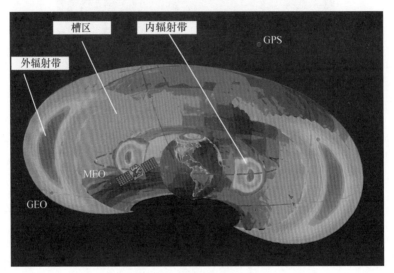

图 7.6　地球辐射带结构[1]

辐射带的形成与地球磁场和太阳活动密切相关。地球磁场集中了大量的高能带电粒子,包括电子、质子和某些重离子。带电粒子在地磁场中的运动情况包含了 3 种运动形式(图 7.7):围绕磁力线的回旋运动、在磁力线南北两个磁共轭点间的往返弹跳运动和在垂直磁力线方向的漂移运动。在内磁层的闭磁力线区域,高能带电粒子被磁场捕

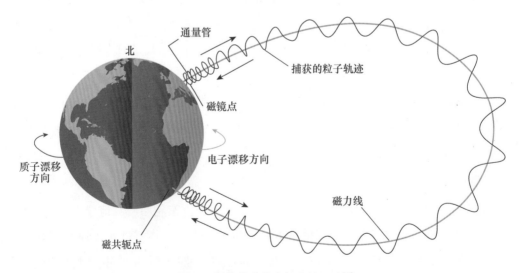

图 7.7　辐射带中带电粒子的运动[2]

获而形成辐射带,粒子一边绕磁力线做回旋运动,一边在南北两个磁共轭点间往返弹跳。同时,地球磁场的梯度和曲率都使正的带电粒子向西漂移,负的带电粒子向东漂移,因此使地球辐射带形成了绕地球的西向环电流。此外,辐射带空间中分布着各种性质各异、频率不同的等离子体波。当这些波与周期运动的能量粒子发生共振相互作用时,就会导致波的增强或衰减以及粒子的加速或损失,从而影响辐射带的动态演化。

内辐射带的中心位置距地心约 1.5 个地球半径,外辐射带的中心位置距地心约在 3~4 个地球半径。内辐射带主要成分是大量的高能质子,能量范围为 0.1~400 MeV,次之为高能的电子,绝大部分电子能量为 0.04~4.0 MeV。此外,还有少量的重粒子。外辐射带主要成分是高能电子,能量范围为 30 keV~10 MeV,而质子的能量很低,通常低于 5 MeV。在南大西洋异常区,由于地球磁场的弱化,因此辐射带在这里距离地面更近,可低至距离地面 200 km。内辐射带的高能质子被认为是由宇宙线反照中子衰变产生的,而内外辐射带电子(高空核爆炸产生的除外)和外辐射带质子都被认为起源于外磁层。高能质子集中在接近地球的内辐射带,而低能质子在赤道面内一直伸展到地球磁层边界。内辐射带高能质子的能谱、通量和空间分布可以看成是近似不变的,它们只有很缓慢地长时间变化。辐射带中被束缚的高能带电粒子,对运行于其中的卫星构成了持续的威胁。例如,高能粒子穿透卫星表皮,沉积到微芯片电子设备中,产生物理破坏或者错误指令。当粒子进入卫星材料时,它们将引起原子位移,在粒子入射区域尾部产生带电原子束流。几乎所有绕地球运行的卫星都依赖太阳能电池板提供能量,而当卫星不断地穿越辐射带时,太阳能电池板性能就会慢慢衰退。南大西洋异常区的磁场相对比较弱,对那些穿越这一区域的低轨道卫星来讲,该问题尤为突出。

通常内外辐射带之间存在一个粒子辐射通量很低的槽区(slot region),平静时位于 2.5 个地球半径附近。一般认为内、外辐射带之间的槽区是近地严重的辐射环境中的一个相对安全区域。这是由于等离子层顶产生的哨声波(频率在几千赫兹到几兆赫兹之间的无线电波,具有非常窄的带宽和相对稳定的频率)在槽区引起很强的散射,因而粒子不容易被捕获,形成了一个低辐射通量的区域。辐射带的槽区曾被看成是非常适合航天器运行的安全区域,被称为安全岛,因此不少航天器选择辐射带的槽区或者槽区边缘作为运行轨道,其中大多数的中轨道卫星(middle earth orbit,MEO),如大量的遥感卫星、通信卫星、导航卫星都运行在此区域。

7.2.3　磁尾

在背阳侧,地球磁场被拉伸到数百个地球半径之外,形成了一个半径约为 20 个地球半径的巨大圆柱形空腔,这个空腔称为磁尾。磁尾是重要的能量储存区域,也是连接太阳风与内磁层的关键因素,太阳风与行星际磁场的剧烈变化不仅会导致磁尾位置形状的改变,也会影响其内部的磁场能量转换。近地磁尾的 3 个主要等离子体区域为:尾瓣、等离子体片边界层及等离子体片(图 7.8)。

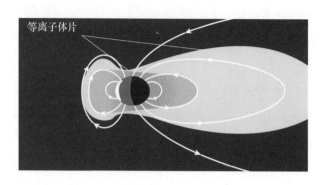

图 7.8　等离子体片[4]

在尾瓣中,等离子体密度很低,基本上小于 0.1 个/cm^3。离子和电子谱的强度也很弱,只有一些很稀少的、能量范围为 5~50 keV 的粒子。在尾瓣中经常会观测到一些来自地球的冷离子,这些离子具有明显的电离层离子的特征。尾瓣一般位于开磁力线上,这一区域的离子流速一般为几百千米每秒,基本上平行或反平行于当地磁场。双向的离子流经常在这里观测到,分别沿着磁力线朝地向或尾向运动,粒子的热能往往小于动能。磁尾的等离子体是动态的,远磁尾的重联将反日向流动的等离子体流注入沿着磁力线地向运动的离子流中,这些离子流在近地强磁场区被镜面反射,又形成了反日向的离子流。这样双向的离子流会产生不稳定性,诱发各种等离子体波动,最终将等离子体流的动能转换为热能,产生了热的、缓慢流动的等离子体片[12]。

等离子体片这一区域也称中心等离子体片,其占据以磁尾中间平面为中心、厚度约为 10 个地球半径的区域,其内边界的地心距离为 5~10 个地球半径。等离子体片是磁层动力学的关键区域之一,也是内磁层与极光高能粒子的源头。等离子体片中的一些现象,如高速流、等离子体涡流等,在磁层-电离层耦合过程中起着重要作用。在等离子体片中的等离子体是热而稀薄的等离子体,数密度为 0.1~1 个/cm^3,比等离子体片边界层略高。电子的能量由几百电子伏到大于 10 keV。这一区域的离子流速比离子热速度小很多,离子的温度基本为电子温度的 7 倍。等离子体片的构成包括两种主要成分:氢离子(大量存在于太阳风和地球上层电离层中)和氧离子(被认为起源于电离层)。电离层起源的氧离子在平静时期处于适中的量级,但是到了磁活跃时期却与氢离子一样丰富。这一结果表明,等离子体片中粒子的构成混合了太阳风和电离层起源的粒子,平静时期主要是太阳风起源的粒子,活跃时期主要是电离层起源的粒子。

等离子片大部分区域位于闭合磁力线上,有时也包含一些等离子体团,也就是不与地球或太阳风磁场相连的闭合的磁通量管。在远磁尾区域,等离子体片变得平坦,在这一区域有一个很薄的中性电流片将等离子体片分开,该处有很高的越尾电流密度与极弱的磁场强度,并在两侧磁场方向反转。在中性片北侧,磁场方向指向太阳。在中性片南侧,磁场方向背离太阳。正是由于这种磁场分布,大大增加了中性片的不稳定性,人们在这一区域经常可以观测到各种磁重联现象的发生,如磁重联释放的能量加速粒子,这些粒子与地球大气相互作用,产生极光现象。

等离子体片边界层则是磁尾瓣和热等离子体片之间的过渡区,它位于闭合磁力线的等离子体片与开放磁力线的磁尾瓣之间,是大多数极光事件的源头,同步轨道卫星有一部分时间在该区域中运行,暴露于热等离子体中。

7.3　磁暴与地磁亚暴

由于太阳风与地球磁场的相互作用,因此磁层中累积的能量经常以激烈的方式耗散掉,从而导致磁层和电离层一系列的活动。根据时间和空间尺度不同,可以将发生在地球磁层和电离层系统中的剧烈扰动分为两种:磁暴与地磁亚暴。磁暴与地磁亚暴都是全球尺度的复杂过程,其表现形式丰富多样。尽管磁暴与地磁亚暴之间存在一定的联系,但在很大程度上二者是相互独立的。本节分别介绍这两种重要现象的物理过程。

7.3.1　磁暴

磁暴是一种剧烈的全球性的地磁扰动现象,是最重要的一种磁扰变化类型。从 1860 年德国地理学家亚历山大·冯·洪堡第一次观测到磁暴变化至今,磁暴一直是地球物理学界热烈讨论的课题,也是地磁和空间物理学中最富挑战性的课题之一。这不仅是因为磁暴对全

磁暴和亚暴
现象

球地磁场形态有重大影响,而且因为磁暴是日地能量耦合链中最重要的环节。此外,由于磁暴对通信系统、电力系统、输油管道、空间飞行器等有着严重影响,所以磁暴研究和预报具有重要的实际应用价值。

地球磁暴以低纬地区磁场水平分量在 1 h 到十几个小时内急剧下降而在随后的几天内恢复为主要特征。一般用 Dst 指数作为磁暴强度的度量,其扰动幅度通常在几十纳特到数百纳特之间。磁暴期间,扰动场主要由赤道环电流引起,磁层顶电流和磁尾电流等也有一定贡献[13-16]。磁暴发生时,所有地磁要素都发生剧烈的变化,其中水平分量(H 分量)在中低纬度地区表现得最为突出,最能代表磁暴过程特点(图 7.9)。所以,磁暴的大部分形态学和统计学特征是依据中低纬度 H 分量的变化得到的。磁暴在全球几

乎同时开始,可分为急始型磁暴和缓始型磁暴。急始型磁暴的典型标志是水平分量突然增加,呈现一种正脉冲变化,变化幅度最大可超过 50 nT,这个变化称为磁暴急始,这个信号被认为是行星际激波的到达。缓始型磁暴起始变化表现为平缓上升然后迅速下降,相应地称为缓始磁暴。

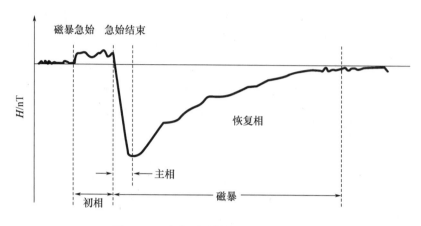

图 7.9 一次典型磁暴的 H 分量变化过程

磁暴开始之后,急始磁场水平分量大致在 1 h 至几小时内保持其增加后的数值,然后下降,水平分量由急始到下降之间的这段时间称为初相(initial phase),持续时间为几十分钟到几个小时[17]。在此阶段,磁场值虽然高于平均值,但扰动变化不大。初相之后,磁场大幅度快速下降,几个小时到半天下降到最低值,并伴随着剧烈的起伏变化,这一个阶段称为主相。主相是磁暴的主要特点,磁暴的大小就是用主相的最低点的幅度来衡量的。磁暴主相期间,主相最低点的值从几十纳特到几百纳特,个别大磁暴可以超过 1 000 nT。主相之后,磁场水平分量逐渐恢复到暴前水平,在此期间磁场仍有扰动起伏,但总扰动强度逐渐减弱,一般需要 2~3 天才能完全恢复平静状态,这一阶段称为恢复相。

1.磁暴分类

为了对磁暴进行分类统计和研究,常常会根据其形态特点或强度大小来对其进行分类。磁暴的强度越强,对人类的影响也就越严重。Dst 指数的最低值通常被用来衡量磁暴的强度,按照 Dst 指数的最低值可以将磁暴分为小、中、大、特大 4 类。

(1)小磁暴(-50 nT<Dst≤ -30 nT)。

小磁暴通常不会对地面技术系统和人类地面活动造成显著影响,对于一些对地球磁场变化敏感的设备,如通信系统、卫星导航系统等,小磁暴可能会引起信号干扰或短暂的故障。

（2）中磁暴（-100 nT <Dst≤ -50 nT）。

中磁暴对通信和卫星导航的影响相对较大，尤其是航天器在高纬度地区和高空飞行中。

（3）大磁暴（-200 nT <Dst≤ -100 nT）。

大磁暴会对地面技术系统和人类地面活动造成影响。由于地球磁场的快速、大幅度变化，大磁暴期间会形成强大感应电流，可能对电网、地下管道、通信电缆等造成严重危害。此外，地磁扰动还会对地磁测量和定向钻井等产生直接影响。

（4）特大磁暴（Dst≤ -200 nT）。

特大磁暴的影响严重。强烈的磁场变化可能导致长距离电力传输系统故障、卫星通信中断等。此外，特大磁暴还会引起卫星姿态控制困难、低轨卫星轨道衰减及卫星脱轨等问题，如 SpaceX 公司的"星链"卫星在 2022 年的一次地磁暴中有数十颗卫星脱轨坠落。

2.磁暴的行星际起源

磁暴的行星际驱动源主要是日冕物质抛射（CME）、共转相互作用区（CIR）和行星际激波等。CME 中的大尺度行星际磁场（IMF）南向分量与地球磁场发生磁重联，使太阳风注入并使磁层对流增强，来自太阳风的离子从磁尾向内磁层对流注入环电流，从而引发磁暴[18-19]。注入的粒子形成西向环电流，导致地球表面的磁场水平分量大幅度下降。随着粒子不断注入，环电流增强并接近某个临界值，注入率等于损失率，环电流增强的这个阶段就是磁暴的主相。当 IMF 减弱或向北旋转时，环电流会停止增强并开始减弱，这时就进入磁暴的恢复相。可见，在磁暴发展过程中，太阳风速度、等离子体密度、行星际磁场南向分量以及它们的持续时间都起着重要的作用。另外，恢复相的影响因素主要为电荷损失机制，包括电荷交换、库仑散射和波粒相互作用等。

共转相互作用区（CIR）是起源于太阳不同源区的高、低速太阳风随太阳自转而相互作用所形成的大尺度行星际结构，通常形成于太阳风速度不同的两个区域相遇时。当较快的太阳风追上较慢的太阳风时，不同流速的太阳风无法穿越彼此，导致它们相互挤压，形成高压区。CIR 携带的阿尔芬扰动（存在于等离子体中的一种沿磁场方向传播的低频横波）持续时间可以达到 1 周，而 IMF 南向分量呈现强度小且时断时续的特征，由此造成的磁暴 Dst 指数变化特征是较弱的主相与持续时间较长的恢复相。地磁活动受到太阳活动的制约，也呈现出 11 年的周期。在太阳活动低年，地磁扰动明显减弱，大磁暴很少出现，多数为中等程度的重现型地球磁暴，由 CIR 引起。共转磁场的南向分量具有强的波动性，磁暴主相较弱并呈现出典型的不规则性。在太阳活动高年，地磁扰动的程度显著增强，大磁暴产生较为频繁。行星际日冕物质抛射（ICME）和激波后的鞘区成为引起地球磁暴的主要行星际源。特别值得注意的是，激波对前方南向磁场的压缩、抛射物前的磁场覆盖、多重磁云等是特大地磁暴（Dst≤-200 nT）产生的主要原因。

7.3.2 热层的磁暴效应

在热层中发生的高层大气暴经常是由 CME 或者高速太阳风撞击地球磁场所导致的。磁暴会给高层大气带来强烈的能量输入,持续几个小时,甚至超过一天。磁暴开始后 1~2 h 就会发生局部热层暴和电离层暴,全球的高层大气响应时间会滞后 2~8 h。

磁暴期间,来自磁层的高能粒子的附加电离可以增强地球高纬度地区的电离层电导率,改变电离层与磁层之间的电流分布。磁层中的对流电场驱动了电离层底部的电流,并使电离层等离子体向更高处运动,部分粒子逃逸到地球磁层空间,甚至更远的地方。这些能量的注入过程驱动了全球热层循环,将使加热区域的热量和分子重新分布,同时能量重新分配过程也会激发本地和全球范围内的一系列波动。

假定磁暴期间加热发生在相当窄的极光带区域,加热区的气体将受热上升。同时,由于温度升高,压力也随着升高,因而驱动气体向赤道方向运动。图 7.10 所示为磁暴期间热层成分变化过程,略去了温度上升引起的膨胀效应。设 N_2 为较重的成分,He 为较轻的成分。图 7.10 给出了大气中 N_2 和 He 两种成分在稳定条件下随高度的分布。其中,水平粗箭头与水平细箭头分别表示上层向着赤道的风和下层的回流。环绕正号的圆圈与环绕负号的圆圈分别表示气体流入和流出,圆圈大小表示体积。在磁暴期间,注入极光椭圆带的热量使大尺度风发展起来。N_2 气体在极光椭圆带内上升,被磁暴时热层风携带到低纬,最后在赤道区下沉。为了满足气流的连续性和质量守恒条件,上层向着赤道的水平风的速度要比下层向着极区的回流风的速度大得多,这样才能补偿 N_2 密度随高度减少引起的物质水平通量的变化(图 7.10(a))。

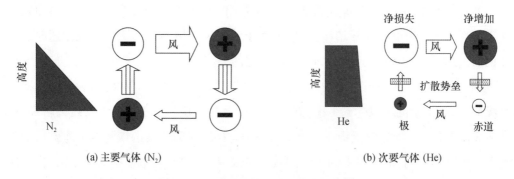

(a) 主要气体 (N_2)　　　　　(b) 次要气体 (He)

图 7.10　磁暴期间热层成分变化过程[1]

较轻的成分 He 可以看成是浸在主要气体 N_2 中,它将随着主要气体一同运动。因为 He 的密度随着高度的增加而减小得慢,在高纬上空由环流的上部被输运走的 He 的总量比环流的下部供给的少得多,所以在高纬区 He 的密度减小了(图 7.10(b))。在赤道区由环流上部供给的 He 总量比由环流下部输运走的 He 总量多得多,因而 He 的密度增加了。由于在高纬区气体上升的面积比近赤道区气体下沉的面积小很多,所以 He 在高纬度的密度减小比在低纬度的密度增加更为明显。

7.3.3　地磁亚暴

地磁亚暴是主要出现在高纬度地区的一种地磁扰动现象。亚暴期间,整个高纬度地区(特别是极光椭圆带)的磁场发生剧烈扰动。磁扰的方向和大小随地点而改变,相距几百千米的两处变化相位可能完全相反,不同经纬度的扰动幅度可以从几十纳特到几百纳特,有时可以超过 1 000 nT。一次亚暴的持续时间从半小时到几个小时不等。地磁亚暴在所有台站上几乎同时开始,但是不同台站磁扰变化的形态和幅度相差很大。描述地磁亚暴变化的地磁活动指数为 AU、AL,AE = AU-AL,AO = (AU+AL)/2,其中 AE 指数是最常使用的地磁亚暴指数。沿极光带选择经度间隔大致均匀的若干地磁台,先从这些台站的水平分量变化中消去平静变化,然后按世界时把这些变化曲线重叠地绘在一起(图 7.11)。水平分量扰动曲线的上、下包络线就是 AU 和 AL(分别为图中红线与蓝线),它们分别表征东、西向电集流的强度。上、下包络线之差是 AE 指数,上、下包络线的平均值是 AO 指数。按照 AE 指数的变化,地磁亚暴过程可分为 3 个阶段:增长相、膨胀相和恢复相。在增长相期间,AE 指数平缓上升,变化不太显著[20]。在紧接着的膨胀相期间,AE 指数急剧变大,并且伴随着剧烈起伏,这是地磁亚暴最主要的阶段。此后,扰动起伏减缓,AE 指数逐渐回落到暴前平静水平,这是地磁亚暴的恢复相。从图 7.11 中可以看出,AE 指数通常可以达到几百纳特。在很强的亚暴事件中,AE 指数甚至可达数千纳特,从而造成极区磁场明显的扰动。图中还显示了在磁场扰动期间 AL 指数通常远大于 AU 指数,这也说明了磁扰期间西向电流的强度大于东向电流。

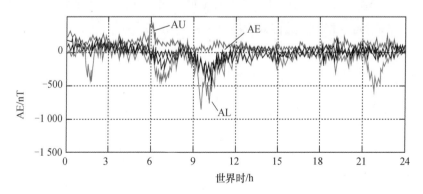

图 7.11　基于地磁台站观测数据生成的 AE、AU、AL 指数

极光来自于磁层-电离层相互作用,是大气中处于激发态的分子和原子发光的总和。极光发光区中的分子和原子的激发态是由沿磁力线沉降的高能粒子(电子和质子)与大气的分子和原子的碰撞产生的。在磁尾的磁重联事件中被加速的粒子会在几个地球半径处,通过沿磁力线的电压变化被进一步加速。当它们到达电离层上边界时,粒子能量会超过几个 keV。极光会出现于南北磁纬 60°~65°附近的高纬区域,通常呈现以磁极为中心的椭圆形分布[21-24]。产生极光的粒子主要是电子,但在特别高能的事件期,质子对局地极光能量也会有很大贡献。

地磁亚暴发生时,极光活动明显加强,特别是亚暴膨胀相的开始正好对应着极光的突然增亮,而亚暴的恢复相对应着极光活动的逐渐减弱。这种极光活动增强事件又称为极光亚暴。在子夜时分附近,原本平静的极光弧会在极光椭圆带赤道侧边缘突然增亮,这一时刻通常称为亚暴的急始。随后,极光活动区迅速扩大,并在空间中形成一个明显的隆起(即极光隆起区)。在极光隆起区,大部分极光弧呈现出明显的幕状褶皱,并在快速运动中逐渐破碎、消亡。与此同时,新的极光弧持续涌现,从而造成隆起区的不断扩张。极光活动西向和极向扩张尤为显著。其中,西向的运动速度可达 1 km/s,行进数千千米,形成壮观的极光西行浪涌(westward traveling surge)。极光活动区快速扩张的过程可持续 30~50 min,这一时段称为地磁亚暴的膨胀相。当极光地磁亚暴膨胀相开始时,人们总能看到 AE 指数的迅速增大和 AL 指数的迅速下降。事实上,在地磁亚暴膨胀相期间,AE 指数可能会出现数次快速上升(对应于 AL 指数的快速下降)。

当极光隆起区达到最大范围并停止扩展时,地磁亚暴膨胀相结束,随即进入恢复相。此时,极光西行浪涌通常已行进至极光椭圆带的傍晚部分,并在这一区域逐渐退化为不规则的结构。东向漂移的极光则往往呈现出脉动的特征,并在持续一段时间后逐渐消亡。极光地磁亚暴的恢复相通常可持续 1~2 h。在地磁亚暴恢复相开始后,随着极光活动的减弱,AE 和 AL 指数也将逐渐恢复平静。由于极光观测常常受气象条件等因素限制而无法获得连续的数据,因此人们也常常使用 AE 或 AL 指数来确定地磁亚暴的膨胀相与恢复相开始时刻。值得注意的是,AL 指数在地磁亚暴膨胀相开始(图 7.12)之前就已进入了缓慢下降阶段。这说明在地磁亚暴急始之前,电离层中的电流已开始缓慢增强。这个 AL 指数逐渐下降的初始阶段称为地磁亚暴的增长相。在增长相期间,极光现象除了偶发的短暂增亮以外,通常并不明显。尽管如此,地磁亚暴增长相仍被视为地磁亚暴发展的一个重要阶段。图 7.12 显示了一个独立的地磁亚暴事件的演化过程(由 AU 和 AL 指数描述),图中下方标注了增长相、膨胀相与恢复相的时间范围。

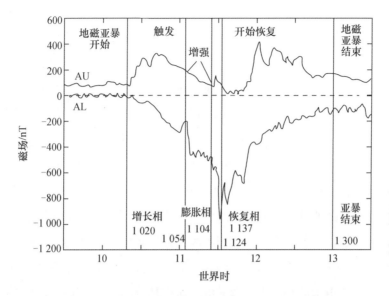

图 7.12　一个独立地磁亚暴事件的 AU 和 AL 指数演化过程

7.4　磁场扰动的影响

地球磁场的剧烈变化会对航天器和一些地面系统造成很大的影响,即地球磁场效应。强烈的地球磁场扰动,如磁暴和地磁亚暴,可以对航天器、地面设备和地球表面环境造成显著影响,包括干扰通信导航设备和电力网络、影响卫星姿态和轨道高度等。

磁场扰动
的影响

7.4.1　磁场扰动与"杀手电子"

在磁暴、地磁亚暴及太阳风条件变化的情况下,同步轨道高度及以下能量大于 0.5 MeV 的电子通量可能会急剧上升。这些高能电子能穿透卫星星体进入深处,引发静电放电造成卫星失效,因此这样的事件被称为"杀手电子事件"(killer electron event)。当太阳爆发产生的大尺度激波撞击地球时,地球磁场会产生大幅度的脉动,导致地球的磁力线振荡,产生超低频波。这些超低频波是驻波,将沿着磁力线运动的电子加速到非常高的速度。这样使得太阳风的能量能够传递给磁层内的"杀手电子"。普通电子加速到杀手电子能量有两种方式,分别与 3~30 kHz 的甚低频(VLF)波和 0.001 7 Hz 的超低频(ULF)波有关[25-27]。两种电磁波都能够加速地球辐射带电子,但是加速过程的时间尺度有所不同。与 VLF 波相比,ULF 波的振幅较大,因此在短时间内后者加速电子的效率更高。在内磁层的等离子体层顶边界层处,VLF 波的加速过程更为重要。

"杀手电子"被束缚在地球外辐射带内。在高速太阳风持续作用期间和 CME 到达地球后一段时间,其通量可能增加 3 个数量级左右。在高速太阳风到达地球时,磁层顶和磁层顶以内的区域受扰动的太阳风速度、密度、磁场影响不断压缩振荡,造成磁层顶日下点和侧边界的 ULF 波传入磁层内。突发的磁暴事件中,ULF 波加速电子的过程可以分为两个步骤。首先,强激波到达地球引起磁场压缩,造成电子加速。其次,在行星际激波到达地球后,地球磁力线很快开始以超低频率剧烈抖动,时变的磁场产生感应电场,将第一步产生的电子加速为"杀手电子"。

另外一种电子加速机制与 VLF 波相关,在黎明侧等离子体层顶处,等离子体不稳定性产生的强烈 VLF 波能够与能量在 100 keV 左右的电子发生共振,造成电子加速。当被 ULF 波初步加速的热电子进入黎明侧等离子体层顶附近区域时,这种 VLF 波加速机制的效率将大大提高。然而在 VLF 波作用过程中电子可能会被散射落入大气层,也就是说 VLF 波在加速电子的同时也会造成电子从被加速的地方消失。

电子加速事件发生时,GEO 卫星和中地球轨道卫星(如 GPS 系列卫星)会突然遭遇大量相对论电子(运动速度接近光速),这些电子的能量足够穿透卫星表面进入卫星内部电子元件,当高能电子进入卫星内部时,它们可能会与卫星的半导体材料相互作用,导致电荷的非正常积累,这种突然的电荷释放可能会引起数据损坏、系统重置或暂时性的功能丧失。在更严重的情况下,如果高能电子的能量足够高,它们可能会引起深层介质充、放电,这是一种更为剧烈的效应,可能导致卫星电子元件的永久性损坏,对卫星部件安全造成严重威胁。

7.4.2 磁场扰动对航天器姿态的影响

磁场对航天器最直接的影响是产生磁干扰力矩,影响航天器姿态。磁场影响航天器姿态的类型有两种:一种是地球磁场与有着导电回路的自旋航天器相互作用,产生感应电流进而引起的阻尼力矩效应,表现为消旋,即航天器的自旋速率下降;另一种是由航天器所具有的剩余磁矩与地球磁场相互作用,产生的磁干扰力矩,表现为航天器自旋轴的进动。

例如,当航天器的剩余磁矩 $\boldsymbol{\mu}$ 为 1 A·m² 时,在 1 000 km 以下的高度上地球磁场强度 $\boldsymbol{B}$ 约为 $3\times10^4 \sim 6\times10^4$ nT,根据磁干扰力矩公式 $\tau = \boldsymbol{\mu} \times \boldsymbol{B}$,该航天器受到的磁干扰力矩为 $3\times10^{-5} \sim 6\times10^{-5}$ N·m。

在磁暴期间,卫星轨道高度上的磁场强度和方向常发生较大扰动,一些利用地球磁场确定旋转轴的卫星就会受到影响,此时需要人为地对卫星姿态进行控制干预。2003年 10 月大磁暴期间,地面控制人员报告了几起卫星无法维持常规操作的故障。磁层顶穿越导致两颗以上的卫星姿态控制系统出现问题,控制人员只得对卫星实施长达 18～24 h 的"人为姿态控制"。美国 1958 年发射的"先锋一号"卫星,由于地球磁场干扰力矩的作用,其自旋速度经过两年时间从 2.7 r/s 降到 0.2 r/s,使卫星的姿态控制和轨道稳定性受到影响。此外,在磁暴期间,地球高层大气会被加热并膨胀,导致低轨航天器受到的大气阻力增加,从而降低其轨道高度。这种轨道高度的降低会使航天器面临更加稠密的大气环境,进一步增加飞行阻力,可能导致轨道衰减速度加快[28-29]。Space X 公司于 2022 年 2 月发射的 49 颗星链卫星,在约 210 km 处遭遇了 Kp 为 5 级的磁暴,使卫星所在区域的大气变暖,密度增加,卫星受到的大气阻力比以往发射时的水平增加 50%,导致多达 40 颗卫星坠入大气层损毁。

除磁力矩效应外,航天器飞行时切割磁力线运动也会产生感生电场。对于像空间站那么大的空间结构及其子系统,它们产生的感生电场很可观,可以超过电源系统的电压水平。在 400 km 高度上,对 10 m 尺度的航天器,可产生 2.5～5 V 的感生电动势[2]。倾角大的轨道要比赤道轨道情形更复杂,在极盖区会有较大的电动势。当然,还与航天器切割磁力线的方向有关。地球磁场在航天应用方面也起到一些正面作用,低轨道上的磁场强度比较稳定,因此可用作测定航天器姿态的一个参考系。利用安装在航天器上的磁强计来测定其相对于磁场的姿态,再根据已知的磁场在空间的方向计算航天器在空间的姿态。

7.4.3　磁场扰动对地面活动的影响

(1)地质勘测。

地球物理学家利用磁测研究地球地表结构。这些研究需要在大陆和海洋进行大面积勘测。时变的磁场经常会掩盖重要的细节,因此需要尽可能避免磁场扰动。在陆地勘测的情况下,通常采用附近的磁强计读数作为基线去除扰动变化。如果是海洋勘测,最好的办法就是避免在地磁扰动期间进行勘测活动。

(2)定向钻探。

在石油勘探和采油工程中,通常需要通过地磁测量来确定方向。深钻工程依赖的磁场数据精度为 0.1°,当地球磁场比较活跃、有几度的变化时,钻探工作就会被迫停止。

(3)电力系统。

在严重的空间天气扰动事件期间,磁层和电离层中的一些电流能够在地面感知到,电场在地面系统中产生驱动电流,称为地磁感应电流(geomagnetically induced current,GIC)。这些快速变化的电流结构在极光带电集流区最强,这是由地球日侧磁场的严重压缩产生的异常电流所引起的。这些时变电流产生次级(内部)磁场,根据法拉第感应定律,时变的磁场在地球表面引起感应电场。GIC 会流过地表上存在的人工导体(管道或电缆),它在地表上和地表下的导电材料中产生感应电流。GIC 感应电场会在电力输送网、石油天然气管线、海底通信电缆、电话电报网络和铁路中成为电压源。受 GIC 的影响,变压器会发生跳闸或过热。

1989 年 3 月 13 日,发生了极为罕见的超大磁暴。极光带通常位于地磁纬度 65°~75°椭圆区域内,但这次磁暴期间墨西哥坎昆这样的南部地区也能够看见极光。地磁变化强度达到 400 nT/min,引起的 GIC 导致 21 GW 的魁北克水电站系统停电 9 h,600 万客户无电可用。在大约 2 min 的时间内,电网中发生了一系列"多米诺效应"。在此次事件中,丹麦地磁观测站记录到了 2 000 nT/min 的地磁扰动。与此同时,瑞典有 7 条高压线路跳闸,核电站转子的温度升高 5 ℃,新泽西一个核电厂的大型升压变压器也受到损坏,无法修复。

思　考　题

1. 解释太阳风是什么,以及它如何影响地球磁层。
2. 讨论磁暴与地磁亚暴的特征及其对地球的影响。
3. 讨论磁暴期间,热层中的气体成分会出现什么样的变化。

本章参考文献

[1] 涂传诒, 宗秋刚, 周煦之. 日地空间物理学-下册-磁层物理[M]. 2 版. 北京: 科学出版社, 2020.

[2] 王劲松, 吕建永. 空间天气[M]. 北京: 气象出版社, 2010.

[3] 焦维新. 空间探测[M]. 北京: 北京大学出版社, 2002.

[4] 德洛丝·尼普. 空间天气及其物理原理[M]. 龚建村, 刘四清, 译. 北京: 科学出版社, 2020.

[5] 涂传诒. 垂直电流对赤道电射流中双流不稳定性的影响[J]. 空间科学学报, 1985, 5: 101.

[6] 涂传诒. 赤道反向电射流中不均匀性的对流放大特性及对某些观测特性的解释[J]. 空间科学学报, 1986, 6: 278.

[7] 徐文耀, 朱岗昆. 我国及邻近地区地磁场的矩谐分析[J]. 地球物理学报, 1984, 27: 511.

［8］朱岗昆. 关于地球物理记录中之潮汐现象及其测定［J］. 地球物理学报，1950，2
　　（1）：74.

［9］刘连光. 磁暴对中国电网的影响［J］. 电网与水力发电进展，2008，24（5）：1-6.

［10］曹晋滨. 太阳风暴及其对人类社会活动的影响［J］. 航天器环境工程，2012，29
　　（3）：237-242.

［11］曹晋滨. 卫星低频电磁辐射在轨探测研究［J］. 中国科学，2009，39（9）：
　　1544-1550.

［12］AKASOFU S I，HONES E W J，BAME S J，et al. Magnetotail and boundary layer
　　plasmas at a geocentric distance of −18 Re：Vela 5 and 6 observations［J］. Journal of
　　geophysical research，1973，78（31）：7257-7274.

［13］COLPITTS C A，HAKIMI S，CATTELL C A，et al. Simultaneous ground and satellite
　　observations of discrete auroral arcs，substorm aurora，and Alfvénic aurora with FAST
　　and THEMIS GBO［J］. Journal of geophysical research：space physics，2013，118
　　（11）：6998-7010.

［14］DANILOV A D，LASTOVKA J. Effects of geomagnetic storms on the ionosphere and
　　atmosphere［J］. International journal of geomagnetism and aeronomy，2001，2（3）：
　　209-224.

［15］DRAKE J F，SWISDAK M，CATTELL C，et al. Formation of electron holes and particle
　　energization during magnetic reconnection［J］. Science，2003，299（5608）：873-877.

［16］Elsasser W M. 1946. Induction effects in terrestrial magnetism part I. Theory［J］.
　　Physical review，1964，69（3/4）：106-116.

［17］LIU L B，WAN W X，LEE C C，et al.The low latitude ionospheric effects of the April
　　2000 magnetic storm near the longitude 120°E［J］. Earth，planets and space，2004，56
　　（6）：607-612.

［18］MEAD G D，BEARD D B.Shape of the geomagnetic field solar wind boundary［J］.
　　Journal of geophysical research，1964，69（7）：1169-1179.

［19］MOLDWIN M. An introduction to space weather［M］. Cambridge：Cambridge University
　　Press，2008.

［20］World Data Center for Geomagnetism，Kyoto. Geomagnetic AE Index Data［EB/OL］.
　　（n.d.）. https：//wdc.kugi.kyoto-u.ac.jp/aedir/ae2/onAEindex.html.

［21］O'BRIEN T P，MOLDWIN M B.Empirical plasmapause models from magnetic indices
　　［J］. Geophysical research letters，2003，30（4）：1152.

［22］PARKER E N. Dynamics of the interplanetary gas and magnetic fields［J］. Astrophysical journal, 1958, 128: 664-676.

［23］QIEROSET M, PHAN T D, FUJIMOTO M, et al. In situ detection of collisionless reconnection in the Earth's magnetotail［J］. Nature, 2001, 412(6845): 414-417.

［24］ROEDERER J G, ZHANG H. Dynamics of magnetically trapped particles［J］. Astrophysics and Space Science Library, 2014, 403: 89-122.

［25］TREUMANN R A, JAROSCHEK C H, NAKAMURA R, et al. The role of the Hall effect in collisionless magnetic reconnection［J］. Advances in space research, 2006, 38 (1): 101-111.

［26］TSYGANENKO N. Modeling the earth's magnetospheric magnetic field confined within a realistic magnetopause［J］. Journal of geophysical research: space physics, 1995, 100 (A4): 5599-5612.

［27］WAN W, LIU L, PI X, et al. Wavenumber-4 patterns of the total electron content over the low latitude ionosphere［J］. Geophysical research letters, 2008, 35: L12104.

［28］ZHANG J, DERE K P, HOWARD R A, et al. Identification of solar sources of major geomagnetic storms between 1996 and 2000［J］. Astrophysical journal, 2003, 582(1): 520-533.

［29］ZONG Q G, ZHANG H. In situ detection of the electron diffusion region of collisionless magnetic reconnection at the high-latitude magnetopause［J］. Earth and planetary physics, 2018, 2(3): 1-7.

第8章 地球电离层环境

基本概念

总电子含量、电离层暴、电离层行扰、电离层极盖吸收、电离层闪烁、突发电离层骚扰

基本定理

电离层高度分布

电离层（ionosphere）是指地球上从约 60 km 高度到超过 1 000 km 高度的被电离的大气所在的区域[1]。地球电离层作为近地大气和外层空间连接的纽带，与热层及磁层存在着强烈的耦合，使得地球空间环境成为一个复杂的开放式系统。因此，电离层处在空间天气研究的关键环节，是空间物理的重要研究对象，也是空间物理由基础研究向相关应用研究转化的主要内容之一。电离层与中高层大气区域是人类空间活动的最主要的活动场所，是载人航天的运行环境，也是大多数人造卫星、航天器运行或穿越的区域。电离层作为地对空通信和远距离地面通信的主要传输介质，其等离子体性质对通过电离层传播的短波通信的最高频率和最低频率具有重要作用。此外，它还对使用无线电的地面到卫星链路的通信，以及卫星导航、定位和时间同步的精确度产生重要的影响。

本章 8.1 节介绍电离层的形成与结构；8.2 节介绍电离层扰动；8.3 节介绍突发电离层骚扰对电波信号传播的影响。

8.1 电离层的形成与结构

在电离层的特定高度区域流动着电流，这些电离层电流的磁效应对地球和近地空间的地磁环境产生着重要的影响。人们起初不知道电离层的存在，首先在地面磁现象中观察到了电离层电流的磁效应，进而猜测在地球高层大气中存在电流，并认为是这些变化的高空电流导致了地面上变化的磁现象。1901 年，马可尼成功实现著名的横跨大西洋的无线电通信，随后人们提出了电离层的概念，并在 1925 年通过

电离层的定义
和分层结构

实验证实了电离层的存在。

8.1.1 电离层的形成

电离层是地球高层大气被电离的部分,在白天和夜间呈现出不同的状态和特性。

在白天,电离层受太阳极紫外线和 X 射线的电离作用,电子从一部分热层中性粒子中脱离出来,释放成为自由电子。失去电子的中性粒子变成了离子(电离产生的这些离子又称为初级离子),形成等离子体。在电离层较低高度,气体分子碰撞频繁,电离产生的初级离子直接与自由电子复合,重新变成中性分子或原子;或者参与其他的化学过程,如原子氧(O)可以与初级离子反应形成次级离子 NO^+,并最终与自由电子复合。随着白天太阳电离过程的持续进行,电子的数目增加很快,同时复合过程的速率也随之变快(复合速率和电子数密度的平方成正比)。当电子的产生速率与复合速率相等时,二者达到动态平衡。在电离层高度较低的部分,中性粒子以中性分子成分 O_2 和 N_2 为主。

电离层形成原理

在夜间,失去了太阳的电离作用,快速的复合过程使得电子数目显著减少,电离层下边界就会上移。随着高度的增加,大气密度呈指数规律下降,分子间的碰撞也随之减少;大气成分也由 O_2、N_2 和 O 共存,逐渐过渡到以 O 为主要成分,O_2 和 N_2 为次要成分。这样,电子和离子在复合前可以存活很长时间。因此,在电离层高度较高的部分(如顶部电离层),电子和离子的异地迁移(又称输运过程)成为改变局部电子数密度的主要因素,中性粒子电离以及离子与电子复合则不再是决定电离层成分的关键因素[1-3]。

电离层中的
带电粒子

8.1.2 电离层的高度分布

电离层在高度上存在着清楚的分层特征,图 8.1 所示为电离层结构。根据白天电子浓度的高度分布特征,电离层由下向上依次划分为 D 层、E 层、F 层(有时 F 层又进一步区分为 F_1 和 F_2 层)和顶部电离层[1]。

(1)D 层。

D 层位于 60~90 km,是电离层的最底层。D 层主要由太阳强度所

电离层变化规律

控制,X 射线辐射($\lambda<1.0$ nm)会引起大气气体电离,其影响在当地时正午和夏季最强,此时阳光入射角高。日落后,随着电子和离子复合增强,D 层迅速消失。大部分的 O_2^+ 和负离子位于 D 层。负离子形成是由额外的电子暂时附着于原子或分子所致。在太阳活动极大年,D 层电子密度会增大[4]。

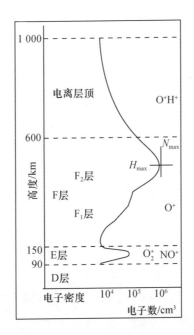

图 8.1　电离层结构

（2）E 层。

E 层位于 90 ~ 140 km，电子浓度在 10^3 ~ 10^5 cm^{-3} 数量级，E 层电子浓度较高的区域在 110 ~ 120 km。离子成分主要为 NO^+ 和 O_2^+，有规律地随太阳天顶角（地方时和季节变化）和太阳活动变化。E 层是电离层电流的主要流经通道。在常规 E 层以外，偶尔可以见到"偶发 E 层"（SporadicE，E_s 层）。E_s 层的电子浓度可以远高于常规 E 层。我国上空 E_s 层频繁出现，处在 E_s 层出现率的"远东异常"区。

（3）F 层。

F 层高度为 140 ~ 500 km，太阳 X 射线和极紫外辐射会电离出氧原子和氮原子。电子密度在 F 层达到最大，在 10^5 ~ 10^6 cm^{-3} 数量级。白天 F 层可能出现 F_1 和 F_2 两个层。F_1 层的出现依赖于位置、季节、地方时和太阳活动性等因素，在一个太阳活动周中太阳活动低年易出现，一年之中以夏季最为明显，一天之中正午最易发生。离子成分在 F_1 层以 NO^+ 和 O_2^+ 为主，在 F_2 层以 O_2^+ 为主。F 层电子浓度高，其厚度比其他层大很多，因此 F 层是表征整个电离层基本特性的重要区域。F 层电子浓度的变化随季节和昼夜的变化十分明显，但不规则，是"赤道异常""冬季异常"等电离层"异常"现象易出现的层级。

（4）顶部电离层。

顶部电离层高度为 500 ~ 1 000 km，在 F 层峰高以上是峰上电离层，又称顶部电离层。这一区域中，随着高度的增加，电离层的离子成分由 O^+ 占绝对多数，逐渐过渡到以

H⁺为主。O⁺和H⁺数量相当的高度,即上过渡高度大约在1 000 km处,确定了电离层的上边界。上过渡高度主要依赖于所处地的太阳活动水平,在太阳活动低年低,在太阳活动高年高。在更高的空间区域是等离子体层和由地球磁场所支配的磁层。

8.1.3 电离层纬度分布

电离层的空间结构特征对导航定位、无线通信等性能具有重要影响。电离层的总电子含量(total electron content, TEC)是指在单位面积上(1 m²)垂直通过电离层的自由电子的总数,用来描述电离层形态、结构和变化的重要参数,它通常用于无线电通信、卫星导航等领域,单位是 TECU,1 TECU 等于 1×10^{16} 电子$/m^2$。电离层的总电子含量和电子密度剖面等观测资料在反演过程中通常假设局域水平均匀,但实际上除了高度分布差异外,电离层纬度分布也有复杂的空间结构[1]。

极盖区电离层(南北纬75°~90°)通常受太阳风直接影响。太阳风粒子与中性原子和分子碰撞并将其电离。在极区电离层里,等离子体的密度改变是由太阳极紫外辐射、沉降粒子电离,以及较低纬度等离子体运动的变化所致[2]。

太阳辐射与大气的激烈碰撞激发极光,极光出现在以地磁极为中心的环带状区域内,该区域称为极光卵[5]。在极光卵内部的磁极附近区域会经历电子密度的季节性极端变化。在夏季,电离层分层通常是清晰存在的。在冬天,低热层缺乏太阳辐射形成了一个电子密度非常低的区域——极区空洞(polar hole)。偶尔从极隙区(图8.2(a))进入的粒子流能量够高,在黑暗的情况下也能增强极区电离层。极隙区充当了一个局地粒子加速器的作用,为非常远的区域提供高能粒子。许多粒子都是在极隙区这个狭窄的通道中获得能量。一些粒子被加速之后,沿着磁力线逃逸,成为磁尾所存储粒子的一部分[2,5]。

磁零点区域允许磁鞘中的太阳风粒子进入极隙区,该区域的热等离子体和高温等离子体来源于太阳风和地球的电离层。等离子体片粒子存在于向日面被压缩的磁层及背阳面磁尾中,能够进入极光带(图8.2(b))。

高纬度电离层最显著的特性是极光。随着磁层能量状态的变化,极光卵区域会膨胀和收缩。极光来自于磁层-电离层相互作用。在磁尾的磁重联事件中被加速的粒子会在几个地球半径处,通过沿磁力线的电压变化被进一步加速。当它们到达电离层上边界时,粒子能量会超过几个keV。极光会出现于南北磁纬60°~65°附近的高纬区域,通常呈现以磁极为中心的椭圆形分布。产生极光的粒子主要是电子,但在特别高能的事件期,质子对局地极光能量也会有很大贡献[6-7]。

赤道电离层(equatorial ionosphere)(南北纬0°~30°)通常呈现出等离子体喷泉效应

 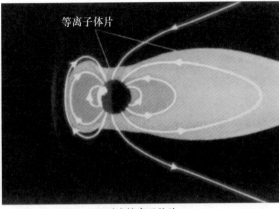

(a)极隙区　　　　　　　　　　　(b)等离子体片

图 8.2　地球与太阳风和磁尾相连的区域

注:图片来源于美国大学大气研究联盟的 COMET 项目

(plasma fountain effect)。等离子体喷泉效应[8]是指在电离层中,由于电场和磁场的相互作用,导致等离子体沿着磁场线从赤道向两极方向运动的现象。这个效应在电离层的赤道区域尤为显著,在这里东西方向的电场与赤道磁场相结合,向上抬升电离层等离子体。被抬升的等离子体在重力和压强梯度的作用下,沿磁力线向两极扩散,在磁赤道两侧堆积形成双驼峰结构,这个过程称为赤道喷泉效应,能产生强烈的电子密度梯度,这些梯度会显著地干扰某些类型的通信和导航信号。当太阳恰好过顶时,因其强烈的辐射,电子密度达到峰值。

8.2　电离层扰动

　　电离层受到太阳极紫外辐射的影响,造成了电离层电子密度的日变化、纬度变化、季节变化及随太阳活动 11 年周期的变化。热层风通过碰撞也使电离层等离子体沿着磁场线传输,从而抬升或降低电离层。因此太阳活动、地球磁场及大气层动态过程等原因,会对电离层产生显著的影响,形成电离层暴(ionospheric storm, IS)、电离层行扰

电离层扰动

(traveling ionospheric disturbances, TID)、电离层闪烁(ionospheric scintillation, IS)和突发电离层骚扰(sudden ionospheric disturbances, SID)等现象。这些现象虽然在触发机制上各有不同,但它们在电离层中的表现是相互关联的。例如,电离层暴和 SID 直接与太阳活动相关,而电离层闪烁可能与由 TID 引起的电离层不规则性有关。这些现象的相互作用和影响,构成了电离层动态变化的一部分,对无线电通信和空间天气预测具有重要

的影响。

8.2.1 电离层暴

在磁暴期间电离层受到强烈扰动,称为电离层暴。地球磁暴在高纬沉积能量产生大气波动,改变热层风结构和成分。电子密度的减少和增加都会发生。这些变化会阻碍高频(HF)和卫星通信,降低卫星导航的精度。电离层电子浓度主要集中在 F_2 层高度,磁暴期间 F_2 层临界频率 f_{0F_2} 的变化显著,所以有时电离层暴特指 F_2 层暴。F_2 层临界频率 f_{0F_2} 是指电波垂直入射到 F_2 层并能反射回来的最大电波频率[9],与电离层的电子密度直接相关。考察电离层的暴时特征,需要扣除电离层平静日的变化。以磁暴前 1 天或前 5 天按地方时平均的 F_2 层临界频率 f_{0F_2} 为参考,如果 f_{0F_2} 暴时值显著增大,称为电离层正相暴,简称为正相暴;反之,如 f_{0F_2} 暴时值显著减小,则称为电离层负相暴,简称为负相暴。

电离层暴存在明显的经纬度差异和南北半球不对称性。负相暴多出现在高纬度和中纬度地区,在特大磁暴时也能渗透到低纬度,甚至赤道地区;正相暴易出现在赤道和低纬度地区。正相暴和负相暴占优的区域大约在±30°纬度附近发生交替。

在同一次磁暴期间,不同经度扇区上空电离层的扰动特征可能大不相同,在某个扇区出现正相暴,而在另一个扇区可能出现很强的负相暴。从统计上来看,与亚洲和欧洲扇区相比,美洲扇区白天更易发生正相暴。电离层暴的季节依赖性还表现在南北半球的差异上:在南半球冬季,电离层扰动表现为正相,而北半球则表现为负相;在夏季,两半球扰动均为负相。总体来说,负相暴多出现在夏季,可以从高纬度传播到比冬季更低的纬度;冬季易于在中低纬度地区观测到大的正相暴[2,10-11]。

8.2.2 电离层行扰

另外一种更瞬变的跨纬度电离层扰动形式是 TID,反映在 F_2 层峰值电子密度和 TEC 的增加,常常是由大气层行扰(traveling atmospheric disturbances,TAD)引起的。

TAD 是地球大气中的一种波动现象,磁暴期间它们通常在高纬度电离层产生,并向低纬度传播。TAD 与 TID 紧密相关,TAD 可以影响电离层的电子密度分布,从而激发 TID[12]。

TAD 中的中性气体运动会驱使电离层等离子体运动,使等离子体位移,引起 TID,这些扰动表现为电离层中出现行波(traveling waves)。行波是指在空间上移动的波动现象,它们可以在大气层和电离层中传播,并携带能量和动量。它们能够严重影响高频无线电通信、监视和传播。

大尺度 TID 在极光区产生,波峰间距离(波长)有 1 000 km,甚至更多,经常以 300~600 m/s 的速度从极区向赤道移动。大尺度 TID 会导致约 20% 的 TEC 变化。中等和小尺度的 TID,波长为几百千米,由雷暴、冷锋面、飓风、晨昏交界处电离层电导率变化、地震和海啸等引起,这些小尺度结构造成的 TEC 扰动经常在 10%,或者更少。TID 可在气辉图像和高频雷达的观测中看到。

8.2.3　电离层极盖吸收

太阳质子事件(SPE)会影响极区电离层。在太阳质子事件中,主要粒子是能量范围在 MeV 的质子,但也存在通量较低的重离子(如不同电荷态的 He、Fe、O)和电子。太阳质子事件使得高纬(VHF)通信线路产生较大的信号损失。在低高度增加的电离也使得低频和低纬(VLF)无线电信号的相位和振幅产生突然扰动。信号损失或吸收会在电离层探测设备中产生信号中断,这些事件称为极盖吸收(polar cap absorption,PCA)事件[13]。

PCA 事件源自快速 CME 对其周围一小部分日冕或太阳风粒子的加速,粒子速度会增加到相当于部分光速,一些太阳耀斑也会加速到达地球的粒子。粒子被地球极区几乎垂直的磁场线捕获,穿透进入极区的 D 层。质子沿着极盖区开放的磁场线进入电离层,因为能量较高,它们还可以穿过闭合磁场线进入极光区,扰动可以扩展到纬度 65°。在这些事件中,无线电传输的最低可用频率(LUF)超过了跨电离层的传输频率。在这种情况下,无法利用 E 层和 F 层来进行无线电通信。

8.2.4　电离层闪烁

受外来因素(如中性风、电场等)的影响,电离层会产生不稳定现象——不规则体,电离层中不规则体的产生和发展,造成了穿越其中的电波散射,使电磁能量在时空中重新分布,引起电波信号幅度、相位、到达角和极化状态等短期的不规则的变化。这种由不规则结构引起的电波振幅、相位以及偏振方向等快速随机起伏的现象称为电离层闪烁[1-2,14]。典型的电离层不规则体包括偶发 E 层(E_s)、扩展 F 层(spread F)等。

E_s 层的电离增强层结构不定时出现,覆盖数百或数千万平方千米。这一电离增强层很薄,通常表现为半透明性质,能在一个很宽的频率范围内反射电波,但是也有部分电波可以透射过去,并被其上的电离层反射回来。关于 E_s 的形成机制至今尚未被完全认识。通常认为,中纬度 E_s 的生成与中性风剪切有密切的关系。在磁赤道附近观测到一种与赤道电集流(equatorial electrojet,EEJ)有关的 E_s,赤道电集流是电离层中的一种现象,它是一种沿着地球磁赤道的电流,通常在白天形成,并且主要集中在电离层的 E

层。这种现象与赤道附近的特殊电场和中性风的相互作用有关。赤道电集流的形成与多种因素有关,包括太阳辐射、电离层的电导率,以及中性风等。在磁赤道附近,由于太阳辐射的加热作用,电离层的等离子体会受到向上的力,同时由于地球的自转和磁场的作用,会在赤道附近形成东西向的电流,这就是赤道电集流。这种电流可以沿着磁力线排列,形成一种特殊的电离层不规则结构。

与 E_s 不同,扩展 F 层是根据观测形态命名的。当扩展 F 存在时,在电离层 F 区高度范围内电离层不是稳定的层状,而是存在一些精细结构,它们对入射的电波造成了漫反射。秘鲁非相干散射雷达观测到赤道区电离层在夜间有密度极低的空腔结构,此结构犹如气泡,一般由 F 层底部逐渐向上,穿过 F_2 层峰进入顶部,同时在空腔周围逐渐发展出羽毛状的不规则结构,这种结构称为上升的等离子体泡。卫星搭载传感器探测顶部电离层表明,这种扩展 F 层经常上升到 F_2 层峰以上,并且沿磁力线延伸,形成大尺度的不规则结构与等离子体泡。

电离层闪烁常会导致地面接收机接收到的电波信号严重衰落与畸变。振幅闪烁能够导致信号的衰落,最大可达 20 dB 以上。当信号的衰落幅度超过接收系统的冗余度和动态范围时,可以造成卫星出现通信障碍和误码率的增加。因电离层不规则结构的影响,电波折射指数也产生随机性的起伏,使电波信号传播路径发生改变,引发多路径效应和降低卫星的导航精度。随着全球范围的导航和通信系统对空间平台的依赖日益增强,监测并预报电离层闪烁对通信系统的影响,成为人们关注的重要问题。通过对电离层闪烁的监测与分析,可为电离层闪烁频繁发生地区的通信系统的设计提供参考参数,并给研究引起闪烁的电离层不规则体的形成和演变提供实验数据。

8.2.5 突发电离层骚扰

太阳耀斑期间,太阳活动区爆发的极紫外辐射(EUV)和 X 射线辐射,在地球向日面电离层的各个高度上造成大气中性成分额外的电离,使电离层各个高度的电子浓度增加,这对电波传播产生重要影响,称为突发电离层骚扰[15]。这些电离层骚扰现象包括短波衰减(short wave fadeout,SWF)、宇宙噪声突然吸收(sudden cosmic noise absorption,SCNA)、突然相位异常(sudden phase anomaly,SPA)、突然频率偏移(sudden frequency deviation,SFD)、突然天电增强(sudden enhancement of atmospherics,SEA)、电离层电子浓度总含量突然增强(sudden increase in total electron content,SITEC)等[1-2]。

一般认为,不同的 SID 现象对应电离层不同高度区域上的电子浓度变化(如 SWF、SCNA、SPA 等),主要是因为 D 区和 E 区电离层较低高度上电子浓度的突然增加,是 D 区和 E 区的耀斑效应;SFD 和 SITEC 则被认为主要是 F 区的耀斑效应。在电离层对耀斑响应方面,SITEC 是一个重要现象,常以耀斑引起的 TEC 增量和 TEC 变化率的增量来表征 SITEC 现象的强弱。

X 射线耀斑等级、耀斑日面位置都与 SITEC 现象的强弱有着一定的正相关,不同的太阳耀斑 X 射线级别对应着强度不同的 X 射线辐射通量和极紫外辐射通量,季节和耀斑持续时间也影响 SITEC 现象:耀斑持续时间越长,SITEC 现象越微弱,但当耀斑持续时间继续延长时,SITEC 现象的强弱逐渐趋于不变。当耀斑 X 射线级别小于 X2.0,且耀斑持续时间大于 0.5 h 以及耀斑日面位置距中线经度角大于 80°时,耀斑事件往往不会产生显著的 SITEC 效应。

8.3　突发电离层骚扰对电波信号传播的影响

电离层最重要的空间环境效应是对信号传播的影响,随着电离层结构和组成的变化,信号传播明显波动。电离层主要受到太阳活动的影响,图 8.3 表明这些影响何时达到和持续多长时间。太阳上的强磁场重联事件会产生强烈的太阳耀斑和快速的 CME。当太阳朝向地球时,这些快速的 CME 产生激波,沿着连接地球方向的磁力线加速高能粒子,高能粒子轰击电离层中的中性气体与等离子体,从而改变其组成结构。太阳活动越强、爆发事件越朝向地球,对地球电波信号和系统的

电离层突然骚扰
对信号传播的影响

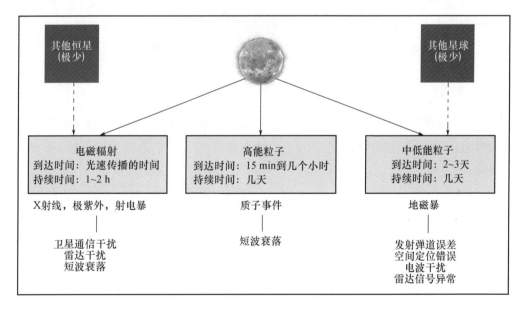

图 8.3　太阳爆发事件引起的辐射以及对电波信号的影响

注:美国空军气象局供图

影响越大。空间环境对电波信号和电波发射接收系统的影响几乎与太阳上磁重联引起的耀斑同时发生。其他的影响有的延迟几个小时或几天。来自耀斑的 X 射线、可见光和太阳射电辐射以光速传播,大约 8 min 20 s 后到达地球。耀斑引起的电波效应一般包括突发电离层骚扰、突然信号增强和突然相位异常。

8.3.1　突发电离层骚扰对低频系统的影响

低频系统通常指的是在甚低频(VLF)和低频(LF)波段工作的无线电通信系统。这些系统的频率范围一般在几千赫兹到几百千赫兹之间,主要用于导航和通信。在突发电离层骚扰发生时,穿过电离层的电波会因 D 区电离增强而被吸收,导致信号的能量转化为电子的随机运动,表现为热量。在太阳耀斑期间,地球向日面的 D 区反射率上升,闪电脉冲在波导中的传播效率提高,从而引发天电的突然增强现象(SEA)。与 SEA 现象相似,也会发生信号的突然增强(suddenen hancement of signal,SES),但其信号源来自另一台电波发射器。在太阳耀斑期间,远距离发射的甚低频(VLF)信号会增强,这使得观测者能够利用 SEA 监测太阳耀斑活动。通过监测低频接收机接收到的噪声信号强度,便可分析太阳耀斑事件的强度。突然相位异常(sudden phase anomaly/advance,SPA)是指远距离低频和甚低频信号的相位发生突变。当太阳耀斑导致 D 区电离增加时,反射层的高度会降低,导致地球与电离层之间的传输路径缩短,从而使接收到的信号相位发生变化,形成 SPA。

稳定的 D 区可以让地基导航系统计算出准确的位置信息。例如,罗兰–C 发射的信号频率约为 100 kHz,接收装置则可以利用低频信号相位来计算位置。

8.3.2　突发电离层骚扰对高频系统的影响

高频系统通常是工作在高频波段的无线电通信系统,这个频段的频率范围一般在 3~30 MHz。高频系统利用电离层的反射特性来实现远距离通信,能够覆盖数千千米的距离。

电波频段中的高频部分主要受到 SID 导致的短波衰落和突然频率偏移的影响。长距离的高频通信常常利用电波在电离层 F 区的折射实现,高频电波信号在电离层 F 区反射后朝向地球表面传播,信号会被接收或在地面再次反射回到电离层。当 D 区阻止高频电波信号到达 F 区或者返回到地面时,就会发生短波衰落(SWF)现象。

如果发生较大太阳耀斑事件,使 D 区电离增强,高频信号在其传播路径上会被吸收,结果引起向日面高频信号强度削减,使该地区的最低可用频率(LUF)升高。

图 8.4 所示为高频电波传播窗口,图中显示了能够允许高频无线电波有效传播的频

率范围。在进行无线电通信时,为了确保信号能够有效地在发送方和接收方之间传播,需要选择一个合适的频率。这个合适的频率应该在最低可用频率(LUF)和最高可用频率(MUF)之间,高频电波是可用于发射和接收之间传播的电波频率。最佳传输频率(frequency of optimum transmission,FOT)是在给定的时间和路径上能够提供最可信赖通信的频率。例如,在 12 时前,用户需要将电波频率设定在 LUF(4 MHz)和 MUF(8 MHz)之间,以维持有效的通信。

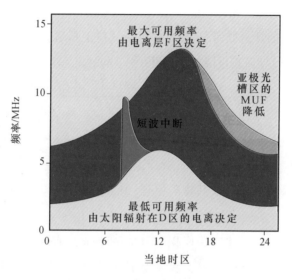

图 8.4　高频电波传播窗口

偶尔 SWF 引起 LUF 增大甚至大于 MUF。高频电波传播窗口完全关闭,如图 8.4 中早晨时段的情况,其结果是完全的短波衰落(中断)。在整个太阳耀斑事件期间,短波中断会持续影响地球向日面的高频电波传播。

8.3.3　突发电离层骚扰对甚高频、特高频、超高频和极高频系统的影响

甚高频(VHF)频率范围为 30~300 MHz,特高频(UHF)频率范围为 300~3 GHz,超高频(SHF)频率范围为 3~30 GHz,极高频(EHF)频率范围为 30~300 GHz,在这一范围的信号主要通过直射传播,但电离层的扰动可能会影响其传播路径,尤其是在大气层扰动较为剧烈时。SID 也会对这些频率信号产生影响,这些频段的电波信号会穿过电离层进入宇宙空间,由于 D 区增强对信号的吸收作用,因此 D 层越厚、密度越高,就越会阻碍信号指令在地面和航天器之间传播。

思 考 题

1.请分析突发电离层骚扰(SID)现象如何影响地面接收机接收的电波信号,并讨论这种影响对长距离短波通信的潜在影响。

2.请探讨太阳活动如何影响电离层的高度分布和纬度分布,并解释这些变化如何进一步影响通信和导航系统。

3.请分析电离层闪烁是如何产生的,并讨论其对卫星通信系统的具体影响,包括信号衰落、多路径效应及导航精度降低等问题。

本章参考文献

[1]王劲松,吕建永.空间天气[M].北京:气象出版社,2010.

[2]德洛丝·尼普.空间天气及其物理原理[M].龚建村,刘四清,译.北京:科学出版社,2020.

[3]YUAN J J, ZHOU S S, TANG C P, et al. Influence of solar activity on precise orbit prediction of LEO satellites[J]. 天文和天体物理学研究(英文版),2023,23(4):58-67.

[4]冯建迪.电离层时变特性分析及其经验模型建立方法[M].北京:冶金工业出版社,2020.

[5]熊年禄,唐存琛,李行健.电离层物理概论[M].武汉:武汉大学出版社,1999.

[6]史建魁,叶永烜.空间物理学进展 第七卷[M].北京:科学出版社,2019.

[7]LIANG J, DONOVAN E, GILLIES D, et al. Proton auroras during the transitional stage of substorm onset[J]. Earth, planets and space, 2018, 70:1-22.

[8]胡坤,蔡红涛,谷骏,等.赤道电离异常特征参量地方时梯度的日变化特征——Swarm卫星观测[J].地球物理学报,2020,63(1):47-56.

[9]程建全,杨育红,辛刚.国际参考电离层关键输入参数计算及应用[J].信息工程大学学报,2011,12(1):55-59,66.

[10]姚宜斌,高鑫.GNSS电离层监测研究进展与展望[J].武汉大学学报(信息科学版)2022,47(10):1728-1739.

[11]王劲松,肖佐.中纬电离层暴负相开始时间与磁暴主相开始时间的对应关系[J].空间科学学报,1994,14(3):191-197.

［12］谢锐，万显荣，洪丽娜，等. 电离层行进式扰动对外辐射源天地波雷达系统的影响
　　　［J］. 电波科学学报，2014，29（6）：1098-1104.

［13］MICHEL F C，DESSLER A J. Physical significance of inhomogeneities in polar cap
　　　absorption events［J］. Journal of geophysical research，1965，70（17）：4305-4311.

［14］VASYLYEV D，BÉNIGUEL Y，VOLKER W，et al.Modeling of ionospheric scintillation
　　　［J］. Journal of space weather and space climate，2022，12：22.

［15］SEN A，PAL S，MONDAL S K. Mid−latitude ionospheric disturbances during the major
　　　sudden stratospheric warming event of 2018 observed by sub－ionospheric VLF/LF
　　　signals［J］. Advances in space research，2024，73（1）：767-779.

第 9 章　地球中高层大气环境

基本概念

中高层大气结构、中高层大气风场和密度、中高层大气扰动

基本定理

重力波传播原理、行星波传播原理、航天器轨道衰减原理、原子氧剥蚀原理

　　中高层大气是指从对流层顶(约十几千米)到几百千米的地球中性大气。中高层大气环境是近地空间环境的重要组成部分,其独特的物理和化学特性对地球气候、空间天气及航天活动产生着深远的影响。中高层大气是各种航天器的通过区和低轨航天器、超低轨航天器的驻留区,该高度上的大气结构对航天器的安全与准确入轨具有重要影响。中高层大气的扰动会带来大气参数偏差,严重时可影响导弹的命中准确度、卫星和飞船的安全发射及返回。中高层大气中的氧原子成分会对航天器表面产生化学腐蚀和剥离效应。同时,中高层大气也对光学信号的传输有重要影响。

　　本章 9.1 节介绍中高层大气结构;9.2 节介绍中高层大气扰动来源;9.3 节介绍中高层大气环境效应。

9.1　中高层大气结构

　　在空间天气研究的领域中,中高层大气是最接近人类生存与活动的区域,也是与传统气象业务联系最为密切的区域[1-2]。虽然中高层大气比较稀薄,但是它却占有巨大的体积,且存在非常复杂的动力学、热力学和化学过程。作为日-地系统的一个重要环节,中高层大气吸引了大气科学家和空间物理学家共同关注[3-4]。

中高层大气结构

9.1.1　中高层大气分层

　　大气受到地球引力、太阳辐射等因素的影响,导致其垂直方向的特性并不一致,存

在分层结构[5-6]。按温度特征分层,大气由低到高依次分为对流层、平流层、中间层和热层,其中对流层为低层大气,属于气象学主要研究的领域,而中高层大气包括平流层、中间层和热层[7-8]。实质上这是根据大气温度垂直递减率的正负变化来对大气进行分层,中高层大气模型输出的大气温度廓线如图9.1所示。

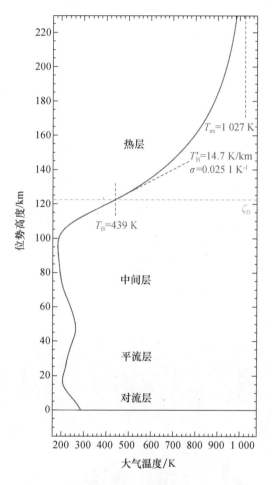

图 9.1 　中高层大气模型输出的大气温度廓线[9]

1.平流层

平流层占据了从对流层顶到大约 50 km 高度范围内的大气。平流层的温度随高度的增加而增加,这是因为臭氧层将大气吸收的紫外辐射转换为分子动能,使得温度随高度上升而增加,称为逆温。由于逆温的存在,因此平流层中大气运动比较稳定,以大尺度的平流运动

平流层臭氧

为主,垂直运动十分微弱。对流层和平流层存在着相互作用,平流层内的极涡异常影响对流层天气;同时对流层行星波的上传与冬季平流层爆发性增温也有密切关系。到平

流层顶部大气温度达到最大值约-3 ℃,平流层顶成为平流层和中间层的分界面。平流层中航空平台通常有民航飞机、飞艇等。

2.中间层

从平流层顶到中间层顶(高度在 85~100 km 区域内)的高空范围称为中间层,大气温度在此高度范围内急剧下降,在中间层顶达到最低温度。中间层降温的主要机制是二氧化碳发射红外辐射,辐射是重要的降温手段,同时中间层大气的成分很少吸收阳光,使得中间层内的大气温度不断降低直至中间层顶,成为地球大气中最冷的区域。在中间层顶达到一个极小值,其平均温度为 190 K。高纬度地区中间层顶温度的季节变化强烈,夏季中间层温度可降低至 160 K。

在夏末,当中间层温度降低至 180 K 时,部分成分会升华为极区中间层云,这些冰汽混合物称为夜光云。在晚上,当它们被下方落日照亮时,夜光云可以在地面被看见(图 9.2)。天基和地基联合观测表明,夜光云含有直径为 20~100 nm 的冰水混合物晶体,冰晶生长并附着在水分子及尘埃和污染物所提供的冰核上。夏天的风携带了低层大气湿润的水汽上行至中间层,而中间层冰核的来源尚不明确。普通的对流层云从地表获取尘埃和海盐,而将尘埃抬升至中间层则困难得多。激发夜光云形成的冰核可能来自通过火山爆发抬升至中间层高度的火山尘埃或由航天发射和行星际太空尘埃提供的物质,以及每天地球收到数以吨计的流星体(来自彗星和小行星的微量碎片)等。

图 9.2 夜光云[10]

中间层大气的研究颇为困难,对于标准的探空气球而言,中间层大气过于稀薄无法支持其飞行;对于卫星而言,中间层大气又过于浓厚也无法允许其飞行。因此,探空火箭和遥感探测是探索这一区域动力学特征的主要手段。中间层中的航天设备相对较少,主要有火箭等。

3.热层

从中间层顶大气温度极小值开始,温度又重新升高的大气层称为热层,而温度不再升高的高度称为热层顶。热层大气的氧分子不断吸收太阳辐射中的强紫外辐射进行光化学分解和电离反应,共同造就了热层的高温。热层中,大气热量的传输主要通过热传导,同时由于分子密度低、热传导率小,因此热量达到平衡后表现出巨大的温度梯度。热层大气中的温度先会很快上升,到 250 km 高度时大气温度可达到 1 000 K。随后升温趋势减缓,一直延伸到 400~600 km,然后温度趋近于常数。根据太阳活动的强弱,热层顶温度可达到 1 000~2 000 K。

在太阳活动的低年和高年,热层顶的高度分别约为 230 km 和 500 km,其大气温度分别约为 500 K 和 1 750 K。分子氧吸收的波长小于 1 751 Å(1 Å=0.1 nm)的太阳远紫外辐射是热层的主要热源,其分布与分子氧的分布有直接关系,集中在 200 km 以下。进入磁层的太阳风带电粒子在高纬度地区的沉降是热层的另一热源[11-12]。此外,从中低层大气传播上来的波动所耗散的能量,以及电离层电流的焦耳加热及放热化学反应等对热层大气的加热也有贡献。分子氧的分离、大气各种成分因扩散而分离和温度急剧升高是热层的主要特征。热层的动力学状态也很活跃,在热层里可以观察到极光、气辉、流星和夜光云。热层中的航天设备,主要有超低轨卫星、低轨卫星、国际空间站和空间探测器等。

9.1.2 中高层大气风场和密度特征

中高层大气风场可通过中高层大气风向、风速分布等的重要参数来描述。其时间变化尺度可以从小时到日变化、季节变化,甚至一直延伸到年变化。中高层大气风场还随高度和纬度有明显的变化,有很宽的空间变化尺度范围[8,13]。相对于纬度变化而言,其经度变化较小。相对于水平风场,垂直气流一般非常小。研究中高层大气风场特征、形成及变化对于提高中高层大气空间天气预报准确率,实施空间天气保障等都具有重要意义。

低平流层纬向平均风场的明显特征是准两年振荡(多出现在赤道和低纬度地区)和半年振荡(多出现在中、高纬度地区)。高平流层和中间层纬向平均风场的明显特征是半年振荡,并且多出现在赤道地区[15]。热层大气运动复杂,除盛行风外,还有周日、半日潮汐风和无规则小尺度风[8]。在 80~120 km 高度范围内,低纬度纬向环流全年呈东风,最大风速为 40 m/s,中纬度纬向环流全年呈西风[13-14]。200~1 000 km 大气是低轨卫星和空间站运行的主要场所,它的结构和变化特性对保障空间航天器安全、延长轨道寿命、提高遥感探测器精度和效益都有着重要意义。

高层大气密度是影响航天器运行的最重要和最直接的因素。高层大气对航天器所产生的阻尼效应,将导致航天器的寿命、轨道衰变速率和姿态的改变。大气密度是指单位体积中的大气质量或粒子数目。前者称为质量密度,单位为 kg/m^3,后者称为粒子数密度,单位为 ml^{-1},是描述中高层大气动力学和热力学特性的重要参数。中高层大气密度有非常复杂的时间和空间变化,经常受各种大气波动的影响,并且对来自中高层大气上、下层区的响应显著,如在磁暴期间密度可猛增几倍,甚至几十倍。高层大气密度变化对航天器轨道和高速航天器再入大气层等具有重要影响,是中高层大气探测和预报的重要对象。随着高度的增加,大气密度按指数规律迅速下降,并随时间、纬度、季节及太阳活动和地磁活动情况等而变化。40 km 以下的大气密度日变化幅度不超过 6%,50~90 km 日变化幅度在 10%~25%之间。200 km 以上密度极大值出现在 14 时(地方时),极小值出现在 4 时。200 km 附近密度日变化率随太阳活动的减弱而增加,600 km 以上日变化率随太阳活动的减弱而减弱。密度变化最剧烈的高度是 65~75 km 和 100~120 km,年变化最小的高度在 8 km 和 90 km 附近。120 km 以上大气密度与太阳活动关系密切,有 11 年、半年和 27 天周期的变化。大气密度还随地磁活动的情况而变化,磁暴扰动以后 5 h 左右,密度可猛增几倍,甚至几十倍,然后迅速下降复原。

研究和观测表明,高层大气的结构和变化受太阳辐射和地磁活动的影响非常大。在太阳活动剧烈和磁暴期间,高层大气的密度会发生强烈变化,甚至会增强 1 倍以上,这会显著影响低轨卫星的飞行,甚至会导致卫星的陨落。例如,在 2022 年 2 月 3 日 SpaceX 最新部署的一批 49 颗星链卫星遭遇地磁风暴,40 颗卫星坠入大气层销毁。这是因为地磁风暴的发生引起高层大气增温,导致大气密度和成分发生变化。当大气密度陡增,大气阻力会突然加大,星链卫星部署高度的大气阻力较之正常水平增加了 50%,加速了航天器轨道衰减的速度,从而导致其偏离预计航道,甚至提前坠入低层大气。

9.2　中高层大气扰动来源

中高层大气扰动可分为内部扰动和外部扰动。内部扰动主要源于大气内部的动力学和热力学过程,如大气波动(包括重力波和行星波)将能量和动量从低层传输到中高层影响大气运动,地球自转产生的科里奥利力也影响大气运动。外部扰动则来自地球以外的因素,如太阳辐射直接影响大气温度,潮汐力引起气旋和波动等。这些内部和外部扰动共同作用,影响中高层大气的温度、密度、成分。

9.2.1 内部扰动

1.重力波

重力波是稳定分层流体中的浮力振荡,其恢复力是重力。重力波通常水平波长为 10~100 km,垂直波长为 3~30 km,周期从 10 min 到几个小时不等。重力波可分为重力外波和重力内波。重力外波发生在边界面上,受到垂直扰动后偏离平衡位置,在重力作用下产生的波动。重力外波只能在水平方向上传播,而不能在垂直方向上传播。重

中高层大气
波动

力内波是发生在大气层结内部的一种波,其浮力提供了对抗垂直位移的恢复力。大气重力内波可由大气各个层中的很多过程作用所产生,但主要还是起源于低层大气。在对流层中,重力内波最主要的起源因素为对流层中的天气,大气对流、冷锋、气旋活动及风的不稳定性都能造成空气微团垂直移动。

中高层大气中的重力波大多起源于低层大气,重力波在向上传播的过程中幅度逐渐增大,在中间层发生破碎和饱和,将能量沉积在中间层顶区域,对该层大气环流产生拖曳作用力,影响该区域中高层大气环流和湍流扩散,从而影响该高度范围内大尺度的风场和温度结构。

2.行星波

大气行星波,又称罗斯贝波,是一种全球尺度的大气波动,其水平尺度可以达到上千千米,与地球半径相当。这种波动通常由对流层的气象活动所激发,其驱动力主要来源于地形抬升对水平纬向流的机械作用,以及海陆热力差异所导致的热力作用。

根据传播特性的不同,行星波可细分为驻波与行进式波两大类。驻波主要由地形强迫作用通过 β 效应塑造而成,这类波动往往局限于较低的大气层内,其影响高度通常不超过 60 km,展现出一种相对稳定的波动形态。行进式波则展现出更为复杂和动态的传播特性,它的产生根源主要归结于两方面:一是大气的正压或斜压不稳定性,这种内在的不稳定机制驱动着波动在水平及垂直方向上的传播;二是大气系统自身的共振,即大气层对特定频率波动的响应与放大。行进式行星波的影响范围广泛,能够延伸至极高的大气层次,甚至触及电离层 E 层。

在中间层与低热层西向传播的行星波的来源之一就是低层大气行星波的上传。行星波的垂直传播与背景纬向风和波动的相速度有关。行星波的垂直上传需要满足一定的条件:一是在弱西风环境中;二是大尺度的波动。在夏季,平流层与中间层纬向东风盛行,因此低层大气产生的行星波不能向上传播。在冬季,平流层与中间层纬向风是强西风,此时较小尺度的波动不能上传到中高层大气,只能在对流层与平流层中。

9.2.2 外部扰动

1.潮汐波

在地球大气中可以普遍观测到潮汐现象,潮汐是在所有类型的大气场中观察到的持久的全球振荡。潮汐振荡的周期是一天或一天的整数分之一。根据引发机制不同,潮汐又可以分为太阴潮汐(由月球引起的)与太阳潮汐(由太阳引起的)。

不同于由月球引力引起的海洋潮汐,太阳大气潮汐可以通过几种方式被激发,包括吸收太阳辐射、对流层深层对流云的大规模潜热释放、太阳的引力以及全球尺度波之间的非线性相互作用。在实际的研究过程中发现,对大气压进行简谐分析,可以将其看成周期为 24 h、12 h、8 h 的简谐波的叠加,其中 24 h 与 12 h 的振幅最大,说明大气压中主要的变化是由太阳潮汐引起的周日潮与半日潮。对大气潮汐的研究表明由月球引力引起的潮汐是太阳潮汐的 1/20,并且比起太阳引力作用而言,太阳的热力作用占主导地位[8,13]。

按照太阳热力作用激发机制的不同,大气潮汐又可分为迁移潮汐和非迁移潮汐。迁移潮汐是由大气中的成分周期性吸收太阳辐射而产生热源驱动导致的。迁移潮汐的激发机制是太阳的热力作用,它是全球性大尺度的波动,有以下两个特点:一是依赖太阳地方时;二是随着太阳的运动向西迁移。因此,迁移潮汐的纬向波数必须等于每天潮汐循环的次数。不同于迁移潮汐,非迁移潮汐与太阳是不同步的,它包括向东和向西传播的模式,它的纬向波数不等于每天的潮汐周期数。非迁移潮汐与迁移潮汐产生机制不同,主要由以下两种原因产生:一是由热带地区对流层深层对流释放潜热的纵向差异;二是由纬向波数为 1 的静止行星波和迁移潮汐之间的非线性相互作用所激发的。

大气潮汐是大气中普遍存在的扰动现象,包括从对流层到热层,并且能够很容易地通过大气风场、温度、压力观测出来。中高层大气与低层大气之间的能量耦合是通过波动来实现的,大气潮汐在低层、中间层和高层大气的耦合中起着关键作用。在低层大气激发的大气潮汐会向上传播,振幅不断增长,并参与上层大气能量收支平衡[13,15]。

2.磁暴引起的扰动

在地球磁暴期间,中高层大气经历了一系列复杂的物理过程,其中焦耳加热和粒子加热是两个尤为重要的机制,它们对中高层大气的温度、密度及整体状态产生了显著影响。

焦耳加热是磁暴期间一个关键的大气加热过程。当太阳风或磁层中的高能带电粒子(如质子、电子等)受到地球磁场的影响时,它们会沿着磁力线的方向沉降到中高层大气中。这些高速运动的带电粒子与大气中的分子和原子发生频繁的碰撞,将它们的动能转化为热能,这一过程即为焦耳加热。焦耳加热的效果是显著的,因为它能够迅速地将大量的能量注入中高层大气中,导致大气温度急剧升高。随着温度的升高,大气分子的热运动加剧,进而使得大气的密度在局部区域有所增加。这种变化不仅影响了中高层大气的热力学状态,还可能对电离层、中高层大气的风场和环流模式等产生深远影响。

与焦耳加热不同,粒子加热与磁层的剧烈扰动相关联。在磁暴等极端空间天气事件期间,磁尾中的热等离子体(即高温、高密度的带电粒子集合)可能被强烈的电场或磁场加速,形成一股向地球方向运动的高速粒子流。这些高能粒子在穿越中高层大气时,会进一步与大气中的成分发生相互作用,释放出巨大的能量加热中高层大气。粒子加热不仅增加了中高层大气的热能,还可能引发一系列复杂的化学反应和电离过程。高能粒子的轰击能够破坏大气分子的化学键,产生新的离子和自由电子,从而改变中高层大气的电离程度和化学组成。这些变化对无线电通信、卫星导航、空间天气预报等领域都具有重要的影响。

9.3　中高层大气环境效应

中高层大气环境效应主要体现在对航天器的影响,其中大气阻力和原子氧剥蚀是两个关键因素。大气阻力会影响航天器在轨道上的衰减,使其轨道高度逐渐降低。中高层大气稀薄,但航天器高速穿越时仍会产生显著阻力,导致轨道能量损失。这种阻力还可能导致航天器姿态改变,影响其定位和功能。原子氧剥蚀是指中高层大气中的原子氧对航天器表面材料的侵蚀作用。在 $200 \sim 600$ km 的高度范围内,

中高层大气
环境的影响

原子氧浓度较高,能与航天器表面的材料发生化学反应,导致材料性能退化,影响航天器的寿命和安全。这些环境效应使得对在中高层大气中的航天器进行设计时必须考虑耐原子氧剥蚀和抵抗大气阻力的材料及防护措施,以确保其长期稳定运行。

9.3.1　高层大气对航天器的阻力作用

高层大气对航天器轨道的阻力是低轨道航天器主要的轨道摄动力[15-17]。航天器在高层大气中运动时,大气阻力和航天器运动速度的方向相反,它使航天器速度下降,而速度的下降会使卫星的高度下降,轨道收缩而进入大气密度更稠密的区域,从而导致航天器所受阻力进一步增加,加速航天器下降的速度直至陨落。在低轨道的各种环境影响中,高层大气的影响是唯一导致航天器陨落的因素。当航天器沿椭圆轨道运动时,在近地点附近受到的阻力最大。一方面是因为在近地点的高度最低,遇到的大气密度最

大;另一方面是因为航天器相对于高层大气的速度在近地点最快。大气的阻力与大气密度成正比,与相对速度的平方成正比,因此航天器速度主要在近地点附近下降最快。但其结果并不直接影响近地点的高度,而是在航天器运行到远地点时,因其总能量降低而不能达到原有的高度而造成远地点下降。轨道形状通过一系列的收缩,椭圆逐渐变成圆形。在圆形轨道上航天器受到的阻力比较均衡,进一步均衡收缩直至陨落。

当航天器相对于运动方向的外形不对称时,高层大气的阻力也会产生力矩,阻力和航天器的截面即航天器特征长度的平方成正比,它所产生的力矩则和特征长度的立方成正比,因此在设计大型航天器的外形时需要考虑大气对姿态的影响,特别是外形高度不对称的航天器。

9.3.2　原子氧侵蚀作用

高层大气中的氧原子对航天器表面材料的化学损伤是航天器在低地球轨道环境中面临的主要挑战之一[15-17]。氧原子是强氧化剂,当航天器以 8 km/s 的速度飞行时,氧原子作为氧化剂,会对航天器表面材料产生极为强烈的腐蚀效应,这种效应仿佛是将航天器置身于温度高达 60 000 K 的氧原子气体环境中进行浸泡。这种腐蚀效应对需要长期在 LEO 上运行和工作的航天器(如空间站)尤为严重。

氧原子与航天器表面材料的相互作用涉及复杂的物理化学过程。例如,氧原子与聚合物、碳等材料相互反应,形成挥发性氧化物,导致表面逐渐剥蚀;与银相互作用则生成不黏合的氧化物,导致表面被逐渐剥蚀;与铝、硅等材料反应则形成黏合的氧化物,这些氧化物附着在航天器表面,改变其光学特性(如发射系数、吸收系数和反射系数)和力学特性。

为减轻氧原子的剥蚀效应,航天器表面通常会覆盖一层抗氧化物质作为保护层。然而这层保护层通常很薄,容易被流星体或空间碎片击穿,从而失去保护作用。一旦保护层被击穿,原子氧会在小孔后面剥蚀出面积远大于小孔的深洞,大大增加防护难度。

因此,航天器表面材料的选择和防护层的设计对于确保航天器的长期运行和可靠性至关重要。这要求科学家和工程师深入研究氧原子与其他高层大气成分对航天器材料的长期影响,并开发出更加耐用和有效的防护材料。

思　考　题

1.简述中高层大气从低至高是如何分层的?

2.简述中高层大气内部扰动来源。

3.简述中高层大气的氧原子对航天器的影响。

本章参考文献

［1］KIVELSON M G, CHRISTOPHER T R. Introduction to space physics［M］. Cambridge：Cambridge University Press, 1995.

［2］PRÖLSS G W. Physics of the Earth's Space Environment［M］. Berlin：Springer Berlin Heidelberg, 2004.

［3］SILVERMAN S M. Night airglow phenomenology［J］. Space science reviews, 1970, 11 （2）：341-379.

［4］VINCENT R A. The dynamics of the mesosphere and lower thermosphere：A brief review ［J］. Progress in earth and planetary science, 2015, 2(1)：4.

［5］CRAVENS T E. Physics of solar system plasmas［M］. Cambridge：Cambridge University Press, 1997.

［6］HARGREAVES J K. The solar terrestrial environment［M］. Cambridge：Cambridge University Press, 1992.

［7］盛裴轩,毛节泰,李建国,等. 大气物理学［M］. 2版. 北京：北京大学出版社, 2013.

［8］赵九章. 高空大气物理学重排本［M］. 北京：北京大学出版社, 2014.

［9］EMMERT J T, DROB D P, PICONE J M, et al. NRLMSIS 2.0：A whole-atmosphere empirical model of temperature and neutral species densities［J］. Earth and space science, 2021, 8(3)：e01321.

［10］德洛丝·尼普. 空间天气及其物理原理［M］. 龚建村,刘四清,译. 北京：科学出版社, 2020.

［11］HINES C O, BARRINGTON R E. Physics of the earth's upper atmosphere［M］. Englewood Cliffs, NJ：Prentice-Hall, 1965.

［12］KELLEY M C. The earth´s ionosphere［M］. Burlington：Academic Press, 2009.

［13］黄荣辉. 关于中层大气动力学的研究进展［J］. 气象科技, 1991(1)：8-14.

［14］姜国英. 中高层大气波动及全球温度场、风场研究［D］. 北京：中国科学院空间科学与应用研究中心, 2009.

［15］王劲松,焦维新. 空间天气灾害［M］. 北京：气象出版社, 2009.

［16］焦维新. 现代战争与空间天气［M］. 沈阳：辽宁人民出版社, 2021.

［17］全荣辉,方美华,郭义盼. 空间环境学［M］. 北京：北京理工大学出版社, 2022.

第 10 章　空间碎片环境

基本概念

空间碎片环境、空间碎片演化

基本定理

空间碎片演化模型、空间碎片环境效应

广义上空间碎片环境是指人造空间碎片和自然界微流星体所构成的空间环境。狭义上的空间碎片环境是指人造空间碎片,是分布在航天轨道上失去功能的人造物体,一般以碎片及颗粒物为主,因其可能对在轨或即将发射的航天器造成威胁而被称为太空垃圾[1]。空间碎片主要以航天任务完成后遗留在太空中无法回收的废弃物为主,包括被遗弃、失效的航天器;运载火箭末段箭体;废弃的燃料箱、整流罩、分离装置等。另外,太空中由碰撞或爆炸产生的航天器解体碎片也成为空间碎片环境的新组成[2]。

本章 10.1 节介绍空间碎片产生;10.2 节介绍空间碎片演化;10.3 节介绍空间碎片环境效应。

10.1　空间碎片产生

随着航天科技的发展及广泛应用,人类向太空发射的航天器也越来越多。从 1957 年第一颗人造地球卫星 Sputnik-1 升空以来,截至 2024 年 9 月,人类持续进行航天器发射活动,共把 12 961 个航天器送入轨道,其中失效航天器、运载火箭箭体,以及其解体、爆炸、撞击产生的碎片,形成了众多的太空垃圾,使得空间碎片总数达到 15 697 个[3]。图 10.1 所示为空间碎片环境示意图[4](截至 2019 年 1 月 1 日从不同观察点生成的图形),是计算机生成的正在被跟踪的地球轨道物体图像。图中约 95% 的物体是轨道碎片,白点表示每个物体的位置。这些图像很好地显示了轨道碎片数量最多的区域。图 10.1(a)所示为距离地球表面 2 000 km 以内的 LEO 空间,是轨道碎片最集中的区域;图 10.1(b)所示为从遥远的倾斜角度生成的图像,可以清晰地观察高度约 35 785 km 的

GEO 区域的空间碎片分布;图 10.1(c)所示为从北极上方角度生成的 GEO 极地图像,显示了 LEO 和 GEO 区域的集中度。

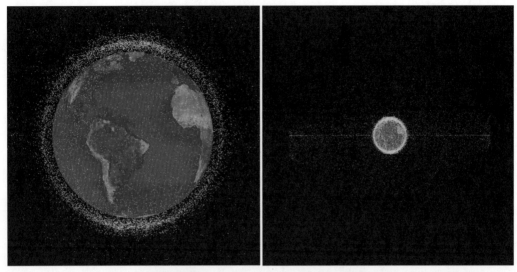

(a) LEO 空间碎片示意图　　　　　　　　(b) GEO 空间碎片示意图(远处倾斜角度)

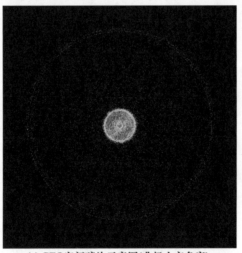

(c) GEO空间碎片示意图(北极上方角度)

图 10.1　空间碎片环境示意图

10.1.1　空间碎片来源

空间碎片快速增长的来源主要是失效卫星和火箭体残骸的在轨爆炸及它们之间的碰撞解体,如 Iridium 33 与 Cosmos 2251 的碰撞[5]。不考虑自然来源的微流星体和宇宙颗粒,按照空间碎片的来源可将其分为寿命终止或发生故障的失效航天器、火箭体残骸、任务相关碎片及它们之间的碰撞和爆炸产生的碎片[6]。

（1）航天器在完成任务后若不进行离轨操作，就会在轨道上一直运行，直到因大气阻力等因素自然陨落，这对于轨道较高的物体而言将达到上百年甚至上万年。目前有效航天器仅为总发射量的1/3左右，其余大部分都已成为空间碎片。

（2）火箭体残骸即为运载火箭末级与载荷分离后被遗弃在附近轨道上而形成的空间碎片。

（3）任务相关碎片包含了在航天器运行、部署及操作过程中产生的废弃物，其种类很多，如支架分离碎片、爆炸螺栓、固体火箭发动机喷射物等。

（4）其余碎片状物体大小不一，可能来自爆炸、碰撞，也可能是空间试验带来的遗弃物。这类碎片的主要组成材料是铝、铝合金、漆、钢、铜和钛等，其中81%是铝、铝合金和漆。地面超高速撞击试验表明这些由于各种原因产生的解体碎片形状不一，主要有片状、块状和一些不规则的形状，如板状、柱状、盒状、杆状等。

10.1.2　空间碎片分类

空间碎片的来源多样且种类繁多，为了更好地了解空间碎片的危害并做出相应的应对措施，通常依据可被观测、识别的程度将空间碎片按尺寸（直径）大小进行分类。

（1）大碎片。

尺寸大于10 cm称为大碎片，包括失效航天器、火箭体残骸及各种碎片残骸等。大部分都已编目并被美国空间监测网（Space Surveillance Network，SSN）跟踪监测。

（2）中碎片。

尺寸为1~10 cm的称为中碎片，包括爆炸、碰撞产生的小碎片及各种任务相关碎片。这个尺寸范围内的碎片无法跟踪观测，通常很难被有效防护，因而会对载人或非载人航天器造成不可预计的损伤。

（3）小碎片。

尺寸小于1 cm的称为小碎片，包括爆炸、碰撞产生的碎屑，固体火箭燃烧的产物及二次碎片云。其数目众多，与航天器碰撞的概率极高，尤其对近地轨道航天器，通常基于观测数据建立小碎片的环境模型并用通量描述。

对于LEO区域内的不同尺寸空间碎片的累积数量分布情况，其中尺寸为5~10 mm的碎片数量占5 mm以上碎片总数的50%左右，其因数量众多且不易于观测，而成为航天器面临的主要威胁。目前，由于探测技术和观测条件等因素的限制，国际上只能对直径在10 cm以上的碎片进行跟踪监测，而10 cm以下的碎片仅仅能够近程预警或做防护措施。对于直径为1~10 cm的碎片，即危险碎片，其空间分布情况还不清楚，被动防护措施对危险碎片撞击的防护效果较差，故针对这一类碎片的跟踪观测、识别和防护是保障航天器运行安全的关键问题。

10.2　空间碎片演化

空间碎片演化是研究空间碎片环境随时间变化的过程。随着人类航天活动的增加,空间碎片的数量和种类也在不断增加,这对在轨航天器和未来的太空探索任务构成了严重威胁。本节将详细探讨空间碎片演化的过程、影响因素及目前采用的模型和方法。

10.2.1　空间碎片演化过程

空间碎片的演化是一个复杂的过程,主要包括以下几个方面。

(1)空间碎片的产生。

空间碎片的产生来源主要包括工作卫星和火箭的爆炸或碰撞、航天员的活动、空间实验及太空垃圾等。这些碎片在轨道上长期存在,可能会与其他物体碰撞产生更多的碎片。

(2)空间碎片的运动和分布。

空间碎片的运动和分布受到多种因素的影响,包括地球引力、太阳辐射压力、大气阻力等。这些因素会导致碎片的轨道参数发生变化,包括轨道高度、倾角、偏心率等。此外,不同类型的碎片在轨道上的分布也不同。

(3)空间碎片的碰撞和解体。

由于空间碎片的数量和分布不断变化,它们之间也会发生碰撞。碰撞会导致碎片解体成更小的碎片,甚至产生级联效应,即一个碰撞会引发一系列碰撞,产生更多的碎片,这种过程称为凯斯勒(Kessler)效应。

(4)空间碎片的衰减和清除。

虽然空间碎片的产生和演化是一个长期的过程,但也有一些因素会导致碎片的衰减和清除。例如,大气阻力会导致低地球轨道上的碎片逐渐降低轨道高度,最终进入大气层烧毁。此外,一些主动清除技术也可以用于清除轨道上的碎片,如使用机械臂捕捉碎片、利用太空飞船将碎片推离轨道等。

为了减少空间碎片的产生和危害,国际社会已经采取了一系列措施,包括限制空间实验、规范航天活动、提高空间物体的设计和制造标准等。同时,各国也在加强空间碎片监测和编目工作,以便更好地了解和规避这些风险。

10.2.2　空间碎片演化模型

构建空间碎片环境演化模型,对空间碎片环境的长期演化趋势进行预测和分析,获取空间碎片环境演化的内在机理和整体分布情况,是开展空间碎片环境评估以及制定空间碎片减缓策略的重要基础。早在 1978 年,Kessler 等通过分析空间目标的相互碰撞作用,建立描述空间碎片数量变化的数学模型,对空间碎片的增长趋势进行了分析。近年来,空间碎片环境演化建模研究进展迅速,人们建立了一系列演化模型,为认识和控制空间碎片环境的演化提供了理论和技术支撑。

空间碎片演化模型通常以单个空间碎片或一类空间碎片典型代表的运动状态量,如空间碎片的轨道根数作为演化计算变量。在轨道动力学约束下,考虑使空间碎片增加和减少的影响因素,对所有空间碎片的运动状态进行长期计算更新,得到空间碎片环境的演化分布趋势。

1.LEGEND 模型

低地球轨道到地球静止轨道环境的空间碎片(LEO-to-GEO environment debris,LEGEND)模型由 NASA 开发。LEGEND 模型包括历史空间碎片状态仿真和未来空间碎片环境演化两部分。从 2001 年开始,NASA 分 3 个阶段完成了 LEGEND 模型的开发。第一阶段,2003 年完成 LEGEND 模型的历史空间碎片状态仿真部分,旨在重新生成 1957—2001 年的历史空间碎片环境;第二阶段,2005 年完成了碰撞概率算法的开发,并将该算法命名为立方体(Cube)碰撞概率计算方法;第三阶段,2006 年完成了未来空间碎片环境演化的建模工作。

LEGEND 模型以单个空间碎片为计算对象,通过不断推算更新所有空间碎片(包括发射入轨、目标解体产生的新碎片)的运动状态,对从低地球轨道到地球同步轨道空间碎片进行长达数百年的演化。LEGEND 模型通过 6 个循环计算过程,即循环 L100～L600 来实现空间碎片环境的长期演化计算。L100 循环和 L200 循环分别对在轨完整空间大目标和在轨解体空间碎片的状态进行更新,直到演化计算结束,这里的在轨完整空间大目标是指工作或失效的航天器、火箭上面级等;循环 L300 处理解体空间碎片解体产生的新空间碎片,实现对解体空间碎片运动状态的更新;循环 L400 处理新发射入轨的空间目标,实现对目标运动状态的更新;循环 L500 处理在轨完整大目标解体产生的新空间碎片,实现对解体空间碎片运动状态的更新;循环 L600 处理新发射入轨空间目标解体产生的新空间碎片,实现对解体空间碎片运动状态的更新。

在演化计算过程中,LEGEND 模型利用蒙特卡洛方法,确定潜在爆炸目标是否会爆炸,以及具有一定碰撞概率的两个目标是否会发生碰撞。因此,LEGEND 模型是随机模型,需要对多次演化结果进行统计平均,以得到期望的结果。

2.MASTER 模型

流星体和空间碎片环境参考(meteoroid and space debris terrestrial environment reference,MASTER)模型是 ESA 开发的空间碎片环境模型。MASTER 模型作为 ESA 的参考模型,经过多年的发展已逐渐成为欧洲进行空间碎片环境研究的参考模型。在 1995 年发布的公共测试版本 MASTER-95 之后,该模型经历了多次更新,形成了 MASTER-97、MASTER-99、MASTER-2001、MASTER-2005 以及最新版本的 MASTER-2009。MASTER 模型包括 3 个部分,分别是历史空间碎片环境模型、未来空间碎片环境演化模型以及雷达和光学观测模型。历史空间碎片环境模型的主要功能是综合已经编目识别的目标、已发生的目标解体事件以及历史发射活动等数据,采用数据融合方法和轨道推演方法,将历史空间碎片的状态推演到当前时刻。未来空间碎片环境演化模型则以历史空间碎片环境模型的输出为初始输入,对空间碎片环境进行长期演化分析,碎片环境长期分析模型以尺寸大于 1 mm 的空间碎片为计算对象,利用数值方法推演空间碎片环境的长期分布状态。MASTER 模型中的碎片环境长期分析模型是随机模型。解体事件模型、发射事件模型及固体火箭发动机点火事件模型均需要通过蒙特卡洛方法来实现,同时目标的相互碰撞也是随机的。

3.SDM 模型

空间碎片减缓长期分析(space debris mitigation long-term analysis program,SDM)模型是在 ESA 的支持下,由意大利国家研究院开发的。从 20 世纪 90 年代早期建立 SDM 1.0 版本开始,经过多次改进和更新,形成了当前最新的 SDM 4.1 版本。SDM 可以实现对低地球轨道到地球静止轨道空间碎片环境的仿真演化,考虑了大气阻力、发射活动、碰撞解体等空间碎片环境的主要影响因素,可以对尺寸在 1 mm 以上的空间碎片进行长期演化分析。

在 SDM 模型中,对不同尺寸目标的运动状态采取了不同的计算策略。对于尺寸较大的目标,其运行轨道是独立计算更新的。对于尺寸较小的目标,采用抽样的方法,利用一个轨道描述一类尺寸相当的空间碎片的运动状态。具体方法是:首先将 0~40 000 km 高度的空间划分成间隔为 50 km 的 800 个高度层;然后在每个高度层内,将空间碎片按尺寸大小划分到不同的尺寸区间内,每个尺寸区间内的目标用一个轨道来描述目标的运动状态。参考空间目标是当前计算步长内的初始空间目标,若有新目标解体、航天器发射、目标再入大气层等,则需要将当前计算步长内的参考目标进行更新,作为下一个计算步长内的参考空间目标。根据参考空间目标密度确定空间目标之间发生碰撞的概率,目标碰撞解体产生的空间碎片不会影响当前演化循环中目标发生的碰撞概率。

4.MEDEE 模型

地球碎片环境演化建模（modelling the evolution of debris in the earth's environment，MEDEE）模型是法国国家太空研究中心（Centre National d'Etudes Spatiales，CNES）开发的空间碎片环境演化模型。MEDEE 模型跟踪单个目标的运动状态，利用数值方法对空间碎片环境进行长达 100 年的演化计算。MEDEE 模型的特点在于其灵活性，可以通过改变模型的参数，如改变太阳活动参数、重力场模型精度、大气模型等，从而改变空间碎片的受力情况；通过改变航天器发射率、目标爆炸解体频率、目标解体模型等，来分析不同条件下空间碎片环境的长期演化结果。MEDEE 模型是基于模块化思想设计的，即用每一个模块表示一个函数或功能，如轨道推演模块、碰撞概率计算模块、目标解体模型实现模块等，使得模型在改变演化条件方面具有很强的灵活性。针对大量空间碎片轨道推演需要大量计算资源的问题，MEDEE 模型采用了并行计算技术，从而可以有效地利用法国国家太空研究中心的并行计算机系统。

5.DAMAGE 模型

地球同步轨道环境碎片分析和监视体系（debris analysis and monitoring architecture to the geosynchronous environment，DAMAGE）模型是英国南安普顿大学开发的三维碎片环境计算模型。该模型最初仅适用于仿真地球同步轨道碎片环境，经过扩展和改进，可以用来研究从低地球轨道到地球同步轨道范围内空间碎片环境的长期演化情况。DAMAGE 模型可以对尺寸大于 10 cm 的空间碎片进行仿真计算，也具备分析尺寸大于 1 mm空间碎片的能力。

DAMAGE 模型利用 LEGEND 模型中立方体碰撞概率模型确定目标之间的相互碰撞概率，并利用 NASA 标准解体模型模拟目标解体产生空间碎片的过程。DAMAGE 模型同样采用了半解析轨道积分器，可以实现对空间碎片运动状态的快速更新。为了处理模型中出现的随机因素，如目标之间的相互碰撞、目标的爆炸解体，DAMAGE 模型采用蒙特卡洛仿真方法，通过对多次运行结果进行统计分析，得到了可靠的演化计算结果。

以单个空间碎片运动状态为演化变量的模型除上述 LEGEND 模型、MASTER 模型、SDM 模型、MEDEE 模型、DAMAGE 模型 5 个外，还有美国约翰逊空间中心开发的针对低地球轨道空间的长期演化模型，英国防卫研究评估局开发的集成碎片环境演化套件（integrated debris evolution suite，IDES），以及德国布伦瑞克理工大学开发的长期碰撞分析工具 LUCA（long term utility for collision analysis）、LUCA-2 等。

综上所述，在构建空间碎片环境演化模型时，首先利用确定性或随机性方法，建立摄动力作用、航天发射活动、空间目标的相互碰撞解体及在轨目标爆炸解体等影响因素的计算模型；然后利用轨道更新计算方法，不断对空间碎片的运动状态进行推演，从而得到空间碎片环境的长期演化结果。一方面，通过跟踪单个空间碎片的运动状态，可以建立精确的动力学模型来确定空间碎片的运动状态；另一方面，跟踪每一个空间碎片的运动状态，当空间碎片规模不断增大时，需要消耗大量的计算资源才能得到空间碎片环境的长期演化结果。对于空间目标相互碰撞事件、目标在轨爆炸事件，一般通过蒙特卡洛随机仿真的方法实现。基于上述模型运行得到的一次演化计算结果只是众多随机结果的一种可能，需要在多次计算结果的基础上，统计得到期望的演化结果，这进一步提高了对演化计算资源的需求。因此，针对影响空间碎片环境演化的复杂因素，在建立精确可靠的计算模型的条件下，进一步设计高效的演化计算方法是跟踪单个空间碎片的运动状态、构建空间碎片环境演化计算模型的关键。

10.3　空间碎片环境效应

根据美国空间监视网的观测数据，截至 2024 年仍在轨运行的空间目标超过 29 900 个，其中近 45% 是空间碎片。由于空间碎片的运动是无控且很难精确预测的，碎片一旦与航天器相撞，将会引起航天器故障甚至会使航天器解体，给航天器在轨运行带来巨大威胁。历史上已经发生多次航天器被空间碎片撞击的事件，如 1991 年俄罗斯 Cosmos 1934 卫星被一个碎片撞击，导致卫星部分解体；2009 年美国 Iridium 33 卫星和一个大的完整空间碎片——俄罗斯失效的通信卫星 Cosmos 2251 相撞，直接导致两个卫星解体，产生近 2 000 个编目解体碎片和大量未编目的碎片。另外，还有 10 起以上已经确认是由空间碎片碰撞而引起的航天器失效或故障事件。空间碎片环境已经对人类航天活动产生严重影响。

空间碎片除了再入地球时可能对地面人员、财产和飞行中的飞机造成损害外，在外层空间发生碰撞也会造成人员和财产的损害。空间碎片的高速运动和巨大的动能使它们具有很大的破坏性，对航天活动、航天器和航天员构成严重的威胁。速度为 10 km/s 的 0.5 mm 漆片可以穿透标准的宇宙服，造成在航天器舱外活动的宇航员伤亡事件。其危害主要有以下几点。

10.3.1　碰撞危险

碎片撞击的平均相对速度是平均 10 km/s，最高时达 16 km/s。各种尺寸的碎片都会对航天器造成危害，即使是微小的碎片，如几毫米的碎片，也具有足够的动能给航天器和卫星造成严重的损坏。与空间碎片碰撞甚至可能穿透航天器的外壳、太阳能电池板或其他关键部件,导致设备故障、功能丧失甚至完全毁灭。苏联"和平号"空间站公布的图片清晰显示,"和平号"陨落前已经被空间碎片撞得千疮百孔。对航天器的破坏可分为下列几种情况。

(1)大于厘米级的碎片会击碎整个航天器,同时产出大量的空间碎片。

(2)厘米级的碎片会穿透任何厚度的航天器防护壳体,对高压反应控制系统(reaction control system,RCS)气瓶、推进系统和其他相对坚固的结构造成破坏。

(3)毫米级的碎片撞击航天器壳体,产生的冲击波在壳体背面卸载发生层裂形成二次碎片,破坏系统的计算机、通信设备和行波管等易损部件。

(4)小于毫米级的碎片破坏航天器的易损表面。在近地轨道,这样的小粒子极多,长期与航天器碰撞会造成巨大的累积影响,特别是使其光学表面发生化学污染、凹陷剥蚀或断裂,破坏太阳能电池阵的电路及热防护系统等。

10.3.2　威胁航天员安全

空间碎片对航天员的生命安全构成严重威胁。在太空行走或执行航天任务时,即使是微小的碎片也可能对航天员的航天服或宇航器外壳造成损坏,破坏其气密性,进而对航天员造成伤害。

10.3.3　轨道阻塞

空间碎片的数量和分布使得轨道变得拥挤,限制了新卫星的发射和太空任务的执行。碎片可能占据一些有价值的轨道位置,进而导致其他航天器必须避开这些区域,增加了任务的复杂性和成本。

10.3.4　碎片连锁反应

当空间碎片发生碰撞时,可能会产生更多的碎片,形成碎片连锁反应。这是一个恶性循环,使轨道上的碎片密度不断增大。碎片连锁反应的发生将导致航天活动变得更加危险,可能使特定轨道区域变得完全不可用。

目前,人们尤为关心的问题是第二级固体火箭发动机结束工作后两个星期内都会存在,严重地影响对流星体的地球轨道测量和对平流层宇宙尘埃的采样试验。空间碎片也会干扰地基望远镜拍摄远距离星体和星系照片,目前已经发生过由于空间碎片的干扰而出现的假星体现象。

思 考 题

1.描述空间碎片的主要来源,并解释为何需要对它们进行分类?

2.大碎片、中碎片和小碎片在对航天器的威胁程度上有何不同? 请举例说明。

3.解释空间碎片的演化过程,哪些因素会影响空间碎片的运动和分布?

4.什么是"凯斯勒效应"? 它对空间碎片环境有何影响?

5.空间碎片问题在国际政治中扮演什么角色? 各国如何合作以解决这一全球性问题?

本章参考文献

[1]张景瑞,杨科莹,李林澄,等. 空间碎片研究导论[M]. 北京:北京理工大学出版社, 2021.

[2] EUGENE S. NASA Orbital debris program[Z/OL]. Noordwijk, Netherlands, 2013 [2024−06−27]. https://ntrs.nasa.gov/citations/20130010239.

[3] COWARDIN H. Space missions and satellite box score[J]. Orbital debris quarterly news, 2024, 28(4): 11-12.

[4] Nasa Orbital Debris Program Office. Photo Gallery[EB/OL]. (2019−01−01)[2024−06−27]. https://orbitaldebris.jsc.nasa.gov/photo−gallery/.

[5] KELSO T S. Analysis of the Iridium 33−Cosmos 2251 Collision[C]//AAS/AIAA Astrodynamics Specialist Conference. Pittsburgh, 2010:1099-1112.

[6] LIOU J C. Space debris environment and activity updates[Z/OL]. Vienna, (2024−01−16)[2024−06−27]. https://ntrs.nasa.gov/citations/20240000644.

第 11 章　小天体环境

基本概念

小天体、小行星、彗星、流星体、小天体威胁

基本定理

小行星自转、小行星威胁都灵指数、小行星威胁巴勒莫撞击指数

重要公式

小行星质量的近似公式:式(11.1)
绝对星等计算公式:式(11.2)
巴勒莫撞击指数计算公式:式(11.3)、式(11.4)

太阳系小天体是指围绕太阳运转但不符合行星和矮行星条件的天体。2006 年第 26 届国际天文学联合会(IAU)给出标准规定,小天体主要包括小行星、彗星、流星体和其他星际物质。太阳系中存在着大量的小天体并会对行星、卫星产生撞击。1994 年 7 月 16~22 日,"苏梅克–列维九号"彗星撞击木星,这是人类历史上首次预报的天体撞击行星事件,其爆炸能量相当于 10 万亿吨 TNT 爆炸的能量[1]。地球表面的陨石坑痕迹以及人类历史上对陨石撞击的记载,警示着来自小天体的威胁不容忽视,小天体撞击地球的危害性已引起国际社会和科学界的密切关注。研究小天体的物理化学性质、起源与演化等方面的内容对研究太阳系的形成与演化,探索地球生命起源,消除小天体威胁等科学问题具有极其重要的意义。

本章 11.1 节介绍太阳系小天体,主要介绍其物理化学性质等基本情况;11.2 节介绍小天体威胁,包括小天体撞击事件及风险评估。

11.1　太阳系小天体

根据国际小行星中心(Minor Planet Center, MPC)的统计数据,截至 2023 年 4 月 19

日,已发现的小天体总数为 1 282 858 颗,其中具有编号的小行星为 620 108 颗,未编号的为 658 239 颗,彗星为 4 511 颗。

11.1.1　小行星

小行星是指绕太阳运行,体积和质量明显小于行星和矮行星且不易释放气体和尘埃的天体[2]。大部分小行星离地球较远、体积较小,探测器在经过小行星带时发现小行星带非常空旷,仅用地面观望远镜很难获得小行星的具体物理参数。目前,对小行星的观测采用间接观测手段:根据小行星的亮度和反照率观测资料、小行星掩星联合观测资料、雷达探测资料得出小行星的大小和形状;根据红外光谱与可见光谱得出小行星矿物的光谱特征;利用微波、无线和雷达测量穿透小行星表层土壤,获得粒径分布与底层物质性质信息[4]。

通过对小行星环境的探索和研究可以更好地了解太阳系的起源和演化。了解小行星的物理性质可以建立小行星系统的精确动力学模型,为探测器的轨道设计及着陆导航等提供参考。对小行星环境的探索和开发也具有重要意义,如小行星上有丰富的资源,包括稀有金属和可能的水冰。这些资源可能被用于未来的太空任务和开发。此外,通过对小行星的研究能够发现新的天文现象和自然法则。

(1)大小、形状与密度。

太阳系中有大量的小行星,主要分布在火星与木星轨道之间的小行星带和海王星外的柯伊伯带。小行星是太阳系形成后的剩余物质,如果将太阳系所有小行星全部加在一起,那它的直径还不到 1 500 km[3]。

小行星的大小分布记载了小行星带的撞击历史和演化过程,不同小行星的大小差异很大,从上千千米到几百米甚至更小。主带小行星的等效直径分布从数米到数百千米。其中,直径大于 100 km 的小行星仍保留着原始小行星的结构和物理性质,其形状近似圆形;直径小于 100 km 的小行星则被认为是原始小行星撞击演化的产物[5]。一般来说,体积较大的小行星形状接近球形,体积较小的小行星形状不规则。图 11.1 所示为几颗已知形状的小行星。

小行星的质量难以测定,对于较大的小行星可以利用引力摄动效应间接推断出它们的质量。对于一般的小行星,引力摄动效应很小,利用其自身的卫星或探测器的近距离飞跃才能进行推断。

若小行星有卫星,可以用开普勒第三定律公式推导计算小行星质量的近似公式:

$$m = \left(\frac{a_s}{a}\right)^3 \left(\frac{T}{T_s}\right)^2 m_{sun} \tag{11.1}$$

图 11.1　几颗已知形状的小行星

式中,m_{sun}是太阳的质量;a、T是小行星绕太阳轨道的半长轴和周期;a_s和T_s是卫星绕小行星轨道的半长轴和周期。

若已知小行星的质量和体积,则可计算出其平均密度,也可以通过小行星的光谱类型估算出其大致密度[6-7]。表 11.1 所示为谷神星、灶神星、智神星和健神星的质量与密度。

表 11.1　谷神星、灶神星、智神星和健神星的质量与密度

小行星	谷神星	灶神星	智神星	健神星
质量/($\times 10^{18}$ kg)	940	260	210	87
密度/(g·cm^{-3})	2.08	3.35	2.49	2.08

(2)自转参数。

小行星的自转参数主要是指自转周期和自转轴指向。自转参数可以通过观测数据获取包含光学数据、雷达数据、红外数据、掩星数据、光谱数据、高分辨率成像数据。通过地基或空间望远镜获得小行星的光变曲线可以推测出该小行星的自转周期。

小行星自转周期和直径有明显的相关性[8]。一般而言,直径小于 10 km 的小行星比直径大于 10 km 的小行星自转得更快。直径超过 200 m 的小行星自转周期一般不小于 2.2 h,这表明此类小行星构成可能比较松散,它们更像是由引力聚合在一起形成的巨大的碎石堆结构。图 11.2 所示为小行星自转周期随直径大小的分布图。

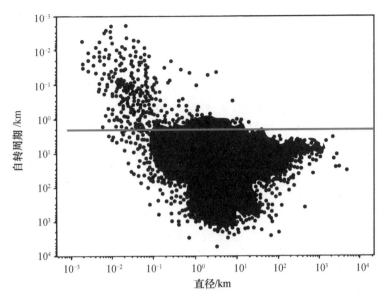

图 11.2　小行星自转周期随直径大小的分布图(蓝色线表示周期 2.2 h)

　　描述小行星的自转轴指向,首先需要确定小行星的北极,然后给出它在天球坐标系中的指向。通过对小行星自转轴矢量的统计,发现小行星的自转轴指向近乎是随机分布的。

　　小行星的不规则形状导致其对太阳光的反射和热辐射的再发射局部很不均匀,这种不均匀的反射和热辐射再发射的反冲力在小行星上施加了一个净力矩。虽然该净力矩很小,但长期累积可使小行星的自转状态发生明显的改变[9],这种现象称为 YORP 效应。YORP 效应可以改变小行星的自转轴指向、自转速率和轨道倾角等。通过对小行星的 YORP 效应进行研究,人们可以更准确地计算小行星的自转参数,得到其自转轴变化规律。同时,小行星吸收太阳辐射产生的光子力,在小行星运行过程中也会使其轨道半长径等参数发生改变,这种现象称为 Yarkovsky(雅克夫斯基)效应。

　　(3)绝对星等与反照率。

　　太阳系小天体的绝对星等(H)被定义成天体在距离太阳和地球的距离都为一个天文单位($1\ \mathrm{AU}=1.496\times10^{8}\ \mathrm{km}$),且相位角为 0°时呈现的视星等(观测者用肉眼所看到的星体亮度,视星等的大小可以取负数,数值越小亮度越高,反之越暗)。大多数小行星的绝对星等为 11~19 等,平均值为 16 等。绝对星等 H 可由下式计算得到

$$H = k_{\mathrm{sun}} - 5\lg\frac{\sqrt{\alpha r}}{d_0} \tag{11.2}$$

式中,k_{sun} 是太阳的视星等(-26.73);α 是天体表面的几何反照率(0 和 1 之间);r 是天

体半径；d_0 是一个天文单位。

小行星的绝对星等不仅与其大小有关，还与其表面反照率有关。由于小行星表面物质和结构的不同，小行星表面反射太阳辐射的能力也不同，反射能力通常用反照率（albedo）来衡量。美国天文学家邦德将天体反射的电子辐射与照射到该天体的总电子辐射之比用来衡量天体的反射特性，后来该系数被称为邦德反照率，简称反照率。反照率的取值范围为 $[0,1]$，其最初应用于球面天体，后来也推广到不规则物体表面。小行星表面的反照率一般较小，其范围一般为 $0.05\sim0.25$，只有灶神星具有较高的反照率，能够通过肉眼观测到。

另外一个使用较多的反照率是几何反照率。几何反照率是在零相位角方向的真实亮度与同一截面上一个理想的扁平、全反射面的亮度之比。同一天体的几何反照率往往高于邦德反照率。

（4）轨道特征。

按照小行星轨道与太阳之间的位置关系，可将小行星分为内太阳系小行星和外太阳系小行星[10]。其中，内太阳系小行星主要包括近地小行星（near earth asteroids，NEA）、主带小行星（main-belt asteroids）、木星特洛伊小行星（Trojans），图 11.3 所示为内太阳系小行星分布示意图。外太阳系小行星主要包括半人马小天体（Centaurs）和海王星外天体（trans-Neptunian objects，TNO），图 11.4 所示为外太阳系小行星分布示意图。

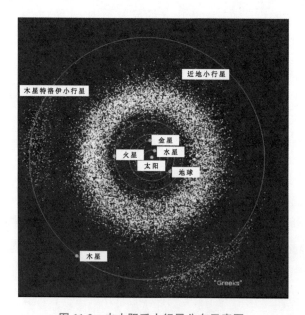

图 11.3　内太阳系小行星分布示意图

注：蓝线为行星轨道，红色为近地小行星，白色为主带小行星，绿色为木星特洛伊小行星

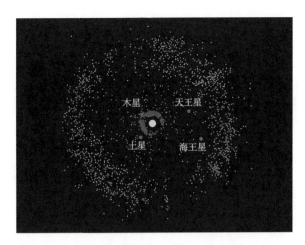

图 11.4　外太阳系小行星分布示意图

注:黄色原点表示太阳,蓝线为行星轨道,灰色表示特洛伊小行星(木星),绿色表示半人马小行星,蓝色
表示柯伊伯带小行星,橙色表示黄道离散盘天体

在天文学上,定义距离地球轨道最小距离在 0.3 AU($4.5×10^7$ km,1 AU = $1.496×10^8$ km)范围内的小行星为近地小行星。根据近地小行星相对太阳的平均轨道半径 a 和近日距离 q 及远日距离 Q,将近地小行星分为 4 种类型(表 11.2):地内型(Atiras)、阿登型(Atens)、阿波罗型(Apollos)和阿莫尔型(Amors,地外型)。

表 11.2　近地小行星的分类

类别	描述	天文定义
地内型(Atiras)	轨道完全在地球轨道之内的小行星(以 163693 命名)	$a_t<1.0$ AU,$Q<0.983$ AU
阿登型(Atens)	穿越地球轨道的近地小行星,其主半轴小于地球(以 2062Aten 命名)	$a_t<1.0$ AU,$Q>0.983$ AU
阿波罗型(Apollos)	穿越地球轨道的近地小行星,其主半轴大于地球(以 1862Apollo 命名)	$a_t>1.0$ AU,$q<1.017$ AU
阿莫尔型(Amors)	与地球逼近的近地小行星,轨道在地球轨道之外、火星轨道之内(以 1221Amor 命名)	$a_t>1.0$ AU,1.017 AU$<q<1.3$ AU

表 11.2 中,q 为近日点距离,Q 为远日点距离,a_t 为相对太阳的平均轨道半径。

各类近地小行星轨道相对地球轨道的几何位置示意图如图 11.5 所示,其中 Apollos 型和 Atens 型近地小行星的轨道与地球的轨道相交,因此存在撞击地球的可能。

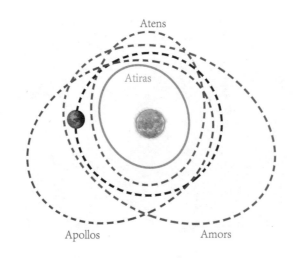

图 11.5　各类近地小行星轨道相对地球轨道的几何位置示意图

主带小行星是位于火星与木星之间、距太阳 2~4 AU 的小行星。主带小行星是数量最多的小行星,占所有观测到的小行星数量的 92.3%。据科学家分析,主带小行星由原始太阳星云中的一群星子形成。木星的重力阻碍了这些星子形成行星,造成许多星子碰撞,留下了很多残骸与碎片。主带内最大的 3 颗小行星分别是智神星、婚神星和灶神星,其中智神星、灶神星的平均直径都超过 400 km,其余的小行星都不大。主带内大部分小行星轨道偏心率小于 0.4,轨道倾角小于 30°,绝对星等约为 11~19 等。

木星特洛伊小行星是与木星共用轨道,一起绕着太阳运行的一群小行星[11]。木星特洛伊小行星的轨道半长轴介于 5.05 AU 至 5.40 AU 之间,并且位于两个拉格朗日点的一段弧形区域内。在木星特洛伊小行星中,最大的是赫克托星(624 Hektor),其平均直径约 203 km。木星特洛伊小行星的公转轨道周期接近木星公转周期,轨道倾角范围大,倾角可达 40°。

(5)光谱特征。

由于小行星表面物质的性质(如成分、颗粒分布等)不同,因此其反射太阳光的性质也不同。根据小行星在可见光波段、可见近红外波段等的光谱反射特性,可以对小行星进行分类。现行的分类始于 Clark R. Chapman、David Morrison 和 Ben Zellner 在 1975 年划分的 3 种类型:C 为黑暗的碳物质;S 为岩石(硅)物体;U 为不属于 C 或 S 的物质。2002 年,Bus 和 Binzel 基于第二阶段主带小行星光谱调查(phase II of the small main-belt asteroid spectroscopic survey)数据支持,在可见光波段将 1 447 颗主带小行星划分为 26 种类型,称为 SMASS 分类法。Bus 和 Demeo 对 SMASS 分类法系统的光谱子类进行了删减、合并和新增,最终将小行星划分 24 种类型(B、C、C_b、C_g、C_{gh}、C_h、S、S_a、S_q、S_r、

S_v、X、X_c、X_e、X_k、T、D、L、Q、O、R、V、A、K）。其中 3 个大类型分别为 C 型小行星（含碳质小行星,）、S 型小行星（含硅质,即石质为主的小行星）,以及 X 型小行星（金属小行星）[12-13]。

11.1.2　彗星

彗星是一类绕日运行、在太阳辐射作用下具有挥发性活动的小天体。彗星形状不规则,分为彗核、彗发和彗尾 3 部分。图 11.6 所示为彗星结构示意图。彗星主要由松散的小岩石、冰、尘埃及冻结的气体组成。彗核呈固态,小而亮,彗星物质 95% 以上集于彗核。当彗星接近太阳系的内侧时,会受到较强的太阳辐射作用,其内部挥发性物质将会蒸发,带走一些尘埃颗粒,形成巨大的彗发和彗尾。由于彗星长期在太阳系靠外的寒冷轨道环境中运行,内部很少发生演变,能较完整地保存太阳系形成初期最原始的物质状态。另外,彗星尘埃还有可能携带氨基酸、水、碳等构成生命的基本元素,并在与星球撞击过程中带到星球,使生命在星球上诞生。因此,对彗星尘埃的研究可为生命起源等重大基础科学问题提供重要信息[14]。

图 11.6　彗星结构示意图

（1）物理性质。

彗星没有固定的体积,它在远离太阳时体积很小,接近太阳时彗发变得越来越大,彗尾变长、体积变大。从已知的彗星估计,彗核的平均密度约为 0.6 g/cm^3,彗核的低质量使其外形是不规则的。彗核的大小从数百米至数十千米不等,编号 P/2007 R5 的彗核直径为 100~200 m,编号 C/1995 O1 的彗核直径约为 40 km[15]。用红外和毫米波段测量彗核的热辐射,可以同时获得彗核的反照率和直径:对于靠近地球的彗星可以通过雷达反射波测量其直径;彗核表面的反照率非常低,其反照率一般为 0.04,是太阳系内反照率最低的物体。

围绕彗星的尘埃和气体形成的巨大且稀薄的大气层,称为彗发。彗发受到太阳风和太阳的辐射压形成背向太阳的巨大尾巴,称为彗尾。当彗星进入内太阳系时,太阳的照射会使彗发和彗尾变得明亮可见。彗星的尘埃粒子会直接反射太阳光,而气体成分则会因太阳辐射而离子化并发出光芒。大多数彗星都是暗淡的,需要借助望远镜观测,但大概平均每年会有一颗裸眼可见的彗星,其中特别明亮的会被称为"大彗星"[16]。

(2)轨道特征。

大多数彗星都是大偏心椭圆轨道的太阳系小天体,它们的轨道只有一小部分接近太阳,剩余的大部分轨道都在深远的太阳系外缘;少数彗星是抛物线或双曲线轨道。通常按照轨道周期的长短可将彗星分为短周期彗星与长周期彗星。

短周期彗星是指公转周期不超过 200 年的彗星。这些彗星的轨道大多分布在黄道面附近,并且它们的运动方向与太阳系中的行星保持一致[17]。它们的远日点,即轨道上距离太阳最远的点,一般位于外行星的轨道区域。例如,哈雷彗星的远日点就位于海王星的轨道之外。在短周期彗星中,如果彗星的公转周期小于 20 年,并且轨道倾角小于 30°,这类彗星称为木星族彗星。轨道周期介于 20 年到 200 年之间,轨道倾角从接近0°到超过 90°的彗星,归类为哈雷族彗星。

长周期彗星是指周期超过 200 年的彗星,这些周期可从 200 年延伸至数千年甚至数百万年。它们拥有偏心率很大的椭圆轨道,但由于质量较小,从远距离靠近太阳的漫长过程中,其轨道会受到大行星的引力摄动而发生显著变化。长周期彗星长期处于较冷区域,其所携带的初期信息被完好保留,对长周期彗星进行深入研究能够为揭开生命起源以及行星与太阳系的形成和演化过程提供线索。图 11.7 所示为长周期彗星柯侯德彗星(红色)和地球(蓝色)的轨道示意图。

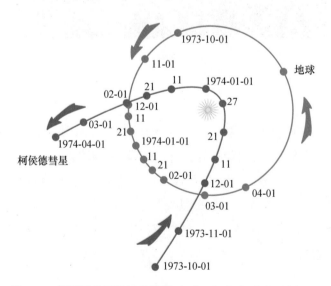

图 11.7　长周期彗星柯侯德彗星(红色)和地球(蓝色)的轨道示意图

11.1.3　流星体

国际天文学联合会给出流星体的定义是：运行在行星际空间的固体颗粒，体积比小行星小但比原子或分子大。英国的皇家天文学会则提出更明确的定义：流星体是直径介于 100 μm~10 m 之间的固态天体。

流星体进入地球（或其他行星）大气层后，在路径上发光并被观测到的阶段称为流星。来自相同的方向并在一段时间内相继出现的许多流星称为流星雨。流星体、流星、陨石都是太阳系的碎屑，只是在不同状态下有不同的名称。在流星的阶段会产生离子尾、流星尘或发出声音与留下烟尘。

（1）物理特性。

许多的流星体是小行星彼此之间撞击后形成的碎片。彗星离开之后残留的彗尾物质通常会形成流星雨，但也有些最终会因为散射而进入其他轨道成为散乱的流星体。

流星体的化学成分及其通过大气层的速度使流星在可见光区域内呈现不同颜色。流星体表层剥离和电离辐射出的颜色随着表层的矿物质而改变，如橙/黄色（钠）、黄色（铁）、蓝/绿色（铜）、紫色（钾）和红色（硅酸盐）。

（2）轨道特征。

流星体和小行星都在太阳附近轨道运行，但轨道有很大的差异。许多流星体是彗星留在轨道上的碎屑，因此有着相似的轨道并汇聚成流而成为流星雨。经过地球轨道附近的流星体，最大速度约为 42 km/s，而地球在轨道上的速度为 29.5 km/s，因此流星体进入大气层最高速度约为 72 km/s。流星被观察到的高度通常为 60 km~120 km。约有 50% 的流星体会在白天（或接近白天）与地球碰撞，成为昼间流星而难以被观测到。

11.2　小天体威胁

在小天体中，大部分流星体质量较小，会在穿过地球大气层时燃烧殆尽，一般不具有威胁，但当其到达地面或在地面上层爆炸时可能会造成严重的局部破坏。大部分彗星的轨道偏心率很大或都距离地球较远，很难观测，只有当其接近地球时才能被发现，这在一定程度上增加了其撞击的威胁。对地球撞击威胁最大的还是近地小行星，其轨道和地球轨道相近，撞击地球的概率非常大，直径大于 1 km 的小行星撞击地球的能量相当于几百倍全球核武器库的核弹爆炸能量，撞击地球后会诱发气候、生态与环境的剧烈灾变，可导致地球上物种的灭绝，这也是目前小天体威胁研究的主要目标。图 11.8 所示为哈伯空间望远镜拍摄到的"苏梅克-列维九号"彗星，木星引力将彗星扯碎成 21 块直径 5 km 左右的碎片。

图 11.8 哈勃空间望远镜拍摄到的"苏梅克-列维九号"彗星

11.2.1 撞击事件

撞击事件是指地球或其他行星和小行星、彗星等小天体互相碰撞的事件。根据历史记载,有数百个造成死伤及财物损失的小型撞击事件。在海洋发生的撞击事件可能造成海啸,对海洋和海岸造成损害。直径 5~10 m 的小行星平均一年进入地球大气层一次,释放能量约 15 000 t TNT 爆炸的能量,相当于在广岛爆炸的"小男孩"原子弹[21]。直径约 50 m 的小行星平均 1 000 年撞击地球一次,产生的爆炸相当于 1908 年通古斯大爆炸的能量。

(1)通古斯大爆炸。

1908 年 6 月 30 日,在西伯利亚中部通古斯河的瓦腊瓦纳附近森林上空,发生了一次自然界罕见的大爆炸,通常称为通古斯大爆炸。这次爆炸被欧亚大陆的地震台所记录,据估计这次爆炸相当于里氏 5.0 级的地震。发生爆炸的物体称为通古斯体,估计重约 10^6 t。它对邻近地区的生物和上部地层产生了严重影响,包括地面振动、同温层波动、破碎物运移和上千平方千米的森林破坏。图 11.9 所示为通古斯爆炸后的树木。

图 11.9 通古斯爆炸后的树木

由于通古斯地区相对封闭,因此当时的一些科学报告没有存留下来。对通古斯大爆炸的成因,陨石说和彗星说是主流的两种假说。

（2）俄罗斯车州爆炸。

2013 年 2 月,在俄罗斯城市车里雅宾斯克上空发生了剧烈爆炸。依据俄罗斯联邦航天局的报告,初步推测这个被称为 KEF-2013 的天体是一颗低轨道的流星,以108 000 km/h 的速度移动。根据俄罗斯科学院的报告,流星以 5 000 km/h 的速度进入大气层。NASA 估计这颗流星的直径大约是 17 m,质量为 7 000~10 000 t。

俄罗斯地理学会描述车里雅宾斯克的陨石造成了 3 次不同能量的冲击波,第一次的爆炸最强大,后两次较小。目前发现 3 个撞击坑,2 个在切巴尔库尔湖地区,另一个在80 km 以外的兹拉托乌斯特。车里雅宾斯克爆炸被认为是自 1908 年通古斯事件以来最大的陨石袭击地球事件,并且是此类事件中唯一造成大量伤害的。这个小天体是普通的球粒陨石结构,成分为橄榄石、辉石、硫铁矿和铁纹石等常见矿物。

除了每数千万年发生一次的大型撞击事件以外,有更多的小型撞击事件发生,但留下痕迹规模较小。由于地球表面侵蚀作用相当强烈,只有相对年代较近的撞击事件证据会被发现。美国的巴林杰陨石坑是世界上第一个被确定的撞击坑,年龄约 5 万年;阿根廷的里奥夸尔托陨石坑,被认为是约 1 万年前一个小行星以极低角度撞击地球造成的;印度的洛那陨石坑湖,现位于一个有大量植物的热带丛林中,年龄约 52 000 年。图11.10 所示为巴林杰陨石坑。

图 11.10　巴林杰陨石坑

11.2.2　小天体风险评估

对小天体进行风险评估需要通过分析其运行轨道来确定其是否有可能撞击地球,进而进行小天体碰撞监测和预警。小天体撞击地球的后果也是评估的重要内容。小天体撞击地球的危害程度取决于其穿过大气层后的剩余质量和速度,这两个参数与小天体初始质量、初始速度、撞击角度及小天体结构有关。通常有两个指数用于评估小天体撞击地球的风险：一个是都灵指数(Torino scale)，另一个是巴勒莫撞击指数(Palermo technical impact scale)。这两个指数考虑了小天体与地球的碰撞概率和碰撞所带来的实际危害。

（1）都灵指数。

都灵指数是一套用于衡量包括小行星和彗星在内的近地小天体撞击地球风险的指标，由 Binzel 教授在 1995 年提出[18]。都灵指数介于 0~10，分别用 5 种颜色标识（白色、绿色、黄色、橙色、红色），0 表示对地球没有影响或者撞击前就已经在大气层中燃烧殆尽的事件，10 表示该物体撞击地球是必然事件，并且会造成全球性大灾难。表 11.3 所示为都灵指数对应事件危害程度。

表 11.3　都灵指数对应事件危害程度

都灵指数	造成影响
0	撞击概率为零或者接近为零。在大气层中会燃尽的小天体或者即将降落地表也几乎不会造成威胁的陨石事件
1	发现近地小天体，并预测该天体撞击概率低，不会对地球造成威胁。新的天文观测可能会使其都灵指数回落到 0 级
2	日常观测发现小行星接近地球，值得天文学家关注，但撞击概率很低无须公众关注。新的观测可能会排除威胁，使得都灵指数回落到 0 级
3	撞击概率达到 1%，可能会造成城镇级威胁。新的天文观测可能会使都灵指数回落到 0 级。如果潜在撞击发生在 10 年之内，应该让公众知悉
4	撞击概率达到 1%，可能会造成区域级威胁。新的天文观测可能会使都灵指数回落到 0 级。如果潜在撞击发生在 10 年之内，应该让公众知悉
5	有小天体接近，可能会带来区域性的严重破坏，但是否撞击还未确定。如果 10 年内该天体撞击地球，那么各国政府应采取紧急应对计划
6	有大尺寸小天体接近，可能会带来全球性灾害，但是否撞击还不能确定。如果 30 年内该天体撞击地球，那么各国政府应采取紧急应对计划
7	与大尺寸近地天体接近，可能会带来前所未有的全球性灾害，但是还不能确定撞击是否会发生。如果一个世纪内该天体撞击地球，那么全世界各国都应采取紧急应对计划。天文学家应当对其进行重点监测
8	天体撞击即将发生，若撞击发生在陆地，则会造成局部区域毁坏；若邻近海洋地区，则会引发海啸。此类撞击平均间隔为数千年
9	天体撞击即将发生，若撞击发生在陆地，则会造成大面积区域毁坏；若撞击发生在海洋，则会引发大海啸。此类撞击平均间隔为数万年
10	天体撞击即将发生，无论撞击地点在哪里，均会造成全球性的气候灾难，并会威胁到人类文明的存续。此类撞击平均间隔为 10 万年

（2）巴勒莫撞击指数。

巴勒莫撞击指数将检测到的潜在撞击事件的概率和距离撞击发生的几年间相同大小或更大尺寸天体发生潜在撞击的平均风险进行对比，得到相对风险值。巴勒莫撞击指数的计算则更为严谨，其数值 PS（Palermo scale）计算公式[19]为

$$PS = \lg \frac{p_i}{f_B T} \tag{11.3}$$

$$f_B = \frac{3}{100} E^{-\frac{4}{5}} \mathrm{yr}^{-1} \tag{11.4}$$

式中，p_i 是撞击概率；T 是 p_i 的时间间隔；f_B 是背景撞击频率；E 是能量阈值；yr 以年为时间单位。

据美国喷气推进实验室公布的数据，已筛选出巴勒莫撞击指数最高（即撞击危害最高）的 7 颗对地球构成潜在威胁的近地小行星（potentially hazardous asteroid，PHA）[20]。

11.2.3　小行星防御国际合作

小行星撞击地球诱发的巨大劫难，是地球上全部生物物种和人类面临的最大威胁之一，是涉及地球生物物种和人类社会持续发展的一个重大科学问题。1994 年的彗木撞击事件，使这一问题得到了国际社会的高度重视。联合国于 1995 年第一次举行了"预防近地天体撞击地球"国际研讨会。

2000 年 9 月，英国的近地天体任务组（NEO Task Force）做出报告，认为当今小行星防御最大的不确定性在于对小行星的认知不完整，并且希望在欧洲建立 3 m 口径的巡天望远镜用以观测目前尚未系统观测的小行星。

2003 年 8 月，NASA 的科学任务定义小组（Science Definition Team）报告指出：当前人类的技术能力不足以完全消除小行星的威胁。该团队希望下一代的观测系统能够观测到 90% 的直径为 140～1 000 m 的小行星。该团队根据目前的观测数据评估，认为彗星的撞击风险远不及小行星。

2009 年以来，国际宇航科学院（International Academy of Astronautics，IAA）每两年举办一次的行星防御会议（Planetary Defense Conference，PDC），已成为小行星监测预警、轨道偏转防御和撞击地球危害评估领域最有影响力的会议。

2011 年 1 月，欧盟拟建近地轨道防御体系，这个防御体系旨在通过导弹摧毁、引力牵引和主动碰撞等多种手段防范近地小天体撞击地球。

2013 年，俄罗斯撞击事件发生后，联合国通过了关于小行星国际联合预警机制，即设立国际小行星预警网络（IAWN），主要的成员有 ESA、NASA、俄罗斯天文研究所、韩国天文与空间研究所等。中国于 2018 年 1 月加入，已在该预警网中开展数据共享，并发

现多颗近地小行星[22-25]。

2015 年,中国空间技术研究院联合中国科学院、国内各大高校与包括 Open 大学、巴黎天文台在内的多个欧洲研究机构共同提出 MarcoPolo-2D 项目,拟完成 2011 SG286 小行星的取样返回任务,但该任务被取消。

2016 年 12 月,美国白宫发布《国家近地天体防备战略》,从危害和威胁评估、决策制定、响应 3 个关键领域梳理了应对近地天体(NEO)撞击危险的 7 个目标,具体如下:

(1)增强 NEO 探测、跟踪和表征的能力。包括:编制能力路线图,制定对国内及国外探测、跟踪和表征 NEO 的能力进行投资的战略;提升探测能力,对所有 NEO 进行更加完备和迅速的探测;升级现有的观测台,改进对 NEO 的特征进行评估的能力。

(2)制定偏转和摧毁 NEO 的方法。包括:发展可侦测和表征 NEO 的快速反应聚焦能力;研究应对不同体积、质量、成分和撞击预警时间的 NEO 的偏转和摧毁能力;研究 NEO 偏转和摧毁概念所需的技术。

(3)改进建模、预报和信息集成。包括:确保为每个专题需求开发适当的建模能力,特别是对 NEO 轨道的建模,以减少其轨道不确定性及对撞击预警的影响;确定各机构在响应过程中分别需要获得什么信息,以减少延误或混乱;建立专门的组织机构以协调建模开发活动和建模结果的传播。

(4)制定应对 NEO 撞击场景的应急程序。包括:促进不同国家之间的协作,以防范和回应 NEO 撞击事件、减轻撞击事件的影响、从撞击事件中恢复;制定国内和国际紧密的沟通战略,促进应对 NEO 撞击的筹备工作。

(5)制定 NEO 撞击反应和恢复程序。包括:制定有效应对 NEO 撞击(包括在深海、沿海地区和内陆)的国内和国际议定;促进国际合作和规划以便及时从 NEO 撞击中恢复,同时尽量减少对现状的干扰,包括评估关键基础设施损害情况,以便根据需要有效地向他国政府提供援助和恢复设备。

(6)促进和支持国际合作。包括:建立国际支持政策,承认和明确 NEO 对地球可能的撞击是一项全球挑战;培育国际磋商、协调、合作的渠道,以就 NEO 撞击事件进行规划、开展撞击应急准备、对撞击事件做出反应;在观测基础设施、数据共享、数值模拟和科学研究方面增加与国际社会的接触;加强 NEO 数据和分析的国际协调与合作;促进制定 NEO 事件的国际标准,通过外交、科学和媒体渠道使 NEO 事件的信息有效、负责任地在不同文化之间传播,与全球合作伙伴开展应对 NEO 事件的模拟或物理演练。

(7)建立协调和通信协议,制定采取行动的临界点。包括:在政府内部以及与其他政府、媒体和公众之间就探测到的撞击威胁进行协调沟通;制定一套帮助美国决定是否实施偏转或摧毁任务的判断临界点;制定应对 NEO 危险事态的决策流程图,包括各项基准和决策临界点;制定应对 NEO 撞击的国际互动协议。

2018 年 6 月,美国白宫发布了《国家近地天体防备战略和行动计划》,该计划由美国国家科学技术委员会(NSTC)成立的"探测和减缓与地球相关近地天体撞击"(DAMIEN)机构间工作组所编写,防备近地天体风险的 5 个目标如下[26]:

(1)增强近地天体探测、跟踪和表征能力。制定旨在增强近地天体探测、跟踪和表征能力的路线图,开展的相关支持行动将降低不确定性水平,有助于更准确地建模和更有效地决策。

(2)改进近地天体建模、预测和信息集成。各机构协调开发建模工具和模拟能力,以帮助表征和减轻近地天体撞击风险,同时简化数据流以支持有效决策。

(3)开发用于近地天体偏转和摧毁任务的技术。

(4)加强关于近地天体防备的国际合作。各机构将致力于为全球近地天体撞击风险提供信息并建立国际合作,将有助于更有效地防备潜在近地天体撞击。

(5)加强并定期演练近地天体撞击紧急程序和行动方案。加强并演练与近地天体相关的程序和行动方案,各国政府协调沟通将提高对近地天体撞击的应急防备,减少物质和经济损害[26]。

"小行星撞击和偏转评估"任务是首个国际小行星防御任务,用于支撑行星防御战略规划,开发小行星偏转技术与所需能力。2021 年 11 月,NASA 的双小行星重定向测试(DART)航天器搭乘 SpaceX 公司"猎鹰 9 号"火箭,从加利福尼亚州的范登堡太空基地 4 号发射场成功发射。这是 NASA 执行的全球首个小行星防御技术验证任务,旨在验证利用动能撞击技术偏转小行星轨道的可行性;同时验证诸如深空高精度自主导航定位、先进能源与推进等多项深空探测关键技术,为后续深空探测任务和小行星资源开发利用奠定基础。

纵观小行星防御的历史,全球性的计划与合作正在不断地展开,这些合作对于未来的防御计划具有举足轻重的作用。

思 考 题

1.什么是 YORP 效应与 Yarkovsky 效应? 它对小行星有什么影响?

2.近地小行星是如何分类的?

3.什么是彗星,介绍一下彗星的组成结构。

4.介绍一下发生过的撞击事件。

5.如何进行小天体风险评估?

本章参考文献

[1]王思潮. 苏梅克-列维 9 号彗星与木星的碰撞[J]. 中国产业,1994,(5):16-17.

[2]国家质量监督检验检疫总局, 中国国家标准化管理委员会. 空间科学及其应用术语第 4 部分:月球与行星科学:GB/T 30114.4—2014[S]. 北京:中国标准出版社, 2015.

[3]胡中为. 普通天文学[M]. 南京:南京大学出版社, 2003.

[4]PRICE S D. The surface properties of asteroids[J]. Advances in space research, 2004, 33(9): 1548-1557.

[5]BOTTKE W F, DURDA D D, NESVORNY D, et al. The fossilized size distribution of the main asteroid belt[J]. Icarus, 2005, 175(1): 111-140.

[6]KRASINSKY G A, PITJEVA E V, VASILYEV M V, et al. Hidden mass in the asteroid belt[J]. Icarus, 2002, 158(1): 98-105.

[7]MCBRIDE N, HUGHES D W. The spatial density of asteroids and its variation with asteroidal mass[J]. Monthly notices of the royal astronomical society, 1990, 244: 513-520.

[8]HARTMANN W K, LARSON S M. Angular momenta of planetary bodies[J]. Icarus, 1967, 7(1/2/3): 257-260.

[9]RUBINCAM D P, PADDACK S J. Zero secular torque on asteroids from impinging solar photons in the YORP effect: A simple proof[J]. Icarus, 2010, 209(2): 863-865.

[10]李春来, 刘建军, 严韦, 等. 小行星探测科学目标进展与展望[J]. 深空探测学报, 2019, 6(5): 424-436.

[11]YOSHIDA F, NAKAMURA T. Size distribution of faint Jovian L4 Trojan asteroids[J]. The astronomical journal, 2005, 130(6): 2900-2911.

[12]BUS S J, BINZEL R P. Phase II of the small main-belt asteroid spectroscopic survey the observations[J]. Icarus, 2002, 158(1): 106-145.

[13]LAZZARO D, ANGELI C A, CARVANO J M, et al. S3OS2 The visible spectroscopic survey of 820 asteroids[J]. Icarus, 2004, 172(1): 179-220.

[14]王永军, 赵呈选, 李得天, 等. 空间尘埃探测进展与发展建议[J]. 前瞻科技, 2022, 1 (1): 38-50.

[15]FERNANDEZ Y R. The nucleus of comet hale-bopp (C/1995 O1): Size and activity

[C]//Cometary Science after Hale-Bopp. Dordrecht: Springer Netherlands, 2002: 3-25.

[16]LICHT A L. The rate of naked-eye comets from 101 BC to 1970 AD[J]. Icarus, 1999, 137(2): 355-356.

[17]DELSEMME A, TRIMBLE V. Our cosmic origins: From the big bang to the emergence of life and intelligence[J]. American journal of physics, 1999, 67(3): 264-265.

[18]BINZEL R P. The Torino impact hazard scale[J]. Planetary and space science, 2000, 48(4): 297-303.

[19]CHESLEY S R, CHODAS P W, MILANI A, et al. Quantifying the risk posed by potential earth impacts[J]. Icarus, 2002, 159(2): 423-432.

[20]龚自正, 李明, 陈川, 等. 小行星监测预警、安全防御和资源利用的前沿科学问题及关键技术[J]. 科学通报, 2020, 65(5): 346-372.

[21]CHAMPMAN C R, MORRISON D. Impacts on the earth by asteroids and comets: Assessing the hazard[J]. Nature, 1994, 367(6458): 33-40.

[22]史建春, 马月华. 彗星研究和彗星空间探测进展[J]. 现代物理知识, 2015, 27(3): 50-56.

[23]DUNHAM D W, MCADAMS J V, MOSHER L E, et al. Maneuver strategy for NEAR's rendezvous with 433 Eros[J]. Acta astronautica, 2000, 46(8): 519-529.

[24]KüPPERS M, VALLAT C, DHIRI V, et al. Science operations planning of the Rosetta encounter with comet 67P/churyumov-gerasimenko[C]//SpaceOps 2010 Conference. Huntsville, Alabama. Virigina: AIAA, 2010: 2010-2167.

[25]欧阳自远. 嫦娥二号的初步成果[J]. 自然杂志, 2013, 35(6): 391-395.

[26]杨志涛, 刘静. 近地天体预警防御综述[J]. 天文研究与技术国家天文台台刊, 2019, 16(4): 508-516.

第三部分
保障篇

随着太空环境研究的不断发展，空间天气、空间碎片、电磁干扰、太空网络干扰、行星保护、行星防御等传统和非传统环境风险因素不断增多或加剧，轨道空间、空间频谱、月球南极长期光照区等有限自然资源变得越来越稀缺，太空环境保障是进行太空活动的重要的支撑。

空间天气监测与预报阐述了在空间天气预测中不同圈层的主要监测目标和对象，描述当前空间天气研究和业务的主要监测原理。研究小天体的物理化学性质、起源与演化等方面的内容对研究太阳系的形成与演化，探索地球生命起源，消除小天体威胁等科学问题具有重要的意义。月球测绘与行星测绘是对地外天体进行探测和科学研究的基础，为深空探测提供空间信息支撑，对着陆器定位、科学目标指定、路径规划和导航定位也具有重要意义。深空导航的自主导航技术可以有效降低对地基综合测量系统的依赖，还能实现与地基综合测量系统的数据融合处理与备份功能，有效提升航天器的导航精度及可靠性。空间碎片监测与预警主要利用各种探测设备对空间碎片进行及时与全面的探测、跟踪、识别和确认，通过探测描述空间碎片环境、监视其变化，对空间接近物体进行碰撞预警，开展空间物体再入预报及联合观测试验等探测任务。小行星防御主要通过全天候的监测和搜索，识别出可能对地球构成威胁的小行星或其他天体。

空间天气监测与预报、月球测绘与行星测绘、深空导航、空间碎片监测与预警及小行星防御，这些领域看似相互独立，但实则在航天探索的过程中交织互通。它们共同为人们提供了安全和效率的保障，确保了航天任务能够顺利执行，并对太空中潜在的威胁做出及时响应。

太空环境的保障篇，主要对空间天气监测与预报、月球测绘与行星测绘、深空导航、空间碎片与监测预警和小行星防御进行保障分析。

第 12 章　空间天气监测与预报

基本概念

太阳监测、行星际太阳风、空间粒子天基探测

基本定理

塞曼效应

　　一场典型的空间天气事件通常遵循这样的模式：起源于太阳表面，随后在行星际空间中传播和演变，最终对地球的磁层、电离层和中高层大气产生影响。空间天气监测与预报的业务需求，必须对从太阳到行星际空间，再到磁层、电离层以及中高层大气这一完整的空间天气事件链进行系统监测并给出预报。监测与预报的要素包括太阳表面、行星际空间、磁层和电离层中的粒子、电场、磁场和等离子体波动等电磁参数，以及热层和电离层中的密度、温度和速度等流体特性[1]。

　　本章 12.1 节介绍空间天气监测，包括主要监测目标和对象，并从卫星和地面监测平台的角度，分别介绍主要监测原理；12.2 节介绍空间天气预报。

12.1　空间天气监测

　　空间天气监测就是对空间天气物理状态进行观测和分析的过程。"空间天气"一词最初于 20 世纪 70 年代初由美国空间物理学家提出，指从太阳大气到地球大气的空间环境状态的变化。美国在 2010 年 6 月发布的《国家空间天气战略规划》中给出了空间天气的新定义：从太阳表面到日地空间及地球磁场、高层大气内能够影响天基、地基技术系统性能与可靠性，并可能危及人类健康与生命变化的条件状态[2]。

12.1.1　太阳监测

　　太阳监测主要包括太阳黑子监测、太阳射电辐射监测、冕洞监测、太阳耀斑监测以及日冕物质抛射监测等。

1.太阳黑子监测

太阳黑子的数量是表征太阳活动强度的重要指标,它们是太阳观测中的基础项目。通过使用可见光波段的望远镜,可以观察到太阳表面上颜色较深的黑子。太阳黑子观测的关键参数包括数量、大小、分布和形态。监测太阳黑子核心方法是在可见光波段对太阳进行成像,随后测量黑子的分布和面积,按照特定标准进行计数和分类,以生成预报人员可以直接使用的黑子数据[1]。

常用的太阳黑子监测设备是太阳光学望远镜,这种望远镜通常具有较长的焦距和较大的口径,为了减少光线强度和色差,通常在光路中加入滤光片。如果滤光片设置在H-α 波段,这种望远镜也称为太阳色球望远镜,能够观察到太阳色球层的活动。在望远镜的末端使用胶片或电荷耦合器件(charge coupled device,CCD)进行成像,可以获得太阳光学图像,用于分析太阳黑子等特征。此外,太阳表面的能量主要储存为磁能,黑子区域的温度相对较低,但其磁场却极为强大。通过太阳磁场望远镜,可以监测黑子活动并获取有关黑子及其周围磁场的信息。

(1)光学监测。

基础的太阳观测工具是光球望远镜,它本质上是一台配备了摄影设备的天文望远镜,主要用于直接拍摄太阳的图像(图 12.1)。这类望远镜通常不使用滤光片,或者只配备有宽波段滤光片(波长范围超过 10 Å),从而能够捕捉到广泛的白光波段。这使得它们能够捕捉到太阳最外层的大气层——光球的图像[3-4]。

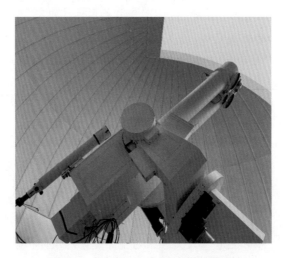

图 12.1　全日面磁场与活动监测望远镜

太阳在可见光范围内的辐射几乎完全源自其光球层,然而在其他太阳大气层上的某些特定波长辐射强度可能会显著增强,甚至超过光球的辐射。在这些特定波长上,使用极窄的单色光(波长宽度小于 1 Å)可以观察到太阳的其他大气层。通过这种方式获得的太阳图像称为特定波长(或发射该波长谱线的太阳大气层)的太阳单色图像。例如,通过在光球望远镜的光路中加入一个能透过来自色球层的 H-α 发射线(波长为 6 562.8 Å)的滤光片,并且这个滤光片的波长宽度非常窄(小于 1 Å),可以得到太阳的 H-α 单色图像,也就是色球图像(图 12.2)。装备了这种滤光片的望远镜称为太阳色球望远镜[2]。

在太空中进行的太阳成像探测包括对太阳可见光、X 射线和极紫外射线的成像探测。这些探测能够实时捕捉太阳表面的全貌和特定活动区域的图像,是监测太阳活动的关键工具。太空中的太阳成像设备与地面设备的原理相同,都是使用配备成像系统的天文望远镜来获取太阳在特定波段的图像。

图 12.2　全日面 H-α 色球望远镜观测图像

(2)磁场监测。

太阳磁场是太阳活动的核心,太阳磁场的观测要素包括磁场的方向、结构、强度和在太阳表面的分布。

通常利用塞曼效应(Zeeman effect)实现磁场的观测。塞曼效应是指在外部磁场作用下原子能级分裂的现象,即磁场可导致原子发射或吸收的光谱线出现分裂。太阳光球层发出的谱线会在磁场中发生分裂,测量分裂的谱线特征可以推算出磁场的大小[3]。

为了测量太阳磁场,通常会使用专门的太阳磁场望远镜(图 12.3)。通过在太阳光球望远镜光路中引入适当的滤波器和偏振光分析器,可以在磁场敏感的光谱线特定位置测量不同偏振状态下谱线分裂的强度差异。通过这种方法,可以间接地计算出太阳表面的磁场强度。太阳磁场望远镜正是利用这种技术来测量和分析太阳磁场的。

图 12.3　太阳磁场望远镜

2.太阳射电辐射监测

太阳从 X 射线、紫外光、可见光、红外光波段到微波波段都有一定的辐射强度。其中在可见光范围的辐射较为稳定,但在其他波段变化却比较剧烈。当太阳上发生射电爆发或耀斑伴随射电爆发时,在某些射电频率太阳辐射流量会显著增长。通常对太阳射电波段上的 10.7 cm、3.2 cm 和 20 cm 波长的射电进行监测,其中太阳在 10.7 cm 的射电流量可作为描述太阳活动的一个重要参数。太阳 10.7 cm 的射电强度和太阳表面黑子数有很好的相关性,在许多重要的电离层和中高层大气模型中,太阳 10.7 cm 流量通常作为描述太阳活动水平的重要输入参数,因此 10.7 cm 射电流量监测是太阳射电监测的重要内容。太阳射电监测包括对某一频率的射电流量监测、射电频谱监测和射电成像监测。单一频率的射电流量监测要素是该频率射电流量密度随时间的变化曲线,射电频谱监测要素是频率和时间的连续谱图。在射电成像监测要素中,除某一频率射电辐射流量密度随时间的变化外,还包括该射电爆发源在太阳上的位置信息等。

太阳射电监测主要通过无线电接收技术来实现。由于太阳射电辐射较强,利用一套小的抛物面天线(口径约 2 m)的无线电接收系统即可实现对太阳射电流量的监测,但同时需要有自动定向系统保证天线指向太阳。射电频谱监测可利用多个单频率射电接收设备来实现,也可采用扫频技术来实现。射电成像监测技术最复杂,需要大量的小口径接收天线阵列才能实现(图 12.4)。典型的射电流量监测仪器是太阳射电望远镜,由可跟踪太阳的抛物面天线、接收机系统和数据采集系统构成的。

3.冕洞监测

在用 X 射线或远紫外线波段拍摄的日面照片上,可以观察到大片不规则的暗黑的、

图 12.4　圆环阵太阳射电成像望远镜

像空洞一样的区域,这些区域称为冕洞。冕洞区域气体比较稀薄,由于日冕通常是高速太阳风的源头,而高速太阳风压缩地球磁层会引起近地空间天气扰动,因此对日冕的监测是重要的太阳活动监测内容。太阳冕洞监测通常获得的是在 X 射线(或远紫外)波段的太阳成像图片,包括冕洞的数目、面积、位置和结构等要素,预报员可直接使用这些信息。

　　冕洞地面监测实现较困难。由于地球大气对太阳 X 射线和极紫外线的吸收作用,在地面无法进行太阳 X 射线和紫外的成像观测,因此需要建立空间望远镜系统才可以对冕洞进行监测。天基太阳成像已成为当代太阳物理研究和空间天气监测的重要手段。由于大气的吸收,地球上对红外线仅有 7 个狭窄的观测"窗口",因此红外望远镜常置于高山区域;波长短于 2 900 Å 的紫外和 X 光辐射完全不能到达地面,地球磁场的作用也使太阳的粒子流不能完全到达地面,需要用空间望远镜来观测[5-6]。

　　天基太阳成像监测主要是对紫外光辐射、X 射线辐射(高能粒子流)等地面望远镜无法观测的波长进行观测。天基太阳望远镜的外形结构与地基可见光望远镜类似,但由于观测成像的波段不同,其终端设备与光学观测截然不同,需采用专门的调制和接收技术来获取太阳大气在该波长处的辐射信息,得到太阳的红外、紫外和 X 光单色像[7]。

　　目前的典型仪器是太阳 X 射线望远镜,包括望远镜准直系统、成像系统和数据采集系统,这样的望远镜一般需要安装在卫星上,如 NASA 于 2010 年发射的太阳动力学天文台(Solar Dynamics Observatory,SDO),携带有大气成像组件(AIA),能够提供紫外和 X 射线波段的高时间分辨率图像(图 12.5)。

　　4.太阳耀斑

　　太阳耀斑是一种最剧烈的太阳活动,其主要观测特征是在日面上(常在黑子群上空)突然出现迅速发展的亮斑闪耀,其寿命仅在几分钟到几十分钟之间,亮度上升迅速、

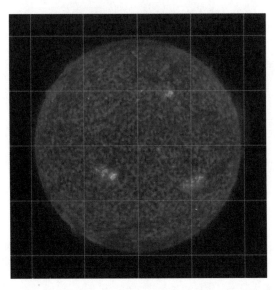

图 12.5　SDO 搭载的 AIA 使用 304 Å 波段拍摄的太阳图像

下降较慢。太阳耀斑是太阳能量剧烈的释放过程,对地球空间环境可造成很大的影响,是最重要的太阳爆发现象之一,也是太阳监测的重要内容。太阳耀斑期间太阳辐射流量会在很宽的波长范围内增加,因此对耀斑的监测较容易实现。

太阳耀斑的主要监测手段包括:太阳光球望远镜可观测到耀斑的白光强度增加,监测要素是太阳耀斑的位置和光学耀斑强度;太阳射电望远镜可观测到耀斑的射电流量强度,监测要素是射电流量强度随时间的变化;X 射线望远镜可得到太阳 X 射线耀斑爆发的位置和 X 射线耀斑强度,对预报人员最具参考价值。例如,美国国家海洋和大气管理局(NOAA)的一个系列地球静止轨道卫星(geostationary operational environmental satellites,GOES),主要用于监测天气、海洋和环境条件,其携带的太阳 X 射线传感器能够实时监测太阳 X 射线的辐射强度。

5.日冕物质抛射监测

在剧烈的太阳耀斑爆发前后,通常会有大团致密等离子物质以高达每秒百万米的速度射离太阳外层大气,这些携带太阳磁场能量的等离子体通过行星际后,如果能够到达地球,将对地球产生巨大的影响,在地球两极就会出现明显的极光,也会出现磁暴、电离层暴和热层暴等剧烈空间天气现象。日冕物质抛射是危害最强烈的空间天气事件之一,也是主要的监测对象。日冕物质抛射的成像观测对空间天气预报作用最大,但日冕抛射的物质是稀薄的等离子体且亮度较低,因此观测时需要把亮度较高的光球色球层遮挡起来。为了排除地球大气的影响,观测通常在空间飞行器中进行[8]。

日冕物质抛射过程的成像观测,通常是得到日冕物质抛射的连续照片或动画,由此推算日冕抛射物质抛射发生的时间、在太阳上的源区、日冕物质抛射的方向(尤其是关注面向地球的日冕物质抛射事件)、日冕物质传播速度等监测要素。预报员根据以上信息推测该事件是否可以到达地球,以及到达地球的时间及影响的可能程度。空间日冕仪是观测日冕物质抛射的主要设备,由大视野的白光或 X 射线望远镜和照相设备组成。例如,ESA 和 NASA 的合作项目 SOHO,其上搭载的 LASCO 日冕仪用于观测太阳日冕和日冕物质抛射(CME)。

12.1.2　行星际太阳风和磁层监测

行星际太阳风和地球磁场之间存在着密切的关系。太阳风是太阳持续向行星际空间喷射的高速等离子体流,它携带着太阳磁场向外扩散,形成行星际磁场。当这些太阳风到达地球时,它们与地球的磁场相互作用,产生一系列复杂的空间天气现象。

1.行星际太阳风监测

行星际太阳风是稀薄的太阳等离子体在行星际的传播,它将太阳的物质和能量"吹"向行星际空间。同时,由于行星际太阳风的等离子体电导率很大,可将太阳的磁场"冻结"在其中,而该磁场为南向时,太阳风能量较容易注入地球磁层空间,因此对行星际太阳风的监测对预报地球空间天气的作用较大[9-10]。行星际和磁层主要监测太阳风等离子体的密度、温度、磁场强度和方向等要素,可以利用空间飞行器安装的等离子体探针和磁强计来实现。

等离子体探针通常用于测量等离子体的密度、温度和流动速度。它们通过探测等离子体中的带电粒子与探针相互作用产生的电流来工作。不同类型的等离子体探针可以提供不同参数的测量,如单探针可以通过测量探针表面的电流,推断出电子密度和温度;双探针可以通过测量两个探针之间的电势差,分析等离子体的流动特性。

磁强计用于测量磁场的强度和方向。在空间探测任务中,磁通门磁强计(FGM)是最常用的类型之一。它通过测量磁场对磁通门线圈的磁化影响来工作,从而确定磁场的矢量分量。磁强计的在轨标定是一个重要的步骤,以确保测量数据的准确性。NASA 的 Themis 任务中每颗卫星都携带了一个 FGM,用于测量地球磁层中的磁场变化。

2.磁层高能粒子事件监测

磁层空间广泛分布着能量从兆电子伏(MeV)到吉电子伏(GeV)的粒子,能量在 MeV 以上的粒子称为高能粒子。目前的研究认为磁层高能粒子有两个主要来源:地球辐射带高能粒子和来自太阳风的高能粒子。磁层高能粒子的监测要素是粒子的能谱和流量,通常使用的技术手段是在卫星上安装粒子探测器。例如,风云卫星安装的高能粒子探测器等。

空间粒子天基探测测量主要是对空间带电粒子(电子、质子和重离子)、空间中性粒子,甚至空间 X 射线、伽马射线的测量。其中,地球内外辐射带、太阳能量粒子事件和银河宇宙线中的中高能质子和电子、电离层中的低温等离子体是空间天气粒子监测的主要内容。

利用带电粒子与物质相互作用后产生的电离和激发效应,可实现对带电粒子的测量,包括光电效应、电子对和康普顿效应。光电效应是指光(通常是紫外光或更高频的电磁辐射,如 X 射线或伽马射线)照射到物质表面时,使得物质中的电子获得足够的能量逃逸出来的现象。康普顿效应的基本原理是:当一个高能光子与物质中的自由电子发生弹性碰撞时,光子会将一部分能量转移给电子,导致光子的能量减小,波长变长。电子对效应基本原理是,高能质子射入传感器时,在各半导体探测器内沉积能量,以电离方式产生相应的电子空穴对,这些电子空穴对在高压电场的作用下,汇集到输出端并产生电荷脉冲,该电荷脉冲高度与质子在该半导体探测器中沉积的能量成正比,分析各半导体探测器的脉冲高度,即可判断高能质子及其能量[11]。

随着人类空间事业的发展,宇宙线在空间天气领域的作用逐渐显现出来,利用地面宇宙线监测结果进行地球磁暴的预报,是空间天气业务中的重要内容。地基观测到的粒子通常是宇宙线粒子与大气层分子相互作用过程中产生的次级粒子,通过反演可以推断原始的宇宙线特征。初级宇宙线粒子与大气层原子的相互作用产物有多种:发生核碎裂反应,形成质量更轻的核碎片及中子等;发生核相互作用,生成各种更小的基本粒子,如 π 介子、介子、介子超子、中微子、电子及 γ 光子等。依照这些次级成分的物理特性可以粗略划分为:电磁成分、介子成分和核成分。SOHO 携带有太阳高能粒子仪器 ERNE 和 COSTEP,用于测量太阳高能粒子。

3.磁层亚暴和磁暴监测

磁层亚暴是地球空间短暂的能量释放过程,持续时间为 12 h,主要扰动区域包括整个磁尾、等离子体片和极光带附近的电离层。亚暴的发生与行星际磁场和太阳风状态有密切关系,一般当行星际磁场持续一段时间偏南之后,就会发生一连串亚暴。亚暴期间极区极光会突然增强,极区电流体系会出现明显改变。磁暴是磁层能量最剧烈的释放过程,磁暴发生时,最典型的是地球磁场会出现剧烈的扰动,同时在地球赤道同步轨道外的区域会出现环电流增强现象。对磁暴的描述通常使用 Dst 指数,该指数是由位于地球赤道附近的一系列地磁台站的磁场观测数据计算而来的。另外,通过磁层环电流成像技术也可以实现对磁暴的监测,该技术需要利用安装在卫星上的中性原子成像仪来实现[12]。目前监测磁暴和磁层亚暴都不采用直接手段,而是通过构建一些指数来实现监测,在构建这些指数中,基本的数据是地面的磁场探测数据,基本的仪器是地面磁强计。

(1)地磁场测量。

地磁场测量仪器多种多样,包括利用永久磁铁与地磁场相互作用的机械式磁力仪、利用质子在磁场中旋进原理的质子旋进磁力仪、利用变化磁场电磁感应原理的感应式磁力仪、利用光波通过磁场时发生谱线分裂性质的光泵磁力仪,此外还有磁通门磁力仪、超导磁力仪、无定向磁力仪、旋转磁力仪等。下面介绍较常用的感应式磁力仪。

感应式磁力仪是利用电磁感应原理制作而成的磁力仪。感应电动势可分为动生电动势和感生电动势,所以感应式磁力仪也有不同类型。空间天气的地磁测量常用地磁感应仪和感应环磁力仪进行地磁场倾角和地磁扰动测量。其中,地磁感应仪是利用导体运动切割磁力线产生动生电动势和电流的原理而制作的磁力仪,用于测量磁倾角。感应环磁力仪是利用通过闭合线圈的磁通量变化产生感生电动势和电流的原理而制作的磁力仪,用于测量快速变化磁场。另外一种较常用的旋转磁力仪是专门用于测量岩石标本磁性的仪器。仪器由一对感应线圈组成,将岩石标本置于其中恒速旋转,则线圈中将感应出交变电压,其振幅取决于标本的磁矩和旋转速度[13]。NASA 的 Themis 卫星群携带有相关磁强计,用于研究地球磁层中的亚暴现象。

(2)磁层成像监测。

地球磁层是一个巨大的空间,包含不同的等离子体区域,其基本物理过程和太阳风暴之间的关系仍未被人们所理解,最主要的原因是大多数的空间探测都是单点就地测量,即使是多点测量也不能完全覆盖其整个区域。由于不同事件的区别很大,基于单点探测的统计结果只能给出大概的图像,而非空间天气角度上的全球的图像。为了理解大尺度的磁层动力学过程,磁层成像监测(如极紫外、远紫外及能量中性原子的全球成像)是对磁层动力学进行系统层面上的遥感测量的关键且有效的手段,同时也是研究地球空间各层之间耦合的最好方法。这些成像技术能够有效监测磁层的高、中、低能粒子,从而可以获取高能粒子通量对空间天气的系统危害的直接证据,提高近地空间天气监测预警能力。

①中性原子成像。地球磁层中的能量中性原子(energetic neutral atom,ENA)是通过磁层中单价的高能离子(主要是 H^+ 和 O^+ 离子)与地球逃逸层地冕(geocorona)中的原子之间的电荷交换机制产生的,产生的中性原子将以与原来离子几乎相同的能量和速度离开相互作用区,而且不受周围环境电磁场的影响,这一特性能够利用遥感技术得到中性原子图像。中性原子图像是由位于相互作用区域上方的遥感探测器在给定能量范围内连续探测到的能量中性原子组成的[14-15]。

利用能量中性原子成像技术可研究磁层环电流的大尺度结构和动力学过程,尤其是研究在磁暴和地磁亚暴过程中,环电流是如何增强和衰减的,以及如何响应太阳风暴的。在地球磁层环电流区域的等离子体的分布和能量可以估算环电流的总体状态。环电流的增强是磁暴发生的主要因素,也是影响中低纬度电离层天气的重要原因。因此,通过中性原子成像图像确定磁层空间等离子体分布,进而估算环电流状态,对磁暴和中低纬度电离层暴的监测和研究具有重要意义。Themis 任务中的 ENA 相机可以用于成像地球磁层中的高能中性原子。

②极紫外成像。包围在地球大气层外的是一个稀薄的等离子体区域,等离子体层中等离子体的显著特征是,其可在 EUV 波段发生不同程度的散射,其散射强度与散射点离子密度成正比。因此研究等离子体层离子分布的最好方法是通过光学方法对辐射进行成像,再通过图像反演得到等离子体层的离子密度分布。利用极紫外(EUV)光学成像技术可进行磁层等离子体整体成像探测、监测,并获取等离子体层整体特征和行为。

等离子体层 EUV 散射谱的两条最主要谱线为 He$^+$30.4 nm 和 O$^+$83.4 nm,其他离子成分虽然也有辐射,但由于在等离子体层中含量极低,因此不利于探测[16]。选用 30.4 nm 谱线探测的图像能反映等离子体层离子的总体分布,由其动力学特征可以推导等离子体层的动力学特征。该谱线是一条独立的线光谱,是等离子体层中强度最强的辐射,且这一波段的背景辐射可以忽略不计,因此仪器容易实现,几分钟就可以拍摄一幅图像,比较适合进行磁暴和地磁亚暴期间等离子体层对地磁活动反应的观测。例如,太阳 X 射线极紫外成像仪(X-EUVI)就是中国研发的首台空间太阳 X 射线和极紫外成像仪,其搭载在"风云三号"E 星(FY-3E)上,能够覆盖 0.6~8.0 nm 的 X 射线波段和 19.5 nm 的极紫外波段,用于监测太阳的高温等离子体和日冕结构。

③极光成像监测。极光活动是极区最重要也是最直观的空间天气现象,其强度和分布直接反映了地磁活动状态、高磁纬度地区带电粒子的动力学特征,以及地球电离层和磁层、太阳风的相互作用特征。对极光特性的研究有助于研究磁暴和地磁亚暴期间地球磁场的扰动、磁层等离子体注入过程、电离层对太阳风变化的响应,以及电离层和磁层相互作用的动力学过程[17-18]。

由于极光椭圆所占据的区域很大,地面的观测还无法完整描述极光椭圆的整体位形。对于极光椭圆的整体观测只能依靠卫星。为保证对高纬度地区的覆盖,极光成像探测通常采用较高高度的、大椭圆的近极轨轨道卫星来实现。例如,搭载在 FY-3D 卫星上的广角极光成像仪(WAI),是国际上首次在低地球轨道(LEO)上对极光进行全局成像观测的设备。它能够通过扫描实现 130°×130° 视场范围内的极光观测,获取极光的辐射强度和形态及其演化信息,空间分辨率为星下点 10 km。

12.1.3 电离层与中高层大气监测

电离层位于地球大气层 50~60 km 以上,由太阳辐射等电离作用形成,包含自由电子和离子,与中高层大气有重叠。中高层大气受太阳紫外辐射控制,温度随高度增加而升高。二者互相作用,互相影响。

1.电离层监测

电离层背景电子密度的主要监测要素包括:某观测站垂直方向的最大电子密度、最大电子密度所在的高度、电离层电子密度廓线和电子总含量(TEC)。实现电离层电子密度廓线监测的主要技术手段是利用电离层电子可反射部分短波频率的无线电波信号的特性,通过向电离层发射固定频率的短波信号,然后接收其回波进行分析可得约 100 km 到最大电子浓度高度的电子密度廓线[19]。典型的仪器是电离层测高仪,是由一套无线电信号发射装置、发射和接收天线及数据处理系统组成的雷达系统。在地面接收卫星发射的无线电信号,分析信号(双频)在穿过电离层时产生的信号延迟和相位变化的差值,可以得到卫星到接收机路径上的电子总含量。典型的设备是 GPS 接收机,可反演卫星到接收机路径上的斜向电子总含量,通过一定算法可换算成垂直 TEC。通过特定仪器对电离层电子浓度在时间和空间尺度的连续监测,可监测电离层暴和电离层骚扰等典型电离层空间天气事件[20]。

(1)电离层垂直探测。

电离层垂直探测是电离层研究中最古老,但至今仍然是非常重要的电离层地面常规探测技术方法。早在 20 世纪 20 年代中期,就是垂直探测技术验证了人们对电离层的种种猜想,最终证实了电离层的存在。

电离层数字测高仪是地面观测研究电离层的主要常规设备。它通过垂直发射扫频高频脉冲波,当电波频率 f 等于电离层等离子体频率 f_p 时,信号发生反射。测量从电离层反射回波到达接收机的时间延迟,可获得各频率点电离层虚高,即频高图。对频高图进行反演,可获得电离层峰下电子浓度剖面。现代数字测高仪不仅能进行虚高测量,还可对信号幅度、极化、多普勒频移、到达角和漂移等多种参量进行测量,通过观测可以研究电离层的结构与运动,还能实现频高图的自动度量分析和数据网上传输发布,开展大范围电离层空间环境的实时监测和分析。

(2)电离层 GPS 监测。

全球定位系统的卫星上带有精确的原子钟,它是以卫星到地面站的时间信号所经历的时间作为观测量,换算为距离后确定点位。每颗 GPS 卫星发射两种不同频率的电磁波信号,通过测定这两个频率信号的时延差和相位差可以推算沿电波路径上的电子总含量(TEC)。利用差分载波相位观测获得含有未知参量的积分总电子含量,只能反映 TEC 的相对变化,称为相对 TEC;而将通过差分伪距观测得到的积分总电子含量称为绝对 TEC。由差分伪距观测得到的绝对 TEC 的精度不是很高,即使是使用精码,其精度也只能达到 1 TECU(8.1.3 节)的数量级。相对 TEC 还有一未知的初值参数,只能得到 TEC 的相对变化,得不到 TEC 的绝对大小。为了获得高精度 TEC 值,依据最小二乘法原理,结合这两种观测量,采用相对 TEC 数据和绝对 TEC 数据"对齐"的方法,利用载波相位观测平滑伪距观测量,就可以获得高精度的绝对 TEC。

电离层闪烁现象是指电波信号穿越电离层时,由于电离层等离子体不均匀结构及其时空涨落引起的电波幅度、相位、时延的快速变化。电离层闪烁影响自 VHF/UHF 一直到 S 波段间电磁波的传播,对 30~60 MHz 电波的影响也不可忽略。卫星导航信号是由导航卫星发射的具有相对稳定的强度、相位(频率)的扩频信标信号,其经由电离层传播到地面接收站时,带来了信号强度抖动和信号相位抖动。由于卫星传播信号的特征是已知的,地面接收机通过跟踪这一信号,就可以推知电离层附加时延及其抖动、信号强度抖动、相位抖动信息等。这些信息也就是电离层闪烁观测设备所要探测的物理量。

(3)非相干散射雷达。

单个电子对电磁波的散射称为汤姆孙散射或非相干散射,戈登(1958)指出电离层中的自由电子对无线电的散射可以非相关叠加,利用地面大功率雷达有可能观测到这种散射的回波,从而获取电离层特性的方法为非相干散射雷达探测技术。

电离气体对电磁波的非相干散射,是指因离子和电子随机热运动而导致的等离子体密度微小涨落所引起的电磁波散射。由于散射截面非常小,散射信号非常微弱,只有强有力的大功率雷达才能探测到非相干散射信号。同时,等离子体集体相互作用会导致电子的运动是部分相关的。尽管这种相关性对总的散射截面来说影响不大,却会对散射信号的多普勒频谱产生深刻的影响,正是这种额外增加的复杂性极大地增大了观测数据的价值。

(4)电离层成像监测。

电离层成像监测通常包括两个主要方法:光学成像和无线电波层析成像。由于直接对自由电子进行成像存在困难,因此通常采用一种间接技术,即通过捕捉特定离子(如氧离子 O^+)的特定光谱来实现。通过这些光谱数据,可以采用特定算法来推断电子的分布情况和变化趋势,从而达到监测电离层的目的。此外,可以通过从空间飞行器发射特定频率的无线电信号,并在地面建立接收站网络,利用类似于医学领域中的层析成像技术来获取电离层的二维图像。

①电离层光学成像。电离层光学成像监测基本原理是电离层和高层大气的分子及

原子受到太阳紫外辐射的作用将产生激发甚至电离,激发态的分子或原子跃迁回基态时发出的光,即为气辉。即使在夜晚,虽然激发源已经消失,但因激发态的寿命较长,或因分子、原子等的复合,高层大气也存在发光现象(夜气辉)。由于太阳紫外辐射、大气及电离层组分直接决定着气辉的形成,气辉的分布还随太阳活动、地磁活动强度的变化而发生改变。通过对高层大气中气辉的监测和成像,即可获得发出气辉的中性大气和带电粒子的浓度及变化,间接实现电离层和高空大气成像监测。在电离层 F 区,尤其是在峰值高度附近,电离层主要由 O^+ 和自由电子组成且二者浓度大致相等,因此可以通过成像测量 O^+ 而获得 F 层自由电子的密度分布。在 F 层内,O^+ 离子在 F 层区域内与电子再复合生成 O 原子,并且释放出一个光子。

在电离层测量过程中,利用光学成像设备,可对电离层中的气辉辐射强度进行测量,测量出全球不同位置的电离层电子分布密度梯度。

②电离层层析成像。层析成像断层扫描是以大量经过物体截面的衰减信号来产生截面影像的技术(图 12.6),其好处在于不需要通过切割物体来得到物体内部的信息。1917 年,Randon 发表了可以从投射数据重建原函数的理论,奠定了断层扫描成像的基础。Randon 转换后被应用到各种不同的领域上,如医学上的人体断层扫描、地球物理学上的地层结构探勘、天文学、分子生物学、材料学和工业检测等。由于这项技术的应用不受限于探测物体的大小,因此从微生物组织的观察到星球的探测都能应用此项技术进行研究,应用上相当广泛,可提供被扫描物体更多维度的信息,有利于研究受测物体的结构。1986 年,Austen 等开始将断层扫描技术应用于电离层的探测上。他们将多个地面接收站所接收电波路径上的全电子含量,利用计算机断层扫描技术重建出二维电离层电子浓度分布,所发展的反演技术称为电离层计算机层析或断层扫描技术。该技术借助卫星发射的电波信号探测电离层,透过地面接收站接收穿过电离层电波信号的相位,由相位信息反演电波路径所形成剖面上的电子浓度分布。

(5)电离层等离子体探测。

与辐射带中广泛分布的高能粒子相比,电离层中自由电子的能量低得多,一般温度为 1 000~2 000 K 的电子(典型的电离层 F 区等离子体温度)对应的电子热能为 0.1~0.2 eV,因此电离层中的电子和离子属于稀薄的冷等离子体,其测量方法与前述的高能粒子测量方法明显不同。常用 Langmuir 探针及其衍生的阻滞分析器和离子漂移计联合探测等离子体的密度、温度和漂移速度等。在电离层应用中,通常在低轨道卫星上安装以上设备组合进行就位探测,Langmuir 探针常用于测量电子密度、温度和卫星电位以及电子密度涨落;阻滞分析器和漂移计用于测量离子密度、温度、成分和漂移速度矢量以及离子密度涨落。

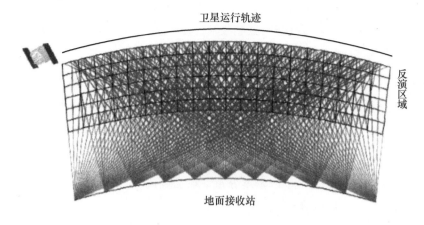

卫星运行轨迹

反演区域

地面接收站

图 12.6　电离层层析探测原理

Langmuir 探针探测就是利用一根小的金属电极,将其浸泡在等离子体中,通常将探针通过一个电源接到参考电极上,随着加到探针和参考电极间的电压变化,测出相应的电流,所得到的电流和电压的关系曲线称为探针的特性曲线。通过分析探针的特性曲线,可以获得等离子体温度、密度等参数。

2.中高层大气探测

中高层大气地基探测方法分为主动式探测和被动式探测两种。主动式探测主要是由发射源发射激光或者无线电波,探测大气回波的响应来计算大气的风场、温度场及密度。被动式探测则是依靠观测大气中分子或原子的跃迁辐射形成的极光或气辉特定谱线的多普勒移动及展宽,来确定大气的风场和温度场。

（1）主动式探测。

激光探测是主动能量探测方式,具有高时空分辨率、高探测灵敏度,可实现准连续探测,以及不存在大气探测盲区等独特优势,已成为对中高层大气多种参数探测的不可替代的重要手段。激光探测主要通过大气中钠层对激光的荧光共振机制和大气分子对激光的瑞利散射,来探测特定高度上原子密度、波动及风场、温度场等信息。对 20 ~ 120 km 近地空间探测而言,由于大气中的气溶胶成分已可忽略,因此目前利用瑞利散射激光雷达已可实现对 20 ~ 80（90）km 大气的密度、温度波动等参数的探测,也可实现对 20 ~ 60（70）km 风场的探测;利用高空钠层（或钾层）的共振荧光增强机制,还可实现对 80 ~ 120 km 原子密度、波动（低分辨率）和温度、风场（高分辨率）的激光雷达探测。

（2）被动式探测。

中高层大气风场和温度场测量是利用测量气辉特征辐射的被动光学遥感方法进行的。这种方法主要依赖于从空间平台对大气层进行临边观测,探测大气中分子和原子的发射或吸收光谱,并通过分析这些光谱的多普勒频移来获取风速和温度信息。

中高层大气探测的天基手段主要依靠卫星、火箭等搭载传感器,对其密度、成分、温度等进行测量。苏联和美国的卫星利用卫星轨道参数的变化来反推大气密度,也可利用大气中的气辉辐射作为示踪物,通过成像技术捕捉大气中的发光现象。气辉是大气中某些化学元素或分子受到激发后返回到基态时发出的光。这些发光现象通常发生在夜间,可以反映出大气中的温度、密度、风场及大气波动等信息。

12.2　空间天气预报

空间天气预报是预测和评估太阳活动及其在行星际空间和地球空间环境中引起的变化,这些变化可能会对人造卫星、通信信号、全球定位系统(GPS)信号、电力网和航空旅行等人类活动产生影响。空间天气的变化包括太阳耀斑、日冕物质抛射、磁暴、电离层扰动等事件。通过对太阳活动的监测和模型预测,空间天气预报目标是提前告知潜在的空间天气事件,以便采取预防措施以减少对人类活动的不利影响[21]。

12.2.1　预报要素与时效

根据日地空间区域的划分,空间天气预报包括太阳活动预报、行星际天气预报、磁层预报、电离层预报和中高层大气预报。

1.太阳活动预报

太阳活动预报主要包括太阳活动长期预报、太阳活动中期预报和太阳活动短期预报。

太阳活动长期预报预测未来一个太阳活动周内太阳的活动趋势,预报内容包括黑子数的高峰值、高峰期、低谷期和极小值。太阳活动长期预报能为国家的中长期航天发展规划提供决策依据,太阳活动周预报常用于地球上旱、涝、地震等灾害的预测,气象学者多年前就发现了某些地区的年降水量和气温等的变化有类似于太阳活动水平的周期起伏。

太阳活动中期预报是中期空间天气预报的一个重要支柱,它的主要内容是预测未来一个月或 27 天(即一个太阳自转周的平均时间)的太阳活动总体水平,如黑子数的平滑月均值或太阳在 2 800 MHz 的辐射通量,以及预测未来一个月内在哪些天、在日面上何处会有较大的太阳黑子群,会有较多的或较大的太阳爆发产生。这类预报所涉及的空间天气变化,对于安排航天飞行器发射、空间任务的执行、通信计划的实施及其他领域的预防措施的考虑具有参考意义。太阳活动中期预报可以帮助航天任务、通信工作、电磁勘探、信鸽竞飞等活动选择比较安全的时期,避开空间天气可能的剧烈变化时段,也可以为某些科学实验或研究工作选择空间天气可能会发生相对变化的时段,以便抓住机会做试验和观察。

太阳活动短期预报是指未来1~3天的太阳活动预报,内容主要包括太阳活动区、太阳耀斑、日冕物质抛射、F10.7射电流量和太阳黑子数等。太阳活动短期预报可以帮助科学家更好地理解太阳活动的规律和机制,为航天器、卫星等提供活动预警,防止太阳活动对这些设备造成损害,提前预测太阳活动可能对通信系统造成的影响,为电网调度提供数据支持,有助于太阳能发电领域优化电力资源配置。

2.行星际天气预报

行星际天气预报是指对未来某一时段内行星际空间天气要素和现象的预测。主要是对日球层,特别是对1 AU附近的太阳风参数的预报,以及太阳高能粒子事件预报。太阳风参数预报主要描述和预报太阳风密度、速度及行星际磁场的大小和方向,并预测太阳爆发现象在行星际的表现、传播和演化。太阳高能粒子事件预报主要给出卫星轨道附近太阳高能粒子和宇宙射线的描述、警报和预报,预测太阳高能粒子对人类航天活动的影响和对深空探测航天器的相关效应。该预报以短期预报为主,预报未来几小时到几天内事件发生的可能性、预期的峰值通量、峰值发生的事件、总流量和事件持续的时间。

3.磁层预报

磁层预报的预报对象为磁层带电粒子和磁场,包括不同轨道磁场分布的现报和预报,不同轨道带电粒子能量的现报和预报,以及关于质子事件和高能电子增强事件的警报。

(1)磁层的短期预报(1~3天):包括对即将发生的磁暴、地磁亚暴、太阳风条件、行星际磁场(IMF)状况的预测,以及对可能影响地球磁场和电离层的日冕物质抛射的预警。

(2)中期预报(3~30天):包括对太阳活动周期内可能发生的磁暴和地磁亚暴的预测,包括基于太阳黑子数和其他太阳活动指标的趋势分析。

(3)长期预报(几个月到一年以上):包括对太阳活动周期的预测,如太阳黑子数的年度变化,以及这些变化如何影响地球磁层的长期变化。

4.电离层预报

电离层预报是对电离层空间天气要素、现象和事件做出的现报、专报和警报。根据预报时间的长短可分为短期预报、中期预报和长期预报。

电离层预报涉及的内容较多,目前业务中提供的预报内容主要有电离层状态参数(TEC 和 N_mF_2)的现报和短时预报以及用户专项预报等。其中,专报是根据不同专业用户需求发布的有针对性的预报,如通信广播部门需要的可通频率、信号吸收和误码率预报,测量部门所需的折射误差预报,卫星用户所需的卫星信号闪烁指数预报,导航部门所需的导航误差预报等。此外,极光强度预报也可归为电离层预报的内容。

电离层的短期预报通常指的是未来几小时到几天内的预报,这种预报主要关注电离层的小尺度变化,如电离层扰动、电离层暴等;中期预报覆盖的时间范围通常是几天到几周,主要考虑太阳活动和地磁活动的中期变化趋势,如太阳耀斑、日冕物质抛射等对电离层的影响,这种预报有助于提前规划和调整相关的技术活动;长期预报指的是几周甚至几个月以上的预报,主要关注电离层的长期变化趋势,如太阳活动周期、季节性变化等,长期预报对于科学研究和战略规划具有重要意义。

5.中高层大气预报

中高层大气天气预报主要包括对中高层大气参量(密度、温度、风场和大气成分等)的结构分布和扰动进行的短期预报、中期预报和长期预报。

中高层大气的短期预报通常指的是未来几小时到几天内的预报。这种预报主要关注中高层大气的小尺度变化,如大气潮汐、行星波和重力波等。这些变化可以影响低轨道卫星的轨道和大气层的化学反应。短期预报依赖于实时观测数据和高分辨率模型,能够提供较为精确的预测;中期预报覆盖的时间范围通常是几天到几周,主要考虑太阳活动和地磁活动的中期变化趋势,如太阳耀斑、日冕物质抛射等对中高层大气的影响,这种预报有助于提前规划和调整相关的技术活动,如卫星轨道调整和通信系统频率的调整;长期预报指的是几周甚至几个月以上的预报。长期预报主要关注中高层大气的长期变化趋势,如季节性变化、长期气候变化等。长期预报对于科学研究和战略规划具有重要意义,可以帮助科学家和工程师了解大气环境的长期变化趋势,从而进行相应的规划和设计。因探测手段的制约,中高层大气天气预报是目前发展最为滞后的领域,各主要空间天气预报机构的日常业务中都还没有涉及中高层大气的天气预报。

12.2.2 预报方法和预报检验

空间天气预报方法可分为统计预报(包括经验预报)和数值预报两种。目前,无论是在国内还是国外,空间天气数值预报都处于起步阶段,业务上以常规的统计预报为主。

1.统计预报

经验预报是指根据空间天气学理论和预报员的实践经验,对观测数据进行分析、推理来预报未来空间天气趋势。统计预报通过对大量的历史资料采用数理分析方法,找出各种空间天气事件发生频率、强度分布等规律,建立统计预报模型,对未来事件做出预报。

统计预报方法是目前业务中的一种常用方法。采用回归分析方法、多因素分析方法和现象滤波技术等。近年来,在空间天气预报中也大量应用了人工神经网络方法。目前,地磁预报大量采用人工智能技术(AI)技术。现在已发展许多种 AI 技术,包括人工神经网络、专家系统、模糊方法、遗传算法等,人们把这些方法总称为智能混合方法(HIS)。这些方法在非线性动力系统运作下学习数学功能并且能解释所学到的东西,有些与物理模型相结合已取得了可喜的结果。

2. 数值预报

数值空间天气预报依赖于数学模型来预测空间天气的变化。这些模型基于物理定律,并以观测数据为基础,用以描述和解释空间天气的物理现象。由于空间天气现象覆盖的区域极为广泛,无论是局域探测还是遥感技术,都无法全面覆盖所有相关的空间区域,因此它们提供的信息往往是局部和有限的,没有可靠的数值预报模型,就无法全面理解空间天气变化的规律,并进行准确预报。目前,空间天气预报的能力还远远落后于常规气象预报,迫切需要提升。特别是,如何借鉴气象预报的经验,建立一个基于超级计算机的数值天气预报操作模式,成为空间天气预报领域未来的关键发展方向。

虽然观测提供了一些记录,但在空间和时间上缺乏连续性,而预报模型虽然能够提供具有物理动力过程和时空完整性的状态,但这些状态只是对真实状态的一种近似。为了将观测和模型这两种互补的信息融合起来,创造出既接近真实状态又包含内在物理过程的四维图像,需要应用同化技术。同化技术能够结合多种观测数据,准确描述研究对象的当前状态,对提高数据分析的质量和预报的准确性都至关重要。数据同化预报模式的实施首先需要一个物理模型来提供空间天气的准确初始状态,即背景场。然后,将不同来源的大量数据与空间天气的初始状态结合起来进行分析,以得到当前天气状态的最佳估计值,并为下一次数据同化循环提供新的背景场。

3. 预报检验

空间天气检验工作的开展,标志着空间天气预报的正规化和业务化水平的提升。对不同变化幅度的产品,如采用同样的方法检验后的水平差异很大,需要从物理定义角度进行分级检验。此外,不同用户的需求不同,对漏报和虚报的关注程度也不相同,如卫星发射时要求宁可虚报也不能漏报。因此,对于不同用户评价指标也要慎重选择,以反映真实的预报水平。例如,对指数预报(如太阳 10.7 cm 射电流量、地磁 Ap 指数预报)效果的检验指标主要是月年的预报准确率、平均绝对误差、均方根误差、标准均方根误差等。

思　考　题

1.空间天气预报对于哪些领域至关重要,为什么?请结合本章内容,讨论空间天气预报如何帮助这些领域预防和减轻空间天气事件的影响。

2.本章提到了多种电离层监测技术,包括电离层垂直探测、电离层 GPS 监测(TEC 和闪烁)、非相干散射雷达等。请从这些监测技术中选择一种,并讨论其在现代空间天气预报中的具体应用及其对提高预报准确性的潜在贡献。

光学望远镜行星观测实验

太阳射电望远镜
F10.7 指数观测实验

电离层环境监测
数据分析实验

3.比较统计预报和数值预报在空间天气预报中的不同作用和准确性,讨论为什么目前业务上更倾向于使用统计预报,并探讨数值预报在未来空间天气预报中的发展前景。

本章参考文献

[1]王劲松,焦维新. 空间天气灾害[M]. 北京:气象出版社,2009.

[2]肖建军,龚建村. 国外空间天气保障能力建设及对我国的启示[J]. 航天器环境工程,2015,32(01):9-13.

[3]ZEEMAN P. The effect of magnetisation on the nature of light emitted by a substance[J]. Nature,1897,55:347.

[4]焦维新. 现代战争与空间天气[M]. 沈阳:辽宁人民出版社,2021.

[5]德洛丝·尼普.空间天气及其物理原理[M]. 龚建村,刘四清,译.北京:科学出版社,2020.

[6]张效信,杜丹,郭建广. 空间天气定量预报模式[M]. 北京:气象出版社,2016.

[7]国家自然科学基金委员会,中国科学院. 中国学科发展战略–空间天气预报前沿[M]. 北京:科学出版社,2018.

[8]马克·莫德温. 太空天气入门[M]. 史全岐,郭瑞龙,译.北京:科学出版社,2022.

[9]贝丝·阿莱西. 太阳[M]. 乔辉,译.北京:科学出版社,2022.

[10]YAZEV S A, KITCHATINOV L L. The origin of the solar activity[J]. Astronomy reports,2023,67(1):S74-S77.

[11]YAZEV S A. Solar activity in space and time[J]. Astronomy reports,2023,67(1):

S67-S73.

[12] LUO P X, TAN B L. Long-term evolution of solar activity and prediction of the following solar cycles [J]. Research in astronomy and astrophysics, 2024, 24 (3): 035016.

[13] YUAN J J, ZHOU S S, TANG C P, et al. Influence of solar activity on precise orbit prediction of LEO satellites [J]. Astronomical and astrophysical research, 2023, 23 (4): 58-67.

[14] SUN W Q, XU L, ZHANG Y, et al. Solar active region magnetogram generation by attention generative adversarial networks [J]. Research in astronomy and astrophysics, 2023, 23(2): 47-52.

[15] ISHII M, BERDERMANN J, FORTE B, et al. Space weather impact on radio communication and navigation [J]. Advances in space research, 2024, 64 (11): 3349-3364.

[16] 李蓉, 全林, 李泠, 等. 空间天气服务现状及发展综述 [J]. 地球物理学进展, 2023, 38(6): 2417-2429.

[17] TAMAOKI S, SAITA K, HOSHI R, et al. Space weather casters and space weather interpreters confronting space weather hazard [J]. Journal of space safety engineering, 2022, 9(3): 390-396.

[18] FACSKOG, KOBAN G, BIRO N, et al. Space weather effects on critical infrastructure [C]. HCC 2022. Advanced Sciences and Technologies for Security Applications. Cham: Springer, 2024.

[19] 戈斯瓦米. 太阳与空间天气 [M]. 柏林: 斯普林格出版社, 2009.

[20] GOPALSWAMY N, MAKELAP, YASHIRO S, et al. Solar activity and space weather [J]. Journal of physics: conference series, 2022, 2214(1): 012021.

[21] BOTHMER V, DAGLIS I A. Space weather-physics and effects [M]. Heidelberg: Springer Berlin Heidelberg, 2007.

第 13 章　月球测绘与行星测绘

基本概念

月球测绘、火星测绘、小行星测绘

基本定理

大地测量、摄影测量、遥感解译

基本公式

月球轨道器严格成像几何模型:式(13.1)

巡视器定位误差方程:式(13.9)

小行星共线条件方程:式(13.11)

月球和行星测绘是对地外天体进行探测和科学研究的基础,是在统一时空框架下研究测定月球、火星和小行星的三维坐标,完成行星形状、重力场等确定,获取行星表面形貌和属性信息,编制目标区域的空间信息成果。为深空探测提供空间信息支撑,对执行探测着陆巡视建站任务的选址评估尤为重要,对着陆器定位、科学目标指定、路径规划和导航定位也具有重要意义。

本章 13.1 节介绍月球测绘;13.2 节介绍火星测绘;13.3 节介绍小行星测绘。

13.1　月　球　测　绘

月球测绘内容包含月球大地测量、月球摄影测量、月球遥感解译、月球空间信息服务和月面巡视器导航与定位。

13.1.1　月球大地测量

月球大地测量是进行月球表面及近月空间点位测定、月球形状及大小测量、月球时空基准建立与维持、月球重力与磁力场以及月球整体与局部运动变化的研究,是开展月球测绘相关研究的先决条件,是月球测绘的基础。

月球大地测量作为月球探测的重要任务之一,它的任务和地球大地测量基本相同:一是在月球上给出一个有确定定义的坐标系,并在其中布测一个大地控制网;二是确定月球大地测量的几何和物理参数;三是确定月球的外部重力场[1]。然而月球大地测量和地球大地测量也有根本的区别:地球大地测量工作常常在地球表面上进行,而对于月球大地测量而言,目前还很难在月球表面大规模展开,月球大地测量的观测数据绝大部分都要依靠环月或绕月的航天探测器来获取[2]。

1. 月球重力场测量

月球重力场的精密测量是探月计划的重要组成部分,它决定着月球探测器的轨道优化设计和载人登月飞船月面理想着陆点的合适选取[3]。探月卫星在月球重力场作用下绕月球做近圆极轨运动,若精密定轨必须知道精确的月球重力场参数;反之,精确测定卫星轨道摄动,利用摄动跟踪观测数据又可以提高月球重力场参数的精度,两者相辅相成。由于目前月球重力场信息均通过月球探测器的轨道摄动跟踪数据获得,因此仅能感测月球重力场的长波信号,而且探测精度相对较低。获得月球全球、规则、密集、全频段、高精度和高空间分辨率的月球重力场数据必须满足 3 个基本准则:①连续高精度跟踪月球卫星的三维空间分量(位置和速度);②精密测量作用于月球卫星的非保守力(如轨道高度和姿态控制力、月球辐射压、太阳光压、宇宙射线和粒子压等)和精确模型化作用于月球卫星的保守力(如日地引力、月球固体潮汐力等);③尽可能降低月球卫星的轨道高度(50~200 km)。此外,重力场测量方式可分为以下 3 种。

(1)月球重力场直接观测。

直接测量是研究月球重力场最直接的方法,因航天技术和观测设备等限制,人类仅在 1972 年进行过月球重力场的直接测量实验。虽然并未成功实现对月球重力场的直接观测,但为未来实现对月球重力场直接测量积累了经验。

(2)基于卫星数据的月球重力场模型。

利用卫星轨道追踪数据解算全球重力场是研究地球、月球等星球重力异常的常用方法。球谐分析法是常用解算月球重力场模型的方法之一,其结果是利用一系列球谐展开系数描述月球引力位相对理想球体情况的偏离异常。

(3)月球重力场与月球内部结构研究。

通过对月震、月球重力场及月球化学等多种研究成果的分析,得到了对月球内部结构的基本认识。月球内部可分为月核、月幔和月壳 3 部分。目前对月壳的认识程度相对较高,月壳平均厚度约 40 km,远月面月壳厚度比近月面要厚 12 km 左右。月幔结构的认识主要来自月震学研究。月震学发现在约 500 km 深处存在速度间断面,预示着可能的月幔成分变化,一种可能的解释认为该深度是月球岩浆海熔融的基底深度,同时在 1 150 km 以下存在部分熔融区域。对月核的认识较少,以往的研究认为月球存在一个熔融的外核,存在约 300 km 半径富铁的月核。

2.月球磁场测量

现代月球没有全球性的偶极磁场。阿波罗-15 和 16 子卫星、Luna 101 和 Explorer 35、Lunar Pros pector(简称"LP")环月飞行探测得到的资料显示,月球磁场强度较低,一般为几纳特,且不同地区磁场强度大小也明显的不同。月球正面的磁场强度一般为 0.75~6.0 mT,月表磁场较强的(场强大于 100 nT)区域一般位于月球背面的高地,正好位于月球正面雨海、东海、澄海、危海等撞击盆地的对跖区域。在 Descartes 山(12°S,16°E)附近也有类似的强磁场异常区,而月表弱磁场一般分布于年轻的撞击坑或撞击盆地,在雨海纪形成的盆地中发现月表平均磁场最弱,仅为 0.5 nT。因为撞击退磁作用,一些哥白尼纪、爱拉托逊纪及雨海纪形成的盆地平均磁场约为 2.7 nT。研究还发现,撞击坑内磁场强度一般比其周围的磁场强度低,这与最近在火星和地球上一些撞击坑的磁性研究结果相一致。

月球磁场主要通过月球轨道器的磁力仪与电子反射计进行测量,NASA 根据 Lunar Prospector 探测器的测量数据,绘制了人类第一幅月壳磁场图,磁场的空间分辨率为 4 km。迄今为止,所有探测结果均表明月球没有全球性偶合磁场,且大部分区域磁场微弱。随着空间运载能力的提升和月球基地的建设,未来将搭载月面测量设备进行局部区域的高精度重力与磁力测量。

13.1.2　月球摄影测量

驱动月球摄影测量制图技术发展主要有两方面的动力:一方面是针对月球受限条件下的摄影测量技术进行研究,如研究针对月球轨道器影像的几何建模及精化方法等;另一方面是针对月球探测的工程及科研应用需求的摄影测量制图方法进行研究,如多源基准统一的大区域制图、数据融合制图等方法[4]。

1.轨道器影像几何模型构建

遥感影像成像几何模型是描述影像上的点与地面点之间的坐标转换关系的模型,利用轨道器影像进行摄影测量的定位制图,构建影像的成像几何模型是关键和基础。月球影像的几何模型与对地观测遥感影像的模型构建一样也分为两类:一类是基于共线方程原理的物理成像几何模型,也称严格成像几何模型;另一类是与传感器无关的通用成像几何模型。

基于共线方程的物理成像几何模型根据成像原理、恢复成像时光线的几何位置关

系,从而建立像点与物方点的对应关系。共线方程表达月球轨道器严格成像的几何模型如下:

$$
\begin{bmatrix} X \\ Y \\ Z \end{bmatrix} = \lambda\, \boldsymbol{R}_{ol}\, \boldsymbol{R}_{bo}\, \boldsymbol{R}_{ib} \begin{bmatrix} x_c \\ y_c \\ -f \end{bmatrix} + \begin{bmatrix} X_s \\ Y_s \\ Z_s \end{bmatrix} \tag{13.1}
$$

式中,(X,Y,Z) 是对应的物方点在月固坐标系的坐标;(X_c,Y_c) 与 f 是经过畸变校正的焦平面坐标和焦距,构成内方位元素;(X_s,Y_s,Z_s) 是摄影中心在月固坐标系的坐标,为外方位线元素;$\boldsymbol{R}_{ol}$ 表示像空间坐标系转换至飞船本体坐标系(bodcoordinate system,BCS)的旋转矩阵,由传感器的安装角计算得来;$\boldsymbol{R}_{bo}$ 表示 BCS 至轨道坐标系(orbit coordinate system,OCS)间的旋转矩阵,可用姿态计算得到;$\boldsymbol{R}_{ib}$ 表示 OCS 到月固坐标系(Lunar body-fixed coordinate system,LBF)的旋转矩阵,由轨道测量参数计算得到;λ 是一个比例因子。

构建月球轨道器模型的关键是获取上述内外方位元素参数。目前,国外大部分月球轨道器的内外元素参数均可由 SPICE kerne 文件读取。为了能使月球轨道器遥感影像得到更广泛更好的应用,构建其通用成像几何模型有较高的需求。以有理函数模型(rational function model,RFM)为代表的通用成像几何模型具有拟合精度高、通用性好、应用方便等优点,研究有理函数模型对月球轨道器影像的适用性是十分必要的。

2.月球区域网构建与求解

区域网平差是月球遥感卫星影像测图中一项必不可少的环节,在少量地面控制点或无地面控制点条件下,通过充分利用作业区中相邻影像间的同名像点连接关系,按照一定的平差模型高效实现作业区中所有影像的几何定向参数、加密点物方坐标等的修正,为后续测绘产品生产提供高精度几何模型。

月球遥感影像区域网平差包括 3 个重要环节:构网、建模及求解。其中,构网主要是利用影像相关技术获取区域网中待平差影像之间的同名像点以构建影像之间的连接关系网;建模主要是基于待平差影像的几何成像模型,利用同名像点、地面控制点等观测值构建平差模型;求解环节是对所构建的平差模型中的未知参数进行最优估计,并对平差结果的精度进行评估。

遥感卫星定轨、定姿及定标技术的不断进步,激光测距仪、全球数字地形模型等多源高精度遥感数据的涌现,使光学遥感卫星影像区域网平差手段从有地面控制走向了无地面控制;稀疏矩阵、高性能计算等新技术的兴起则使平差规模也从小区域走向大区域。

(1)连接点匹配。

月球遥感影像区域网平差涉及大量连接点(tie point)匹配工作,当区域网内影像数量较多时,网内影像之间的拓扑关系错综复杂。为了保证区域网平差解算的稳定性,首先需要构建区域网内影像之间的连接关系,即在影像间重叠区内匹配同名像点。连接点匹配是进行超大规模遥感卫星影像区域网平差的前提。连接点匹配的方法有很多,比较主流的有基于灰度的影像匹配和基于 SIFT 的影像匹配。基于灰度的影像匹配又称最小二乘影像匹配。SIFT 算子是一种基于尺度空间的,对影像缩放、旋转及仿射变换保持不变的影像局部特征算子。

(2)基于灰度的影像匹配。

基于灰度的子像素级影像匹配是由德国 Ackermann 提出的,又称最小二乘影像匹配,它同时考虑到局部影像的灰度畸变和几何畸变,是通过迭代使灰度误差的平方和达到极小,从而确定出共轭实体的影像匹配方法。利用基于灰度的子像素级影像匹配可以达到 0.01~0.1 像素的高精度,该算法能够非常灵活地引入各种已知参数和条件,从而可以进行整体平差。

基于灰度的子像素级影像匹配的原则为灰度差的平方和最小,即

$$\sum vv = \min \tag{13.2}$$

若认为影像灰度只存在偶然误差,不存在灰度畸变和几何畸变,即

$$n_1 + g_1(x,y) = n_2 + g_2(x,y) \tag{13.3}$$

或

$$v = g_1(x,y) - g_2(x,y) \tag{13.4}$$

式中,g 为灰度;v 为灰度差。由于影像灰度存在辐射畸变和灰度畸变,因此需要在此系统中引入系统变形的参数,通过解求变形参数构成了最小二乘影像匹配系统。

$$g_1(x,y) + n_1(x,y) = h_0 + h_1 g_2(a_0 + a_1 x + a_2 y, b_0 + b_1 x + b_2 y) + n_2(x,y)$$
$$\tag{13.5}$$

(3)SIFT 特征点匹配。

SIFT 特征点匹配算法由 Lowe 在 1999 年提出。该算法匹配能力强,能提取稳定的特征,可以处理两幅影像在平移、旋转、仿射变换、视角变换、光照变换等情况下的匹配问题,甚至对任意角度拍摄的影像都具备较为稳定的匹配能力。利用 SIFT 特征点匹配策略进行影像连接点自动提取,获取相邻影像重叠区域的连接点。

基于 SIFT 的连接点匹配方法基本思路为:首先,将待匹配的影像按照一定的间隔进行规则格网的划分,在每个网格内进行 SIFT 特征点的提取,使用 SIFT 特征矢量描述此特征点;其次,根据影像的地理信息找到每个格网在相邻影像上对应的大致区域范围,在此区域内再进行 SIFT 特征点的提取和特征矢量描述;然后,以两特征点矢量间的欧氏距离(Euclidean distance)作为两相邻重叠影像间特征点的相似性判断准则进行特

征点匹配;最后,根据影像"特征点匹配需——对应"这一先验知识对利用 SIFT 匹配得到的特征点进行粗差剔除,删去"多对一"的匹配特征点。

(4)粗差剔除。

由于影像间的几何与辐射差异,在利用相关技术获取多幅影像之间的同名像点时,无论基于灰度的匹配还是基于特征的匹配,误匹配都是不可避免的。这些误匹配点给后续平差带来十分不利的影响,最终导致平差结果不理想,甚至导致平差失败。因此,必须对误匹配的连接点进行自动、可靠的检测与剔除。

连接点粗差的检测多通过像点前方交会得到物方坐标,然后由 RPC 计算得到其像方坐标,再根据计算得到的像方坐标及匹配的连接点坐标计算像点残差。对于非粗差点位,该残差值应保持一致;对于粗差点,则该值呈现一定差异。通常可直接通过先验知识设定阈值定位粗差点,并予以剔除。超大规模的区域网平差涉及大量影像的连接点匹配,匹配出的连接点可能存在多张影像上,不能直接运用上述方法进行粗差检测。为此提出一种多级粗差检测与剔除方法,基本思路是:第一级为以像片为主进行连接点的粗差剔除,即以一张影像为主片,找到与其重叠的影像及重叠区域的连接点,在两张影像之间对这些连接点进行粗差的检测,检测方法仍采用上述计算像点残差的方法;第二级检测为以连接点为主进行粗差检测,首先确定该连接点位于哪几张影像上,然后在一次平差后计算各影像像点坐标的残差值,根据其残差值进行粗差的检测,若残差值大于设定的阈值即为粗差,将其剔除;第三级则从区域网平差全局出发通过选权迭代法进行粗差检测,在每次平差后根据像点残差确定连接点的权值组成权矩阵参加下次平差解算,其中权值为残差的倒数。通过该方法可以有效抑制在前两级检测中不易发现的粗差,保证平差结果的准确性和鲁棒性。

(5)平差模型求解。

①误差方程的构建。对光学遥感卫星影像进行区域网平差时,其平差模型不论是采用严密成像几何模型还是 RFM,根据间接平差原理,所构建的误差方程形式上均可用下式表达,区别仅在于偏导系数矩阵 A 及未知参考 x 物理意义不同。

$$V = Ax + Bt - LP \tag{13.6}$$

式中,V 为像点坐标观测值残差矢量;x 为待解算的误差补偿参数矢量;$t = [T_1 \cdots T_j \cdots T_n]^T (j = 1, 2, \cdots n)$ 为各连接点物方坐标改正值矢量,$T_j = d(B, L, H)_j$ 为第 j 个连接点的物方坐标改正数,n 为连接点个数;A、B 分别为对应未知数的偏导数系数矩阵;L 为常矢量;P 为权矩阵。

②改化法方程的建立。根据最小二乘平差原理,对观测误差方程进行法化,可得到法方程

$$\begin{bmatrix} A^{\mathrm{T}}PA & A^{\mathrm{T}}PB \\ B^{\mathrm{T}}PA & B^{\mathrm{T}}PB \end{bmatrix} \begin{bmatrix} x \\ l \end{bmatrix} = \begin{bmatrix} A^{\mathrm{T}}PL \\ B^{\mathrm{T}}PL \end{bmatrix} \tag{13.7}$$

当进行大规模区域网平差时,由于参与平差的影像及连接点的数量较大,式(13.7)中左边的法方程系数矩阵阶数较高,对其直接进行求逆来解算各项未知参数,不论是内存开销还是解算效率上都无法满足要求,因此采用消元改化法方程的策略来进行平差解算,考虑连接点物方坐标 t 的维数通常远高于影像附加参数 x,可以先消去连接点坐标 t,构建仅包含附加模型参数 x 的改化法方程,即

$$[A^{\mathrm{T}}A - A^{\mathrm{T}}B(B^{\mathrm{T}}B)^{-1}B^{\mathrm{T}}A]x = A^{\mathrm{T}}L - A^{\mathrm{T}}B(B^{\mathrm{T}}B)^{-1}B^{\mathrm{T}}L \tag{13.8}$$

③改化法方程的求解。采用消元改化法消去原始误差方程中连接点物方坐标这类参数,改化法方程中未知参数仅包含各幅带平差影像 RFM 西方误差补偿模型参数。但待平差的未知参数数量仍然巨大,改化后的法方程系数矩阵的阶数高达上万阶。不论是系数矩阵的存储还是未知参数的求解均存在极大的挑战,当前计算机面对上万阶矩阵的存储与运算仍然不足。区域网平差中改化法方程的系数矩阵通常具有稀疏性,其中非零元素在该矩阵的分布结构与待平差影像之间的连接关系有关。为此,传统航空摄影测量中通过按照规则航带构建区域网,并按照一定规则对待平差影像进行排序,保证法方程中非零元素分布具有最小带宽。但这种最小带宽法依赖于区域网的规则航带结构,并且其中仍有大量的零元素被记录下来并参与后续计算。考虑到光学遥感卫星超大规模区域网平差时,区域网通常具有不规则的航带结构,影像之间的连接关系也极为复杂,传统航空摄影测量中的最小带宽法并不适用。为此,针对矩阵中的每一行,采用一种数据结构用于记录和存储该行中的非零元素。以第 i 行为例,该数据结构包含 3 项内容:该行中非零元素个数、各非零元素所在列坐标及其相应的数值。利用该数据结构,不论区域网是否具有规则航带结构,均可实现仅对矩阵中的非零元素进行存储与计算,完全避免对零元素的任意操作。

3.月面 DEM 生成

立体影像 DEM 制作主要流程包括影像模型构建及定向、立体匹配和三维生成及 DEM 内插。摄影测量方法发展比较成熟,通常分为 3 个步骤。

(1)构建严密几何模型或有理函数模型,对立体影像进行平差,获取更优的影像姿态。

(2)利用密集匹配进行视差图生成,再通过三角测量生成点云。对于密集匹配,SUM 算法的精度与效率均比较好,在月球摄影测量中应用较为广泛。

(3)将点云生成 DEM。摄影测量法的核心是密集匹配,对于较少纹理、无光照的阴影区域,密集匹配结果较差。

在 DEM 产品生产中,立体匹配效果往往是影响 DEM 质量的关键。立体匹配方法依据是否考虑到全局约束可分为局部匹配方法与全局匹配方法。局部匹配方法缺乏平滑约束,在遮挡及纹理信息匮乏区域匹配质量不佳。基于全局能量最小化的全局匹配方法由于加入了全局约束,因此匹配质量较局部匹配大大提升。

13.1.3　月球遥感解译

月球遥感解译是根据遥感数据来分析其表面的特征,从遥感数据中反演出月球特征信息,是行星科学研究中的一项重要基础工作[5]。不仅能够为轨道器的进一步勘察提供关键区域,为着陆器、巡视器的着陆点以及人类登陆地点的选择提供参考和辅助,还能为变化检测、地质特征、地形地貌特征、矿物成分和空间分布、浅层地质结构、水冰反演等物理探测提供基础数据,为行星形成与地质演化机理等深层次科学问题的研究提供数据支撑[6]。

1.月球环形构造特征分析

对全月球形貌特征的研究在地形塑造及表达、宏观形态特征分析、撞击坑的识别与分类及空间分异等方面已取得相当进展,这些研究有力地推动了月球科学的发展。

月表撞击坑是月球最为典型的环形构造地貌特征,数量多,分布广,由陨石等撞击形成。识别方法经历了基于望远镜观测和人工判读的人工识别,基于 Hough 变换的传统识别、特征匹配、图像变换分割、二次曲线拟合等传统识别方法,基于决策树、支持向量机和卷积神经网络的机器学习方法。

(1)人工识别方法。

在最开始的人工识别时期,科研工作者都是利用望远镜来人工判读月球撞击坑。伽利略是第一个描绘月球陨石坑的人。Van Langren 出版的第一张月球构造地图,Hevelius 出版的月球地图集,对月球撞击坑都进行了绘制。随着科学技术的发展,越来越多的人开始对卫星影像数据进行目视判读,Pike 通过阿波罗立体影像数据,获取了484 个撞击坑及其尺度参数。

(2)传统识别方法。

传统的撞击坑形貌特征自动提取多是基于经典的图像方法,主要包括霍夫变换、特征匹配、曲线拟合等识别方法。霍夫变换是霍夫于 1959 年提出的一种特征检测技术,其基本思路是利用两个坐标之间的转换来检测平面上的直线,在霍夫变换的基础上改进的广义霍夫变换和随机霍夫变换可用于检测圆、椭圆等规则的几何形状。Michael 等人基于火星轨道仪激光高度计(MOLA)数据,通过霍夫变换的处理方式,辨别出撞击坑的轮廓特征,最终对直径 10 km 以上的撞击坑进行识别,准确率不足 80%。为了减少计算时间和改进识别精度,Rhonda 等人提出了基于克莱门廷月球探测图像的组合 Hough 变换(CHT)算法来提取撞击坑。Homma 等基于 Kaguya 图像数据,采用 Hough 变换,引入并行计算的思想,在不影响识别精度的前提下,大大提高了计算速度。

(3)机器学习方法。

在机器学习初期,撞击坑识别方法主要有决策树、支持向量机和 Adaboost。这些方法主要是需求样本数据量小,可以学习训练撞击坑信息提取模型,在小范围的识别中作用较为明显。Benedix 等基于"火星奥德赛"探测器上的热辐射成像系统(THEMIS)图像数据,利用 Tensorflow 设计了基于 CNN 的陨石坑识别模型,结合 Robbins 数据库,对直径超过 1 km 的火星陨石坑识别率可达85%,但其训练集数据少,分辨率低,识别区域较为局限。Emami 等基于月球侦察轨道器(LRO)的图像数据,设计区域卷积神经网络(faster-RCNN),使用一组卷积、池化和 ReLu 激活函数操作来提取输入撞击坑图像特征,利用 RPN 网络得到候选区域特征,通过 ROI 池化层得到最终特征图,进而利用分类使陨石坑识别率达到92%,该方法解决了特征图上区域的特征索引,大大减少了卷积计算。Yang 等基于"嫦娥一号"和"嫦娥二号"数字高程数据(DEM)和数字正射影像图(DOM),利用目标检测框架 R-FCN 网络,对全月的撞击坑进行检测,共检测 109 956 个新的撞击坑,并对地质年龄进行分析。该方法采用 ResNet 深度残差网络结构,对于直径大于5 km 的撞击坑检测效果较好,但对于小型撞击坑(直径小于 1 km)检测效果较差。CNN 目标检测网络结构越来越丰富,无论是从计算机视觉还是自然语言处理方面,已经逐步替代了传统的人工智能技术。对于全月撞击坑检测任务,越来越多的模型被应用,但对于全月多尺度的撞击坑检测,网络结构还需要进一步优化。

2.月球线性构造特征分析

月表的线性构造主要有皱脊、月溪等。早期对线性构造的识别主要为利用望远镜人工识别并绘制。近年来高分辨率轨道器影像的获取,为线性构造的识别提供了数据支撑。因皱脊等构造形态的复杂性,在月球科学研究中,大量的皱脊提取工作还是主要由人工作业目视解译完成,如通过 LRO WAC、LRO NAC 和 SLELNE 数据,根据形态学特征 (坡度变化等)识别出静海和澄海区域的皱脊。

月表线性构造的自动提取方法也有一定的研究结果,主要利用地形曲率、相位信息、形态学运算、小波变换等方法。如将月岭月溪对应视作地形特征线,并将一种基于地形曲率提取地球上地形特征线的算法应用至月球,对线性构造进行提取;利用月表线性构造在高程上的特殊性,辅以区域坡度,利用 DEM 的平均坡度对其进行多次平均滤波以逼近真实构造,进而对线性构造进行提取。或者对坡度信息进行相位对称性计算,并结合形态学处理方法,基于 DEM 数据对月脊进行提取。

3.月球玄武岩厚度分析

月海玄武岩厚度的研究从 20 世纪 60 年代就已经开始,主要分为 3 大类:利用熔岩流前沿的高差和撞击坑壁的分层特征进行直接测量[6];使用轨道器上的次表层回波雷达或巡视器上的探地雷达进行间接测量;基于地球物理方法,利用月球重力、地震数据进行厚度反演。

(1)基于摄影测量的玄武岩厚度研究。

估算玄武岩厚度最直接的方法是直接测量熔岩流前沿的高度及熔岩管隧洞和撞击坑内壁的分层结构,这种方法能得出靠近月表的年轻熔岩流的厚度。Gifford 和 EI-Baz等人基于 Apollo 14~17 号拍摄的照片和月球轨道器(Lunar orbiter,LO)图像使用阴影长度测量技术,估计雨海中单个熔岩流的厚度为 1~96 m。Robinson 使用 LROC 中的 NAC影像在马利厄斯丘陵、静海、智海发现了三个熔岩管隧道的位置。它们陡峭内壁的层状结构有 5~8 层,根据阴影长度测量发现厚度为 3~14 m。Stickle 根据 LROC/WAC 数字地形模型(digital terrain model,DTM)和 LROC/NAC 图像在 13 个新鲜的月球撞击坑的内壁上也发现了分层结构,并估计此处的熔岩流厚度为 48~400 m。这种方法无法广泛应用于全月,因为能够识别这种分层结构且进行阴影长度测量的光学图像很少。

(2)基于地球物理方法的玄武岩厚度研究。

基于重力和地震学数据的地球物理方法在美国"圣杯"号探月卫星 GRAIL 发射后也被用于月海玄武岩厚度的估计。这些方法一般是通过月海与月球高地的月壤密度对比,得到月海玄武岩的"总厚度"。根据 GRAIL 任务获得的重力数据,计算出月球正面西侧(19°S-45°N,68°W-8°W)的玄武岩总厚度为平均 740 m。相比之下,地震折射波数据只能估计 Apollo 17 号着陆点附近的小区域,而重力数据则能反演半径为 240~600 km 的圆形区域的平均厚度。基于地球物理的反演结果通常取决于一些约束性差的物理属性,如月壤次表层的密度和孔隙度,反演范围大,不利于对月球小区域的研究。

(3)基于雷达数据的玄武岩厚度研究。

借助雷达波的穿透能力,星载雷达和探地雷达可以直接探测地下反射体。玄武岩厚度可通过假设介电常数将地下反射体的可视深度转为实际深度(雷达波在实际介质中的传播距离)。根据雷达的不同频率带来的不同探测能力,测量到的玄武岩厚度可能是该处月海玄武岩的总厚度,也可能是最上层玄武岩厚度。

基于 SENELE 的 LRS 和 MI 数据对大面积连续分布的玄武岩分层结构进行分析,计算得到 60 m/像素的介电常数分布,对月海小范围区域(单个地质单元)进行玄武岩厚度反演,同时利用该介电常数对月球各大月海进行厚度的重新反演,为获取不同时期月球火山运动提供科学依据,为计算月球玄武岩总量提供新依据,为微波行星探测提供新思路[7]。

13.1.4　月球空间信息服务

以月球和火星探测为代表的深空探测活动将人类的空间认知从近地空间扩展到地月、地火乃至行星际场景空间。如何构建深空探测场景下的专题内容、地图投影、符号设计、地图符号等可视化制图表达，以满足后续深空探测任务需求，这对制图学尤其是专题制图方向提出了新的挑战。与月球分幅地形图不同，月球专题图是月表形貌特征、环境特征及探测活动等专题信息在二维平面的投影与表达，它的比例尺、制图符号与编码、投影方式、制图综合等设计更加丰富与灵活，它服务于月球着陆区选址、月面导航、月表环境分析和态势表达等。以月球为起点开展深空专题制图研究工作，不仅可以帮助深空探测用户了解空间环境，更是为未来有人/无人月球探测与资源勘测工程提供决策支撑。

1.数字月球云平台

我国获得的月球探测科学数据已日渐丰富，包括月球表面三维影像数据、月球物质成分探测数据、月壤成分探测数据及空间环境探测数据，月球探测科学数据处理技术已经相对成熟。随着我国探月工程的进一步推进，数字技术、网络技术、空间信息技术在月球探测科学数据处理中的不断融合，月球信息数字化的数量与内容、表现形式、架构方式、功能实现等都在不断地发展，建设数字月球云平台成为趋势。

数字月球云平台以多分辨率月球空间影像数据为基础，以统一的坐标投影系统为框架，以空间数据基础设施为支撑，以三维可视化技术为手段，以分布式网络为纽带，利用开放的数据交换标准，利用空间信息聚合技术对海量月球信息进行整合与集成，实现月球空间信息的汇聚与月球空间信息服务的聚合。

数字月球云平台以云计算的框架体系为技术支撑，是对"数字月球"理念的技术化与产品化的实现（图 13.1），具有以下特点。

（1）集成海量、多源的信息。

数字月球云平台使用文字、图片、音频、视频、图形图像等多种形式的信息对月球进行表达，主要包括遥感影像、数字高程模型、三维模型、属性信息等，同时还可以集成各种来自用户的自有信息。

（2）真实体验感。

数字月球云平台充分利用虚拟现实技术、三维建模及可视化等技术构建仿真的月表场景，让用户在三维互动环境中探索月球，能够实现对月球全月面任意高度和任意角度的漫游、地形地貌的分析与判断、登月着陆点的选取等。

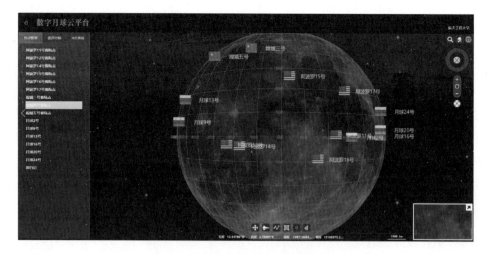

图 13.1　数字月球云平台数据集成

（3）简单快捷的信息更新。

数字月球云平台采用基于 XML 开放的数据交换技术，能够实现月球数据的迅速转换，月球信息在数字月球平台上的添加、删除和修改都能随时进行，从而实现月球信息的简单快捷更新。

（4）数据处理、查询、分析和共享的能力。

数字月球云平台是计算技术、网络技术与空间信息系统的有机结合，能够对海量月球数据进行组织和管理，并能提供对月球空间信息和属性信息的查询与分析，可以让地处不同地区的月球研究者或参与者通过计算机网络进行月球地形场景的交互式漫游、实时仿真及月球空间信息可视化研究等，并共享研究成果（图 13.2）。

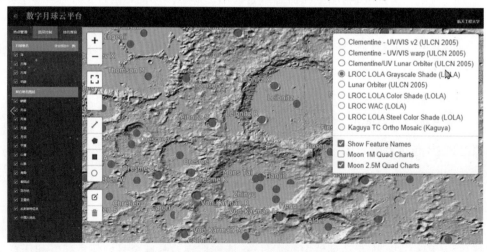

图 13.2　数字月球云平台数据查询共享

2.数字月球仿真

数字月球仿真,即根据月球相关探测数据,通过构建月球探测器在轨飞行仿真与辅助支持系统实现系统的数学仿真分析和飞行程序的仿真验证,还可实现对探测器飞行及在月面巡视阶段的仿真与演示。

从 20 世纪 50 年代开始,伴随着世界各国开展的月球探测活动,各类数字月球平台系统相继推出。其中以 Google 公司的 Google Moon、NASA 的 WorldWind 与法国的虚拟月面图 Virtual Moon Atlas 最具代表性。Google Moon 是 Google Maps 和 Google Earth 的一个扩展,支持用户在线对月球表面进行游历。NASA 在 World Wind 上线了月球数据,可以对月球进行虚拟的巡航,数据来源是 Clementine 月球探测器拍摄的遥感影像,最高可达到 20 m 分辨率。法国的虚拟月面图 Virtual Moon Atlas 将 Clementine 探月影像作为基础底图,并集合了美国地质勘探局发布的具有最高解析度的探月卫星月球表面照片。

目前,月球空间信息科学研究的主要成果一般展示为"数字月球"平台,上述 NASA 的 Word Wind 与 Moon Trek、Google 公司的 Google Moon,以及中国国家天文台的 Moon GIS Map 等系统都支持对月球表面形貌、属性与语义等测绘成果进行三维显示与查询,在月球多源异构信息的管理与融合、月球数据与服务的共享、大数据可视化分析等方面发挥了重要作用。

13.1.5　月面巡视器导航与定位

月面巡视器导航定位是面向月面巡视器开展的高精度导航定位工作,主要包含视觉定位技术和路径规划技术。

1.视觉定位技术

(1)基于光束法平差的定位模型。

光束法平差是摄影测量学中最重要的理论和方法,十分注重在大地测绘、三维地形重建等方面的应用。在月面探测和火星探测的行星车导航定位中,基于光束法平差的位姿解算方法也取得了很好的应用效果。基于光束法平差的测量模型,通常以相机成像模型的共线方程式为基础,根据像机参数和空间点位置的解算结果,按相机成像投影关系重新计算空间点对应的像点坐标,并以重投影计算结果与实际像点之间的偏差作为优化目标函数,实现测量误差的最小的优化求解[8]。

基于光束法平差构建的定位模型的最优求解多是非线性问题,可通过泰勒展开对观测方程和约束方程进行线性化,再逐步迭代计算各平差参数的修正值。如果算法收敛,则迭代计算的各修正值会逐步趋于零。当最后的修正值(或称残差)小到一定程度时,就认为基于共线方程的相机成像关系已经被很好地满足,得到高精度的计算结果。

该方法理论严密、精度较高,能够在存在错误空间点的情况下,通过整体平差计算将错误点对定位精度的影响降到最低,因此基于光束法平差构建定位模型是实现月球车高精度定位的有效方法。

在利用光束法平差模型对月球车进行导航定位的求解中,将月球车途径的上一站点的相机位姿作为已知量,当前站点的相机位姿作为待求的相机外方位元素,相机拍摄的公共区域中的少数绝对坐标已知的月面点(或无须绝对坐标已知的月面点)和待求的月面观测点作为模型的重要参数,整体建立像点坐标的误差方程及其法方程;观测点在各图像中对应的真实像点坐标可通过图像特征点提取获得,图像特征点之间的对应关系可通过特征点匹配求取,利用真实像点坐标与观测点投影形成的像点坐标之间的差异迭代改正误差方程中的误差关系,最终求解出当前站点相机的6个外方位元素及所有观测点的绝对坐标。

(2)定位误差方程的快速求解。

对基于光束法构建的多图像摄像机、多特征点三角测量整体平差方程进行求解,是月球车导航定位的关键性环节[9]。最常规的方法是采用参数消元法求解,求解思路表述如下。

误差方程的法方程式为

$$\begin{bmatrix} N_{11} & N_{12} \\ N_{21} & N_{22} \end{bmatrix}_1 \cdot \begin{bmatrix} X_1 \\ X_2 \end{bmatrix} = \begin{bmatrix} U_1 & U_2 \end{bmatrix} \tag{13.9}$$

式中,$N_{11} = A_1^T P A_1$,$N_{12} = A_1^T P A_2$,$U_1 = A_1^T P L$,$N_{21} = A_2^T P A_1 = N_{12}^T$,$N_{22} = A_2^T P A_2$,$U_2 = A_2^T P L$,$P$ 为由特征点的重要性确定的单位阵。在各特征点重要性相同的情况下,P 可取单位矩阵,即 $P = I$。用消元法消去物方点坐标改正数 X_2 这一类未知数,可以得到只包含有像片外方位元素改正数 X_1 的约化法方程式,即

$$(N_{11} - N_{12}N_{22}^{-1}N_{21})X_1 = U_1 - N_{12}N_{21}^{-1}U_2 \tag{13.10}$$

以 7 个摄像机和 171 个物方点为例,此时约化法方程式的系数阵阶数已减少为 6×7 = 42,但实际的计算量并没有明显减少,因为需要求 N_{22} 的逆,而 N_{22} 的阶数为 513。可见对所有原始误差方程式进行整体法化、消元计算工作量加大,当物方点很多时,矩阵 N_{22} 中的元素数目甚至会超过计算机的内存容量,使得求解过程难以直接解算。为降低内存消耗,提高计算效率,需要从计算技术方面考虑误差方程的求解方法。

2.路径规划技术

(1)环境图代价生成。

路径规划需要将行星车所处的实际物理环境(地形、光照和通信等)抽象为能被计算机理解和分析的环境信息,即通过分析和提取典型的物理环境特征,形成可用于路径

搜索的环境图。环境图融合了坡度、粗糙度、阶梯边缘、星表通信、太阳光照和星地通信等 6 项特征。其中，前 4 项为固定特征，后 2 项为时变特征。在获取地形 DEM 后，按图 13.3 所示的过程计算环境图，需要进行坡度与坡向计算、粗糙度计算、阶梯边缘计算、通视性计算、导引排斥代价计算等。

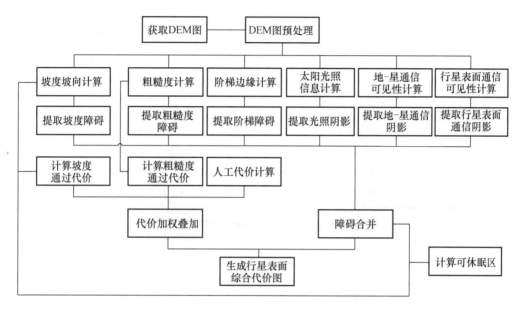

图 13.3　环境综合代价图生成流程

（2）移动路径搜索。

移动路径搜索是根据环境综合代价图求解行星车行驶最优路径的过程。简单地说，是指给定行星车及其工作环境，按某种优化指标（如路径最短）在指定的初始位姿和目标位姿之间规划出一条与环境障碍没有碰撞的路径。下面首先介绍传统的基于 A∗算法的路径搜索算法，然后在此基础上介绍一种考虑行星车运动学约束的路径搜索方法 Hybrid A∗算法。

A∗算法是一种图搜索算法，每个栅格被分配了两种代价，一种是 actual cost 或 path cost，记为 $g(n)$（n 为当前节点），是指已经实际走过的路径的代价，一般为从起点开始所经历的路径的代价和；另一种是 heuristic cost，即剩余路程代价的启发式函数，记为 $h(n)$，一般定义为当前位置到终点的欧氏距离。两种代价之和记为 $f(n)$。在算法的每次迭代中，会从一个优先队列中取出 $g(n)$ 值最小（估算成本最低）的节点作为下次待遍历的节点。这个优先队列通常称为 open list。然后相应地更新其领域节点的 $f(n)$ 和 $g(n)$ 值，并将这些领域节点添加到优先队列中。最后把遍历过的节点放到一个集合中，称为 close list。直到目标节点的 $f(n)$ 值小于队列中的任何节点的 $f(n)$ 值为止（或者直到队列为空为止）。因为目标点的启发式函数 $h(n)$ 值为 0，所以目标点的 $f(n)$ 值就是最优路径的实际代价。

Hybrid A * 算法与传统的 A * 算法对比如图 13.4 所示。传统的 A * 算法在空间划分的栅格中寻求一条规避障碍物的路径，以栅格中心为 A * 算法路径规划的节点，假定物体总是沿 45°角整数倍方向运动。在 Hybrid A * 算法中根据车辆的实际运动约束将控制空间离散化，车辆可能出现在栅格的任何地方，但必须严格受限于运动学模型。

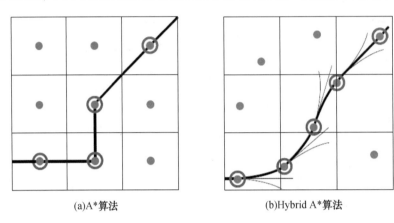

(a)A*算法　　　　　　　(b)Hybird A*算法

图 13.4　Hybrid A * 算法与传统 A * 算法对比

A * 算法路径搜索求解的路径只保证连通性，不保证车辆实际可行。而 Hybrid A * 算法同时考虑空间连通性和车辆朝向，将二维平面空间和角度同时进行二维离散化。在 (X,Y,θ) 3 个维度上进行搜索树（search tree）扩展时，Hybird A * 算法将车辆的运动学约束引入其中，路径节点可以是栅格内的任意一点，保证了搜索出的路径一定是车辆实际可以行驶的。

在路径搜索阶段，可以将环境综合代价结果与图搜索代价函数相结合，使路径规划结果充分体现地形特性、坡度、高度等因素对车辆安全的综合影响。Hybrid A * 算法保留了 Open list 和 Close list 集合，都还有两种代价 $g(n)$ 和 $h(n)$。此处实际代价 $g(n)$ 的定义可设置为高度、坡度代价与地形特性的通行代价之和，启发式代价函数 $h(n)$ 也可设置为欧氏距离代价与剩余路径地形特性的通行代价之和。

（3）导航定位技术在"嫦娥四号"遥操作任务中的应用实例。

2019 年 1 月 3 日，"嫦娥四号"探测器成功着陆在月球背面南极-艾特肯盆地内的冯卡门撞击坑底部，图 13.5 所示为"玉兔二号"行驶路线图。月球车离开着陆器到达月面建立初始站点 X，并以此时的月球车中心为原点建立北东地工作坐标系（x 轴指北，y 轴指东，z 轴指地），随后对多个导航点进行巡视。

在第一月昼期间，地面遥操作中心利用"玉兔二号"月球车获取的导航相机月面图

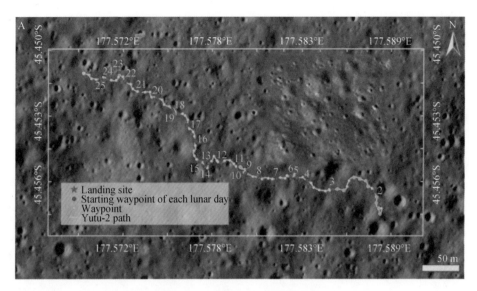

图 13.5　"玉兔二号"行驶路线图

像,实现了两器互拍(与"嫦娥四号"着陆器互拍)、月面测试段、月面感知等工作阶段共计 6 个导航点的定位,经过事后反复验证,各导航点的定位精度优于 5%。视觉定位过程中前后站左右相机图像的特征匹配结果如图 13.6 所示。

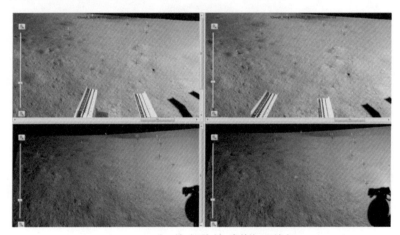

上一站:0站点,当前值:X站点

图 13.6　视觉定位过程中前后站左右相机图像的特征匹配结果

13.2　火星测绘

火星地形测绘是开展火星科学研究的基础,获取高分辨率火星地形数据也是着陆器安全着陆的前提。通过火星轨道器在轨飞行获取火星表面立体影像并进行后期摄影测量处理是获取火星表面地形数据的主要方法。美国、苏联以及欧洲在实施火星探测任务初期的一个主要科学目标即是获取火星的地形数据,以便于着陆区选址及辅助火星着陆器安全着陆[10]。火星探测任务实施以来,与地形测绘相关的火星探测任务主要有火星全球勘测者、火星快车、火星侦察轨道器和"天问一号"。

13.2.1 火星大地测量

1.火星坐标基准

火星的测绘工作依赖于一个稳定的参考框架,同时,通过对火星表面的详细测绘,也能进一步优化这个参考框架。随着对火星的探索不断深入,火星的坐标系统也在不断完善。通过诸如海盗号、火星全球勘测者和火星快车等火星探测任务,我们对火星的轨道参数有了较为精确的了解。根据 IAU 近年来发布的行星历表,火星的相关参数保持稳定,没有发生显著变化[11]。

火星表面经纬度定义方式与地球相同,如图 13.7 所示。目前常用的火星坐标系定义中经度有两种表示形式,一种是 0~360°,另一种是−180°~180°;纬度范围为−90°~90°,火星首子午线定义在火星表面的 Airy-0 陨石坑区域。

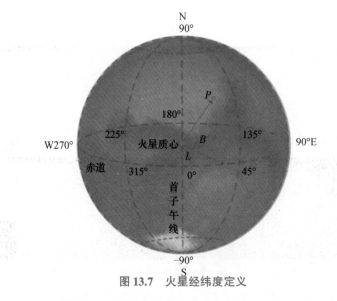

图 13.7　火星经纬度定义

在制作火星地形图时,确定火星的椭球参数是关键步骤。目前,常用的火星椭球参数包括两种模型:椭球体和正球体,它们各自的参数有所区别。由于不同的火星探测任务可能采用不同的坐标系定义,因此在数据处理和对比分析时,统一坐标系显得尤为重要。在球体模型中,尽管 IAU 定义的 IAU Mars 2000 模型(长半轴为 3 396.19 km,短半轴为 3 376.20 km)在理论上具有重要意义,但由于其在地图投影计算中的复杂性,并未被广泛采用。实际上,在火星探测任务的数据处理中,更倾向于使用正球体模型。例如,HRSC 地形数据产品就采用了半径为 3 396.0 km 的正球体模型。这种选择简化了数据处理流程,同时满足了火星探测的精度要求[12]。

表 13.1　火星常用椭球参数

椭球方式	长半轴/km	短半轴/km	备注
椭球体	3 396.19	3 376.20	SPICE 内部采用
正球体	3 396.0	3 396.0	HRSC 地形数据
正球体	3 396.19	3 396.19	MOLA 地形数据

火星有两个参考系:固定参考系(FRS)和惯性参考系(IRS)。两者都以火星质心为原点,并由其旋转轴 Z 的方向和 X 轴的任意方向定义。在 FRS 中,X 轴指向火星本初子午线,该子午线穿过名为 Airy-0 的陨石坑的中心(图 13.8)(MOC 窄角图像 M23-0093)。

图 13.8　Airy-0 的陨石坑的中心

IRS 的定义如下:X 轴指向火星春分点,旋转 Z 轴指向常规参考极(CRP),Y 轴使其成为右旋系统。借助火星全球探测者号(MGS)上的火星轨道飞行器相机 (MOC)和火星轨道飞行器高度计(MOLA)仪器提供的观测结果,可以获取给定历元的火星本初子午线在太空中的方向,精度可达 100 m。数据(从 1997 年至 2006 年收集)有助于绘制详细的火星地图。尽管定义参考系不需要参考椭球,但它对于生成地图和定义大地(椭球)坐标非常有用。美国地质勘探局采用的最适合的几何表面作为火星测绘参考表面是以行星质心为中心的旋转椭球体,尺寸为 ae=3 396.197 01 km 和 be=3 376.207 01 km,其中(ae,be)分别是半长轴和半短轴。球的扁平化可以计算为(ae-be)/ae=1/170,大于1/298 地球的扁平化。

2.火星控制网

火星全球控制网是火星探测中用于定位和制图的关键基准,它由一系列精确的三维坐标控制点组成。目前,国际上广泛使用的火星全球控制网是由美国地质调查局(USGS)建立的 MDIM 2.1 控制网。这个控制网是在早期火星控制网的基础上,通过摄影测量区域网平差技术升级改进得到的[13-14]。MDIM 2.1 控制网整合了来自"水手 9号"的 1 054 幅影像和"海盗号"轨道器的 5 317 幅影像,共选择了 37 642 个影像控制点。这些控制点相对于火星质心的半径值是通过 MOLA 数据内插得到的,并在控制网的迭代解算过程中,根据 MOLA 的先验精度进行了限制。此外,还选取了 1 232 个 MOLA 控制点如图 13.9 所示,这些点在迭代解算过程中的平面位置是固定不变的。MDIM 2.1 控制网解算的精度(残差均方根误差)为海盗号影像 1.3 像素、火星表面 280 m。MDIM 2.1火星全球控制网的输入输出及解算过程文件可以从 USGS 的网站上获取[15]。

图 13.9 1 232 个 MOLA 控制点分布图

注:图片来源于 USGS

3.火星制图投影

除两极区域,火星制图投影一般使用 Sinusoidal 投影(图 13.10)或者 EquiRectangular 投影(图 13.11),而两极地区则普遍采用 StereoGraphic 投影。Sinusoidal投影即正弦曲线投影,该投影的主要特点是纬线投影为间隔相等且互相平行的直线,中央经线为垂直于各纬线的直线,其他经线投影为正弦曲线,并对称于中央经线。EquiRectangular 投影即等距离圆柱投影,该投影转换公式较为简单,且广泛应用于全球栅格图像。StereoGraphic 投影属于方位投影的一种,以平面作为投影面,地面点与相应投影点之间具有一定的透视关系,该投影主要用于两极区域。

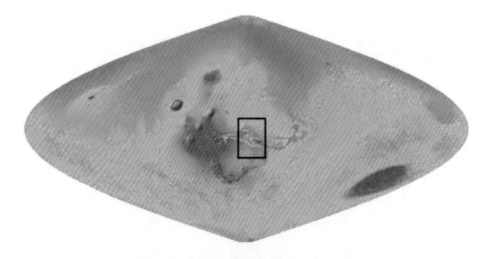

图 13.10　Sinusoidal 投影(纬度−85°～85°)

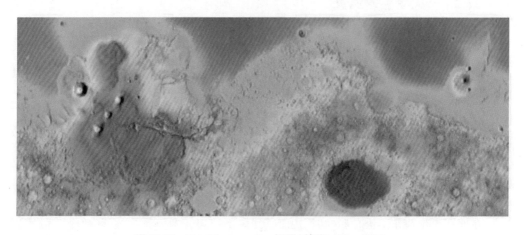

图 13.11　EquiRectangular 投影(纬度−88°～88°)

注:图片来源于 NASA

4.火星高程基准

高程基准一般分为椭球高与水准高。椭球高指高程量算至参考椭球面,而水准高则量算至参考水准面,火星表面椭球高与水准高的差别如图 13.12 所示,其中蓝色虚线表示 P 点相对于火星 GMM3 水准面的高程,而红色虚线表示 P 点相对于 IAU 定义椭球的椭球高,黄色虚线表示 P 点相对于正球体定义的椭球高。椭球高仅为几何意义上的高程,而水准高则含有物理意义,即可以确定"水往何处流"。由于目前火星椭球有多种不同定义方式,因此椭球高也对应不同的高程基准。

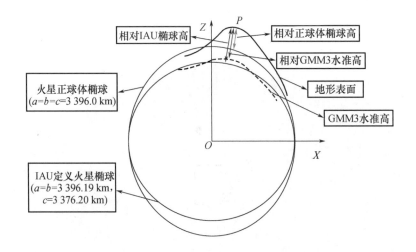

图 13.12　火星表面椭球高与水准高的差别

13.2.2　火星摄影测量

火星摄影测量是利用在火星轨道上的探测器、着陆器等搭载的摄影设备获取火星表面的图像信息,并通过对这些图像的分析、处理和测量,来获取火星的各种几何和物理信息的科学技术手段。

1.火星高精度连接点的自动生成方法

国外现有火星探测卫星影像(如 HRSC、HiRISE)存在影像数据量大、几何畸变大等问题,常规连接点自动生成方法适用性有限,下面介绍两种常用的方法。

(1)基于仿射不变特征算子提取连接点。

在处理火星快车 HRSC 影像时,由于其线阵影像包含数万条扫描线,单个波段的数据量可达数百 MB,因此自动生成连接点的算法效率非常关键。为了提高效率,可以采用基于影像金字塔匹配的技术。这种方法首先构建影像金字塔,然后在低分辨率影像上进行匹配,将匹配结果作为几何约束信息传递到更高分辨率的影像层级。

对于 HRSC 影像,由于其较大的几何畸变[16],如图 13.13(a)所示为 S1 通道影像中的地物在 13.13(b)S2 通道影像中形状的变化,使用常规匹配方法难以识别同名点。SIFT 算法能有效处理影像匹配中的旋转、缩放等几何畸变,已被广泛认可。SURF 算法在 SIFT 的基础上进行了优化,提高了匹配效率,即使在几何畸变较大的区域也能成功匹配连接点。因此,在处理 HRSC 影像时,可以采用 SURF 算子来提取连接点,以应对几何畸变较大的区域。

综合考虑 HRSC 影像数据量大和几何畸变的特点[7],自动生成连接点的算法步骤可以如下。

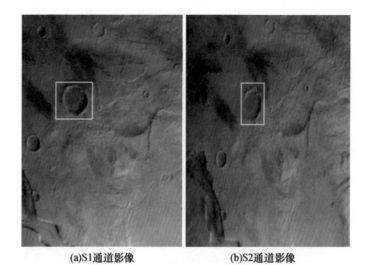

(a)S1通道影像　　　　　　　　　　(b)S2通道影像

图 13.13　HRSC 影像几何畸变示意图

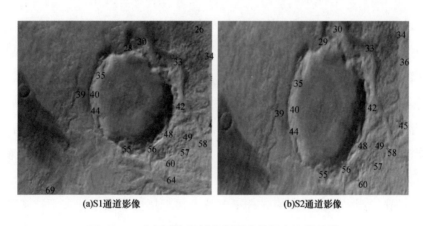

(a)S1通道影像　　　　　　　　　　(b)S2通道影像

图 13.14　几何畸变区域仿射不变特征点匹配结果

匹配过程难免出现错误点即匹配粗差点,粗差点的自动剔除也是连接点自动生成必须要解决的问题。由于可以获取 HRSC 线阵影像的外方位元素,通过同名点可进行前方交会,当匹配点正确时,前方交会残差值很小,而匹配错误时残差值较大,可以此为依据并结合随机采样一致性(RANSAC)算法剔除粗差。

(2)基于核线影像匹配获取连接点。

由于火星快车 HRSC 原始影像存在较大几何畸变,利用仿射不变特征算法虽然可以提取一定数量的同名点,但是连接点的分布难以控制,可能出现大面积区域无连接点的情况,基于近似核线影像匹配连接点的方法计算步骤如下。

将近似核线影像上的连接点转换至原始影像时,利用地面点反投影算法,地面点反投影算法的精度满足近似核线影像上连接点与原始影像上连接点的高精度转换(图13.15)。

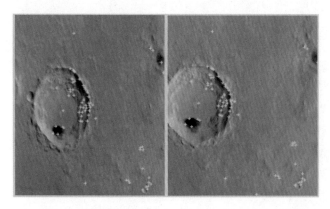

图 13.15　近似核线影像上连接点转换至原始影像结果

2.火星表面影像与激光测高数据联合平差

在行星测绘任务中,除了立体测绘相机外,通常还会配备激光高度计,如图13.16所示。这种设备能够提供高精度的高程数据,尽管其测量点之间的距离相对较大,但其测量精度通常优于影像数据的分辨率[17]。通过将高分辨率影像与高精度激光测高数据结合起来,可以显著提升几何定位的准确性。激光高度计主要由三个部分组成:发射模块、接收模块和信号处理模块。其工作原理是,首先由发射模块向星体表面发射一束高能窄脉冲激光,该激光脉冲经星体表面反射后,由接收模块捕获并转换为电信号,随后信号处理模块中的计算器实时计算出激光高度计到星体表面的距离,进而在地面数据处理阶段将该距离转换为相应的高程值。

目前,影像与激光测高数据的联合平差技术在行星摄影测量处理中得到了广泛应用,主要有两种方法。第一种方法是当测绘相机和激光高度计安装在同一卫星平台上时,可以通过影像与激光测高数据的配准来构建联合平差数学模型。第二种方法是针对激光测高数据与影像数据不是在同一卫星平台上获取的情况,此时可以将激光测高数据构建的地形作为控制信息与影像进行联合平差。这两种方法都能充分利用激光高度计的高精度和影像数据的高分辨率,以提高行星测绘的几何定位精度。

(1)激光测高数据作为原始观测值与影像联合平差。

应用激光测高数据联合平差的一项关键技术是激光点的反投影,即确定激光点对应的像点坐标。深空探测激光测高仪的数据点是稀疏的线性剖面,而不是类似机载激光雷达的密集点云。以月球为例,反投影的计算过程是首先计算激光点(星下点)的三维月固坐标,根据计算得到的月固坐标并结合线阵影像每行的外方位元素,将激光点反

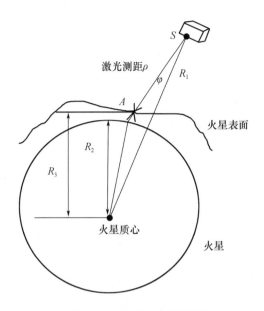

图 13.16　激光高度计原理图

投影到立体影像的像平面上。

（2）引入激光测高作为地形约束的联合平差。

火星快车 HRSC 影像分辨率高,且影像基本覆盖火星全球,而 MOLA 激光测高数据是目前公认的绝对精度较高的火星地形控制数据[18],由于 MOLA 激光高度计搭载在美国火星全球勘测者探测器上,而 HRSC 影像是由 ESA 火星快车探测器获取的,因此 Spiegel 对 HRSC 影像与 MOLA 联合平差处理时未利用原始激光测距信息,而是使用由 MOLA 构建的地形作为附加约束条件,其基本原理如图 13.17 所示,联合平差前 HRSC 影像物方点与 MOLA 地形表面之间存在一定的偏差,而经过联合平差处理,HRSC 影像物方点位于 MOLA 地形表面上,这相当于对 HRSC 的高程进行改正以提高高程精度。

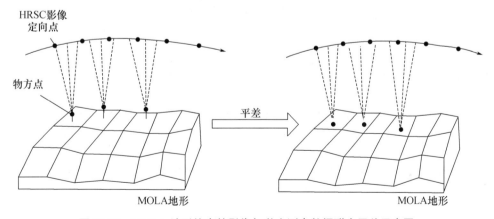

图 13.17　MOLA 地形约束的影像与激光测高数据联合平差示意图

3.火星表面影像匹配

火星地表一般类似于地球表面的沙漠、戈壁地区,影像纹理信息相对贫乏。选取火星快车 HRSC 影像数据分析火星表面影像特点,地形涵盖陨石坑、峡谷、山地、丘陵、平原等区域。

(1)火星表面影像匹配的不利因素具体如下。

①火星表面影像纹理信息贫乏,影像特征点提取困难,这是火星表面影像匹配的主要难点。

②火星表面影像上普遍存在大面积的沙漠状区域,其灰度分布范围较小,灰度方差变化不大,如果灰度范围过于集中,会导致多个位置的相关系数接近 1,此时相关系数最大值不一定是同名像点,即产生匹配时的多解问题。

③由于火星距离地球较远,探测器的定姿、定轨精度有限,而卫星影像的位置、姿态精度直接影响核线重采样精度,导致核线几何约束难以严格限制在一维搜索空间。

相关系数匹配虽然是影像匹配的经典方法,但是用于火星表面影像匹配时同样面临许多问题,如影像几何畸变、尺度变化、亮度变化、阴影、匹配多解等。

(2)虽然火星表面影像纹理稀疏是其主要匹配难点,但是与对地观测卫星影像相比,火星表面影像匹配也有一些有利因素,具体如下。

①火星上不存在建筑物遮挡、移动目标等对地观测卫星影像匹配中的难点问题,因此理论上火星立体影像重叠范围内完全存在同名点(除去阴影等区域)。

②对地观测卫星影像上的水域是影像匹配中的干扰因素,而火星表面没有河流、湖泊等水域。

③由于地球表面存在大量的人工建筑物如房屋、桥梁等,因此地球表面尤其是城市区域的高程并不是连续的,通常根据需要分别获取 DEM 与 DSM,而火星表面地形比较连续,不存在 DEM 与 DSM 的区别,可以在匹配时很好地利用地形连续这一约束条件。

4.逐像素匹配算法

对于一般的火星科学研究,几十米到百米级的数字高程模型(DEM)数据通常已足够。然而,在火星着陆探测中,需要更精细的地形信息,以便准确识别着陆区的障碍物,如石块和小陨石坑。中国的"嫦娥三号"成功实现月面软着陆,得益于"嫦娥一号"和"嫦娥二号"对着陆区地形的详细测绘。目前,火星探测的成功率仍不足 50%,因此获取着陆区的精细地形数据显得尤为重要。通过逐像素匹配火星表面影像,可以在保持影像分辨率的情况下,获取更为精细的地形数据。这种方法能够有效提高对着陆区的地形分析和障碍物识别能力,从而提高着陆成功的概率[19]。

针对逐像素匹配问题国内外开展了大量研究与实践,ERDAS、SocetSet、Inpho、

UltraMap 等摄影测量系统也在近年来相继推出了逐像素匹配或接近逐像素的密集匹配模块,但是逐像素匹配技术仍然是摄影测量领域的一个研究热点。

火星表面影像匹配要达到逐像素的匹配密度,难度是相当大的,且逐像素匹配的成功率一般会低于特征点匹配的成功率。然而通过逐像素匹配方法仍然可以获得比常规 DEM 提取方法更为密集的匹配点,也更有利于火星表面陨石坑、石块等地物的检测与识别,这对火星探测器安全着陆是非常重要的。

13.3　小行星测绘

随着深空探测技术的进步,世界上各主要航天国家已经开始对空间小天体进行探索与研究,已经成功实现了对小行星的近距离观测和采样[20-21]。

本节结合国内外的小行星探测任务,对小行星表面形貌测绘技术进行介绍,主要是快速精确重建小行星表面形貌的技术方法,可为小行星地形分析与探测器软着陆提供技术支撑。

13.3.1　小行星大地测量

1.坐标系定义

坐标系是大地测绘的主要工作,是开展小行星测绘的基础。这里介绍小行星测绘中涉及的坐标系[1,20],如图 13.18 所示。

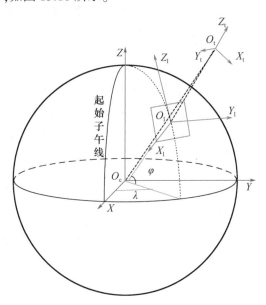

图 13.18　小行星测绘中涉及的坐标系

（1）目标天体星固坐标系。

目标天体星固坐标系是以目标天体质心为原点 O，+Z 轴指向目标天体自转轴的正极，过质心且垂直于自转轴的平面为赤道面（XOY 平面）。在目标天体表面选择明显特征，选择过该特征的经线作为起始子午线，+X 轴在 XOY 平面内指向起始子午线，依据右手系统确定+Y 轴方向。由于小行星数量众多，类型各异，很难采用统一的参考系定义，因此对于不同的小行星，需要再根据其实际情况进行定义相关的天体星固坐标系。

（2）局部坐标系。

站心坐标系以一个站心点为坐标原点 O_1，把坐标系定义为 X 轴指东（X_1）、Y 轴指北（Y_1），Z 轴指向上（Z_1），就是东北天（ENU）站心坐标系。

（3）相机坐标系。

相机中心坐标系原点 O_t 位于相机的焦点，+Z 轴（Z_t）指向相机的视轴，+X 轴（X_t）与探测器本体坐标系的+X 轴指向一致，依据右手系统确定+Y 轴（Y_t）指向。

2.小行星磁重测量

（1）小行星磁场。

由于小行星的年龄相对年轻，它们的磁场往往能较好地保持原始状态，因此可以提供关于太阳磁场在太阳系早期活动中的信息。小行星的磁场可以通过空间探测任务中携带的传感器进行研究。例如，1989 年"伽利略号"探测器发射升空，对 Gaspra 小行星和 Ida 小行星先后进行了远距离观测，并择机抵近这两颗小行星进行了高分辨率成像。相关学者根据探测器获得数据分析发现，Gaspra 小行星主要构成元素是铁和镍，其磁场较强，表面密布火山口和撞击坑。通过这种方式，科学家能够了解小行星的磁场特性，以及这种磁场是如何与太阳风相互作用的。

（2）小行星重力场。

小行星的重力场是指小行星由于其质量分布不均匀而在自身周围形成的引力场，主要涉及对小行星不规则引力场的详细建模和分析。大部分小行星聚集在离太阳2.1~3.3 AU 的地方，称为主带小行星。还有一小部分是轨道穿过地球轨道或接近地球轨道的小行星，称为近地小行星（NEO）。小行星的体积相当小，在目前已经发现的小行星中，最大的是 1 号小行星谷神星，它的直径约有 1 000 km，小的小行星直径则只有十几米，直径大于 240 km 的只有 16 颗。事实上，如果将所有小行星的质量加起来看成一个"大行星"，这个"大行星"的直径也只有 1 500 km 左右，还不到月球直径的1/2。小行星的质量相对较小、自转较快，内部结构比较复杂且外形极不规则，对其重力场的研究具有一定的挑战性。为了描述小行星的重力场，国内外学者使用了不同的方法，主要包括球谐函数法、椭球谐函数法、质点群法、多面体方法等。

球谐函数法是一种常用的非球形引力场建模方法,其特点是能够提供解析的引力场表达式并且计算效率高。然而,该方法在小行星外接球内部难以收敛,不适合精确描述小行星表面附近的动力学环境。椭球谐函数法对此进行了改进,扩展了收敛域,但依然面临着当接近参考椭球边界时收敛速度快速下降的问题。

另外,质点群法通过模拟小行星的不规则引力场提供了一种直观的方法,但随着质点数量的增加,计算量会显著增大。此方法以及前述的球谐函数法和椭球谐函数法都无法直接进行小行星表面的碰撞检测。

多面体方法则通过将小行星划分为多个有限的多面体来建模,这一方法最初由 Werner 和 Scheeres 提出,并应用于小行星 4769 Castalia 的引力场建模。它不仅能提供精确的引力场描述和其导数,还便于实施碰撞检测。多面体方法在 NEAR-Shoemaker 任务中得到了实际应用,证明其在小行星表面附近的轨迹规划和制导控制中的有效性。因此,对于需要精确轨道分析或涉及表面碰撞检测的情况,多面体方法是一种优选方案。

3.常用制图投影

(1) 摩尔魏特投影。

摩尔魏特投影(mollweid projection)属等面积伪圆柱投影。在摩尔魏特投影中,球体的纬线是一些间距不等的直线,球体的经线多为椭圆形,只有0°经线是直线。在这种投影方式中,面积不会发生变形,但长度和角度都会发生变形。在中央经线和大约40°的南北纬线的交点上不存在变形现象,以此点为中心向外变形逐渐增大。图 13.19 所示为 Vesta 小行星以摩尔魏特投影显示的全球数字地形图[22]。

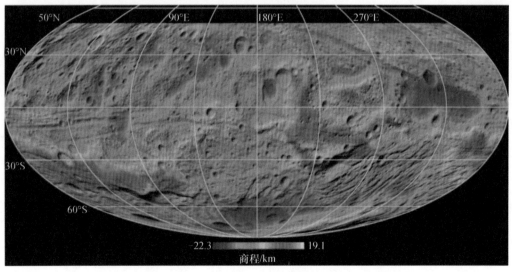

图 13.19　Vesta 小行星全球数字地形图(摩尔魏特投影)

（2）墨卡托投影。

墨卡托投影（mercator projection）是以圆柱面为承影面的一类圆柱投影，属于等角投影。这种投影方式形成的经线是按照一定间距排列的线，而各纬线之间的距离从赤道到极点越来越大。在这种投影方式中，恒向线和等方位角线是直线，但大多数的线都不是直线。图 13.20 所示为 Bennu 小行星全球正射影像图（墨卡托投影）[23]。该投影转换公式简单，且广泛用于全球格网影像中。

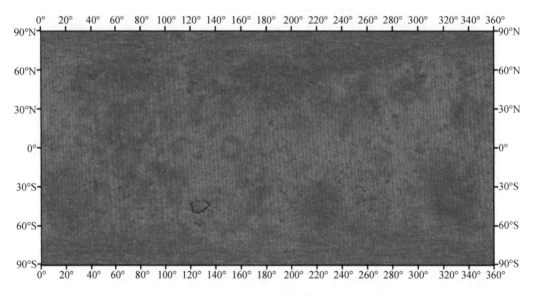

图 13.20　Bennu 小行星全球正射影像图（墨卡托投影）

（3）极正射方位投影。

图 13.21 所示为 Bennu 小行星南北极正射影像图（stereo-graphic projection）[23]。极射方位投影属于方位投影的一种，以平面作为投影面，地面点与相应投影点之间具有一定的透视关系，该投影主要用于两极区域。

13.3.2　小行星摄影测量

与对地观测卫星影像的几何定位原理相比，小行星探测轨道器的轨道和姿态测量方式受限，缺乏传统的高精度控制点导致测量精度较低。因此，为提高小行星表面影像的几何定位精度，需要采用一些数据处理技术。

1.小行星立体测量

（1）光束平差法。

光束平差法是以每条投影光线作为平差运算的基本单元。由于光束平差法区域网

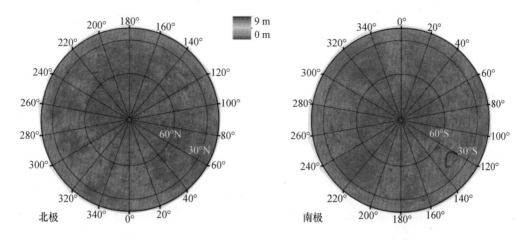

图 13.21　Bennu 小行星南北极正射影像图(极射赤平投影)

平差的平差单元是投影光线,即以单个像点为单位建立误差方程,参与平差运算的是直接观测值,对影像之间的关系没有特殊的要求。尽管光束平差法的运算量较大,但随着计算机软硬件水平的提升,这一问题已经不明显。因此,光束法平差法已成为目前摄影测量中最常用的区域网平差方法,也是最适合于行星摄影测量的区域网平差方法。

光束平差方法是一种严格的影像区域网平差方法[24],以像点坐标为观测值,以影像严格成像模型为基础方程,以一幅影像组成的束光线作为平差基本单元,用最小二乘方法同时解算影像的外方位元素和连接点的物方坐标。

小行星表面的影像数据一般由小行星探测器采用面阵传感器进行捕获,面阵传感器成像原理与框幅式传感器成像原理相同[25],即地面上所有点均通过同一个投影中心在投影平面上成像,影像的几何关系稳定,整幅影像的外方位元素是一样的,影像上的每一个像点与对应的地面点,以及投影中心之间遵循严格的成像模型,即共线条件方程:

$$
\begin{cases}
x = -f\dfrac{a_1(X-X_S)+b_1(Y-Y_S)+c_1(Z-Z_S)}{a_3(X-X_S)+b_3(Y-Y_S)+c_3(Z-Z_S)} \\[4mm]
y = -f\dfrac{a_2(X-X_S)+b_2(Y-Y_S)+c_2(Z-Z_S)}{a_3(X-X_S)+b_3(Y-Y_S)+c_3(Z-Z_S)}
\end{cases}
\tag{13.11}
$$

式中,(X,Y,Z) 为物方地面点坐标;(X_S,Y_S,Z_S) 为影像外方位线元素;(x,y) 为对应的像点坐标;f 为光学传感器的焦距;$(a_ib_ic_i)(i=1,2,3)$ 为由外方位角元素计算得到的旋转参数。

由共线条件方程可以看出,影像坐标的观测值与待求的未知数之间是非线性关系,为了利用最小二乘法对未知数进行计算,需要将共线条件方程进行线性化处理。在对共线条件方程进行线性化的过程中,除了对影像的外方位元素 X_S、Y_S、Z_S、φ、ω、k 进行偏微分外,还要对连接点的物方坐标 X、Y、Z 进行偏微分处理,则对应的线性化后的误差方程式为

$$\begin{cases} v_x = c_{11}\mathrm{d}X_S + c_{12}\mathrm{d}Y_S + c_{13}\mathrm{d}Z_S + c_{14}\mathrm{d}\varphi + c_{15}\mathrm{d}\omega + c_{16}\mathrm{d}\kappa + c_{17}\mathrm{d}X + c_{18}\mathrm{d}Y + c_{19}\mathrm{d}Z - l_x \\ v_y = c_{21}\mathrm{d}X_S + c_{22}\mathrm{d}Y_S + c_{23}\mathrm{d}Z_S + c_{24}\mathrm{d}\varphi + c_{25}\mathrm{d}\omega + c_{26}\mathrm{d}\kappa + c_{27}\mathrm{d}X + c_{28}\mathrm{d}Y + c_{29}\mathrm{d}Z - l_y \end{cases}$$

$$(13.12)$$

式中,$c_{ij}(i=1,2,j=1,\cdots,9)$ 为相应的偏微分系数。式(13.12)用矩阵形式表示为

$$V_M = A_M X + B_M X_g - L_M \tag{13.13}$$

式中,$X = \begin{bmatrix} \mathrm{d}X_S & \mathrm{d}Y_S & \mathrm{d}Z_S & \mathrm{d}\varphi & \mathrm{d}\omega & \mathrm{d}k \end{bmatrix}^T$ 为影像外方位元素改正数矢量;$X_g = \begin{bmatrix} \mathrm{d}X & \mathrm{d}Y & \mathrm{d}Z \end{bmatrix}^T$ 为连接点物方坐标改正数矢量;A_M 和 B_M 为相应的系数矩阵;$L_M = \begin{bmatrix} l_x & l_y \end{bmatrix}^T$ 为常数项。

在光束平差法平差过程中,需要给影像外方位元素未知数提供一组初始值,然后利用空间前方交会计算连接点地面坐标的初始值,利用这些初始值进行迭代计算,渐进地趋近最优解。初始值对解算的收敛速度有很大影响,所提供的初始值越接近最佳解,收敛速度越快,而不合理的初始值不仅会影响收敛速度,还有可能造成解算的不收敛。小行星表面原始影像的外方位元素初始值、拍摄时间等信息,可利用国外 SPICE (spacecraft planet instrument c-matrix events)深空探测任务辅助数据库中的 Kermels (SPK、CK、PCK)文件读取得到。

(2)小行星影像与激光测高数据联合平差。

在行星测绘任务中,测绘相机和激光高度计通常搭载在同一轨道探测器上,用于同时获取地质和形貌信息,如 Hayabusa 2 的光学导航影像(ONC)和激光测高仪数据、OSIRIS-Rex 探测器的 OCAMS(OSIRIS-REx camera suite)影像和激光高度计(OSIRIS-REx laser altimeter,OLA)等。激光高度计获取的数据具有较高的高程精度,但数据结构稀疏离散,而影像数据是按行列等间距稠密排列的,其平面分辨率较高。激光数据与影像数据具有互补性,将两者进行联合可以提高影像的几何定位精度。Edmundson 等[26]首先使用了 SPG 方法处理 OCAMS 影像,构建控制网并生产 Bennu 小行星全球底图。在这个过程中,通过 ISIS(integrated system for imagers and spectrometers)行星处理软件将 OCAMS 影像与基于 OLA 数据创建的 Bennu 小行星全球数字地形模型(GDTM)[27]进行配准。光束平差法后,影像量测的 RMSE 约为 0.082 个像元,地面控制点在影像上量测的误差为 1 个像元,约为 5 cm。

在轨道精度与测量过程中不确定因素的影响下,即使是同一轨道器平台获取的激光数据与影像数据也存在一定的不一致性。这种不一致性表现为利用影像外方位元素

初始值,将激光点三维坐标反投影至对应的立体影像上后,得到的左右激光反投影点与实际影像的同名点之间存在坐标差。针对这一问题,徐青等人[1]提出一种影像与激光测高数据的联合平差方法。该方法中观测值主要有影像连接点坐标和激光测距值,待求的参数有影像 6 个外方位元素和连接点的地面坐标。将激光测距数据观测模型与常规影像光束法平差模型进行联合,综合连接点观测方程和激光测距观测方程,将对应的误差方程联立为

$$
\begin{cases}
\boldsymbol{V}_\mathrm{M} = \boldsymbol{A}_\mathrm{M}\boldsymbol{X} + \boldsymbol{B}_\mathrm{M}\boldsymbol{X}_\mathrm{g} - \boldsymbol{L}_\mathrm{M}\boldsymbol{P}_\mathrm{M} \\
\boldsymbol{V}_\mathrm{R} = \boldsymbol{A}_\mathrm{R}\boldsymbol{X} - \boldsymbol{L}_\mathrm{R}\boldsymbol{P}_\mathrm{R}
\end{cases}
\tag{13.14}
$$

上述方程分别是关于平差连接点和激光测距值的误差方程,其中 $\boldsymbol{V}_\mathrm{M}$ 为影像上的像点坐标观测值残差;$\boldsymbol{V}_\mathrm{R}$ 为激光测距值残差;$\boldsymbol{X} = \begin{bmatrix} \mathrm{d}X_\mathrm{S} & \mathrm{d}Y_\mathrm{S} & \mathrm{d}Z_\mathrm{S} & \mathrm{d}\varphi & \mathrm{d}\omega & \mathrm{d}k \end{bmatrix}^\mathrm{T}$ 为影像外方位元素改正数;$\boldsymbol{X}_\mathrm{g} = \begin{bmatrix} \mathrm{d}X & \mathrm{d}Y & \mathrm{d}Z \end{bmatrix}^\mathrm{T}$ 为连接点地面坐标改正数;$\boldsymbol{A}_\mathrm{M}$、$\boldsymbol{B}_\mathrm{M}$ 和 $\boldsymbol{A}_\mathrm{R}$ 为相应的系数矩阵;$\boldsymbol{P}_\mathrm{M}$ 和 $\boldsymbol{P}_\mathrm{R}$ 为对应的权矩阵。

将联立后的误差方程以矩阵形式表示为

$$
\boldsymbol{V} = \begin{bmatrix} \boldsymbol{A}_\mathrm{M} & \boldsymbol{B}_\mathrm{M} \\ \boldsymbol{A}_R & \boldsymbol{0} \end{bmatrix} \begin{bmatrix} \boldsymbol{X} \\ \boldsymbol{X}_\mathrm{g} \end{bmatrix} - \begin{bmatrix} \boldsymbol{L}_\mathrm{M} \\ \boldsymbol{L}_\mathrm{R} \end{bmatrix} \begin{bmatrix} \boldsymbol{P}_\mathrm{M} & \boldsymbol{0} \\ \boldsymbol{0} & \boldsymbol{P}_R \end{bmatrix}
\tag{13.15}
$$

做联合平差时,根据最小二乘法平差原理可知其法方程为

$$
\begin{bmatrix} \boldsymbol{A}_\mathrm{M}^\mathrm{T}\boldsymbol{P}_\mathrm{M}\boldsymbol{A}_\mathrm{M} + \boldsymbol{A}_R^\mathrm{T}\boldsymbol{P}_R\boldsymbol{A}_R & \boldsymbol{A}_\mathrm{M}^\mathrm{T}\boldsymbol{P}_\mathrm{M}\boldsymbol{B}_\mathrm{M} \\ \boldsymbol{B}_\mathrm{M}^\mathrm{T}\boldsymbol{P}_\mathrm{M}\boldsymbol{A}_\mathrm{M} & \boldsymbol{B}_\mathrm{M}^\mathrm{T}\boldsymbol{P}_\mathrm{M}\boldsymbol{B}_\mathrm{M} \end{bmatrix} \begin{bmatrix} \boldsymbol{X} \\ \boldsymbol{X}_\mathrm{g} \end{bmatrix} - \begin{bmatrix} \boldsymbol{A}_\mathrm{M}^\mathrm{T}\boldsymbol{P}_\mathrm{M}\boldsymbol{A}_\mathrm{M} + \boldsymbol{A}_R^\mathrm{T}\boldsymbol{P}_R\boldsymbol{A}_R \\ \boldsymbol{B}_\mathrm{M}^\mathrm{T}\boldsymbol{P}_\mathrm{M}\boldsymbol{A}_\mathrm{M} \end{bmatrix} = 0
\tag{13.16}
$$

简化为

$$
\begin{bmatrix} \boldsymbol{N}_{11} & \boldsymbol{N}_{12} \\ \boldsymbol{N}_{21} & \boldsymbol{N}_{22} \end{bmatrix} \begin{bmatrix} \boldsymbol{X} \\ \boldsymbol{X}_\mathrm{g} \end{bmatrix} - \begin{bmatrix} \boldsymbol{L}_1 \\ \boldsymbol{L}_2 \end{bmatrix} = 0
\tag{13.17}
$$

对于式(13.17),按照光束平差法中的解算方法求解对应的外方位元素改正数和连接点的物方坐标改正数,然后不断进行法方程的循环迭代运算,直至外方位元素改正数的精度满足阈值要求时停止解算,输出计算结果。

(3)基于单目序列影像的小行星形貌精确测量方法。

小行星表面影像的纹理单一、特征信息不明显、光照引起的阴影复杂多变等性质会增加匹配的难度,影像同名点的寻找会受到很大影响,并且常常会出现匹配错误的情况。现有的匹配策略对小行星表面序列影像不具有很好的适应性。因此,如何从少量最明显的特征入手,在多种约束条件的联合作用下,渐进式增加特征点的数量,同时保证匹配的正确性,直至最终实现逐像素匹配,是解决小行星序列影像密集匹配问题的关键。

结合小行星表面影像的特点,徐青等设计了一种基于核线和不规则三角网组合约束的渐进式加密匹配策略(图13.22)。首先,利用具有强鲁棒性的特征点匹配方法对两幅具有一定重叠度的影像进行相对定向,确定其相对方位,然后基于影像间的相对关系,利用计算多边形重叠范围的算法确定两幅影像的重叠范围;其次,利用已经精确匹配的同名点对和重叠范围数据构建不规则三角网;再次,对每个三角网计算其形变参数,在不满足要求的三角形内部增加特征点并进行影像匹配,得到新的同名点,并进行三角网的更新;然后,在每个三角形内部采用基于灰度的匹配方法进行密集匹配,并利用RANSAC方法剔除误匹配,得到密集匹配点云;最后,进行地形点云拼接,获得整个区域的地形数据。另外使用计算机视觉中常用的SfM(structure from motion)算法来重建Ryugu小行星[28]也是目前比较有效的一种方法。

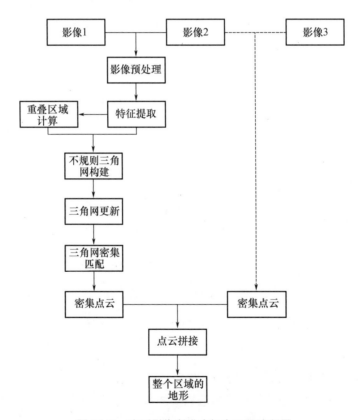

图13.22 序列影像渐进式加密匹配流程图

(4)基于双目立体影像的小行星形貌精确测量方法。

目前,小行星探测器多采用单目相机对小行星表面进行拍摄,得到其表面序列影像。但是,当探测器实施软着陆等任务时,对高精度的小行星表面形貌数据的需求就会变得十分迫切,而基于单目相机进行高精度形貌测绘就不能很好地满足导航的需要。

参照火星探测器基本载荷的配置可知,当探测器携带的着陆器执行着陆任务时,需要利用双目立体相机获取表面形貌以满足星上导航的需求。徐青等提出一种利用立体测绘相机进行表面形貌精确测量的技术(图 13.23)。首先对立体影像的左右影像进行影像预处理,在一定程度上消除影像间的灰度差异,在此基础上进行核线几何纠正得到按核线排列的影像;然后利用改进的密集匹配算法对立体影像进行逐像素密集匹配,得到密集匹配点;而后,基于匹配点进行相对定向,得到左右影像间的相对方位元素;最后利用空间前方交会原理求解物方模型三维坐标,得到密集的匹配点云。在相邻的立体像对之间,选取其中的左影像进行稀疏匹配,得到高精度的离散匹配点,利用这些离散点并结合空间相似变换原理,对相邻的两组立体像对进行绝对定向,进而实现立体像对之间的拼接,得到整个区域的精细地形。

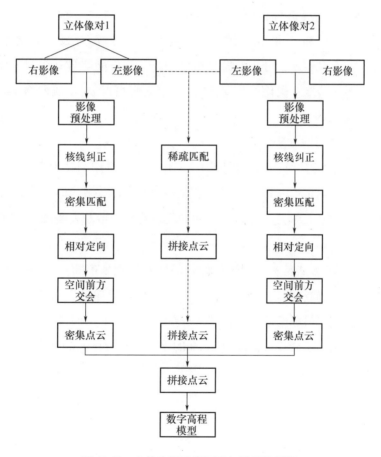

图 13.23　立体序列影像匹配与拼接流程图

2.小行星三维重建

目前的小行星三维形貌重建工作方法也主要分为两大类,分别是基于摄影测量的方法和基于光度测量的方法。

（1）基于摄影测量的方法。

立体摄影测量法（stereo photo grammetry，SPG）是传统的经典方法，基本理论依据是摄影构像的数学模型，根据摄影时像点、相机镜头中心、物方点之间的几何关系，计算出地表的高程、坡度和模型等空间数据。SPG方法的核心步骤是光束法区域网平差，包括使用最小二乘平差的方法来解算相机的外方位元素和连接点的三维坐标，连接点越多，多余观测也越多，平差通常会更稳定；利用前向光线的交会，结合最小二乘法优化，可以获得空间中大量三维点；最后根据三维点，可以重建表面模型、计算数字产品[25]。具体实现中，由于目标结构、影像数据及辅助数据等存在特殊情况，因此需要根据实际需求对方法进行调整。

SfM方法是一种计算机视觉技术，具有高度的自动化特性。使用SfM方法来重建Ryugu的模型[28-29]，取得了很好的效果。由俄罗斯某公司开发的商业软件Agisoft Metashape也采用了SfM方法对影像做批量处理。该软件能够自动生成三维网格及相应的纹理，其主要的功能有优化像片对齐方式、建立密集点云、生成网格、生成纹理，以及生成DEM、正射影像。

（2）基于光度测量的方法。

基于光度测量的方法是当前小行星测绘工作中最为常用的技术之一。其中包括多种衍生算法，如SfS（shape from silhouette）方法和SPC（stereo-photo clinometry）方法。这些方法的基本原理相似，都是根据目标表面的反射特性来推断表面坡度，从而恢复目标的地形形状。

①SfS方法。SfS方法是一种利用目标表面光照信息来推断目标形状的经典算法。它基于入射光线和表面法线之间的角度关系，通过分析影像中表面的亮度变化来计算表面的坡度，进而重建目标的地形。传统SfS方法进行了如下假设：光源为无限远处点光源；成像几何关系为正交投影。在Itokawa的重建过程中，Fujiwara等首先利用光度观测和雷达观测获得了Itokawa的初始形状模型。随后，他们采用三种独立的方法重建了形状模型，并估算了Itokawa的体积。这三种方法分别是：基于轮信息的方法，虽然操作简单，但无法重建凹面区域；立体测量法，通过多视角几何构建模型，结果质量取决于特征点的提取；明暗恢复三维形状的SfS方法。Gaskell等[30]使用光度测量方法成功重建了Itokawa的三维表面模型。

在SfS方法中，直接计算单一影像表面点的亮度取决于入射光线与表面法线的角度关系，借助已知的光源和相机信息，可以推断地形的坡度，并进一步还原其地形信息，算法实现简单，易于理解和实施。但是通常需要已知的光源和相机参数作为辅助，并且对光照条件敏感,在光照变化大或者阴影较多的区域,计算结果精确度较差。

②SPC 方法。SPC 方法综合了立体测量和光度测量,用于生成目标的地形数据,图 13.24 所示为 SPC 流程图。该方法利用多角度的影像信息,包括立体影像和光度信息,来计算目标表面的几何形状。Gaskel 等[31-32] 开发的 SPC 方法已经用于恢复 Itokawa、Eros 及 Vesta 小行星的精细地形数据。Jorda 等[33] 使用了 SPC 方法重建 67P 彗核模型,将全球模型分为很多个小的方形数字地形模型,称为"maplet"("小地图"),它们覆盖了彗核上被照明的区域。航天器在本体坐标系下的方向及其相对于彗核的位置,是通过使用这些"小地图"中心的摄影测量坐标进行更新的。Watanabe 等使用了两种方法重建 Ryugu 的表面模型,其中之一是 SPC 方法。Barnouin 等使用 SPC 方法生成了 Bennu 的全球数字地形模型(global digital terrain model,GDTM)[34]。

图 13.24　SPC 流程图[19]

3.小行星遥感解译

小行星遥感解译通过从收集的遥感影像数据反演出小行星的各种地质特性[35]。这是天体地质研究的基础工作之一,不仅能够为未来的探测任务提供潜在的感兴趣区域,也能帮助确定探测器的着陆点。此外,它还为变化检测、地质结构、地形特征、矿物成分及其分布,以及近表面地质结构探测提供了重要的数据基础。遥感解译的结果为理解小行星的形成和地质演化过程,解答相关的科学问题提供了关键数据支持。这些地形地貌特征的识别方法包括人工识别法、传统识别法和机器学习法。

(1)人工识别法。

"嫦娥二号"近距离观测获取的小行星图塔提斯高清遥感影像显示了该小行星表面有大量撞击坑,其中大多数因表面重置而退化。最显著的特征是最大盆地周围的山脊(图 13.25 (a))。该盆地的岩壁呈现出相对高密度的地貌,其中一些似乎与盆地同心。在盆地外还有一些与盆地边缘大致平行的线性构造。

(2)传统识别法。

传统地外天体形貌特征自动提取多是基于经典的图像方法,主要包括形态学、特征匹配、曲线拟合等识别方法。文献[36]提出了一种基于等值线关系分析与形态学精确

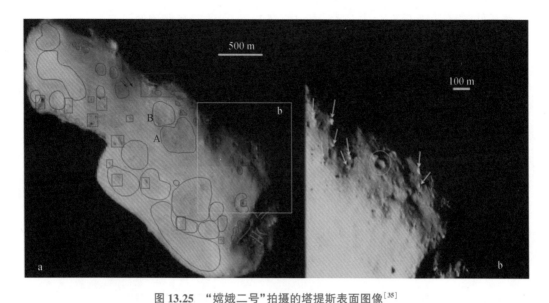

图 13.25 "嫦娥二号"拍摄的塔提斯表面图像[35]

注:a.右图为塔提斯的全景图像中勾勒出所有的陨石坑(蓝色轮廓)和巨石(红色方块),绿线表示轮廓;

　　b.左图 a 中放大的部分(白框)。

拟合的深空星体表面撞击坑自动提取方法。首先,从三维形貌数据中提取并保留满足圆度约束的等高线;其次,依据撞击坑的空间形态特征,分析这些等高线之间的相互关系,以初步确定撞击坑的位置;最后,应用形态学分析方法精确确定它们的边缘和位置信息。文献[37]和[38]发布的谷神星撞击坑目录还包括有关撞击坑深度等额外属性信息。图 13.26 所示为 Ceres 表面陨石坑提取和形态计量参数,图中展示了文献[37]撞击坑识别方法的计算演示过程。文献[39]在高通、拉普拉斯和 MadMax 等 3 种滤波算法的基础上拟合椭圆,从低分辨率、光照条件欠佳的小行星影像中提取撞击坑。

(3)机器学习法。

目前对月球、火星的撞击坑、巨石等机器学习识别方法研究广泛。初期方法如决策树、支持向量机虽然对小数据集有较好的处理效果,但在大规模和高复杂度识别任务中逐渐被深度学习方法所取代。这些进展表明,CNN 和其他深度学习架构正在逐步替代传统 AI 技术,特别是在处理复杂和多尺度的撞击坑检测任务中表现出了高效性和准确性。小行星因其特殊的构造,相关的 DEM、DOM 等数字产品较少,无法绘制相关样本数据集,未来还需对这些方法的适用性做进一步修正。

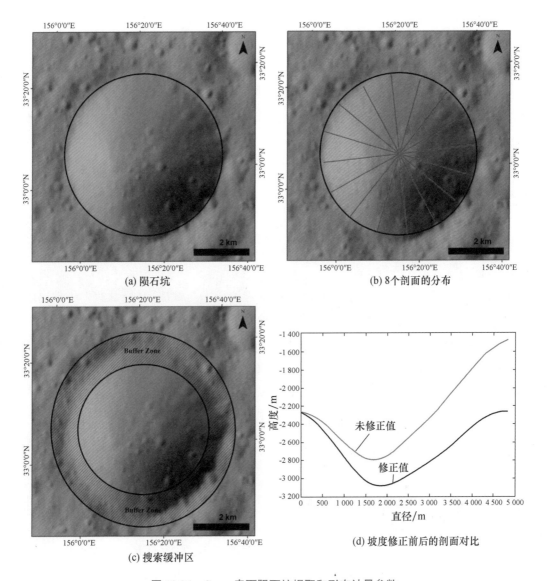

(a) 陨石坑

(b) 8个剖面的分布

(c) 搜索缓冲区

(d) 坡度修正前后的剖面对比

图 13.26　Ceres 表面陨石坑提取和形态计量参数

思　考　题

1.月球和其他行星的测绘有哪些相似之处和不同之处？如哪些测绘技术可以被应用于月球和其他行星的探测和测绘任务？哪些因素会影响测绘的准确性和精度？

2.在月球和其他行星上，如何创建高精度的数字地图和三维模型？如何处理和纠正来自各种传感器的数据，以获得精确的地形和地貌

月球撞击坑智能提取实验

信息？

3.如何在月球和其他行星上实现全局测绘和局部测绘的平衡？全局测绘和局部测绘各有什么优缺点？如何根据任务需求和资源限制来选择最优的测绘方案？

4.未来,人类可能会在月球和其他行星上建立永久性基地和生态系统,如何利用测绘技术来支持这些计划？例如,如何找到最合适的建筑地点和资源区域？如何监测地质活动和气候变化等环境因素？

5.在月球和其他行星探索任务中,如何应对传感器故障和数据丢失的情况？如何利用多源数据和多种测绘技术来提高数据的完整性和准确性？

本章参考文献

[1]徐青,刑帅,周杨,等. 深空行星形貌测绘的理论技术与方法[M]. 北京：科学出版社, 2016.

[2]刘经南, 魏二虎, 黄劲松, 等. 月球测绘在月球探测中的应用[J]. 武汉大学学报:信息科学版, 2005, 30(2):6.

[3]李斐,鄢建国,平劲松. 月球探测及月球重力场的确定[J]. 地球物理学进展,2006.

[4]童小华,陈鹏,洪中华,等.从地球测绘到地外天体测绘[J].测绘学报,2022(4)：51.

[5]徐青,耿迅.地外天体形貌测绘研究现状与展望[J].深空探测学报(中英文),2022,9(3):12.

[6]熊德永, 钟振,刘高福. 高分辨率卫星重力和激光测高数据的月球岩石圈有效弹性厚度估计的分析及应用[J]. 地球物理学进展, 2016 (2)：622-628.

[7]法文哲. 月球微波遥感的理论建模与参数反演[D]. 上海:复旦大学, 2008.

[8]邸凯昌,刘召芹,万文辉,等. 月球和火星遥感制图与探测车导航定位[M]. 北京：科学出版社, 2015.

[9]王文睿,李斐,刘建军, 等. 基于嫦娥一号激光测高数据的月球三轴椭球体模型[J]. 中国科学:地球科学,2010(8):1022-1030.

[10]徐青, 耿迅, 蓝朝祯, 等. 火星地形测绘研究综述[J]. 深空探测学报, 2014, 1(1)：28-35.

[11] SEIDELMANN P K, ARCHINAL B A, A'HEARN M F, et al. Report of the IAU/IAG Working Group on cartographic coordinates and rotational elements：2006[J]. Celestial mechanics and dynamical astronomy, 2007, 98(3)：155-180.

[12]邸凯昌, 刘斌, 刘召芹. 火星遥感制图技术回顾与展望[J]. 航天器工程, 2018, 27

（1）：10-24.

［13］ DAVIES M E, ARTHUR D W G. Martian surface coordinates［J］. Journal of geophysical research, 1973, 78（20）：4355-4394.

［14］ DAVIES M E, KATAYAMA F Y. The 1982 control network of Mars［J］. Journal ofgeophysical research：Solid earth, 1983, 88（B9）：7503-7504.

［15］ ARCHINAL B A, LEE E M, KIRK R L, et al. A new Mars digital image model （MDIM 2.1） control network［J］. International Archives of Photogrammetry and Remote Sensing, 2004, 35：B4.

［16］ SCHMIDT R. Automatischebestimmung von verknüpfungspunkten für HRSC-bilder der Mars express-mission［J］. 2008

［17］ 单杰, 田祥希. 星载激光测高技术进展［J］. 测绘学报, 2022, 51（6）：964.

［18］ DUXBURY T C. A new era in geodesy and cartography：Implications for landing site operations［C］//First Landing Site Workshop for the 2003 Mars Exploration Rovers. 2001：17.

［19］ GENG X, XU Q, XING S, et al. A novel pixel-level image matching method for Mars express HRSC linearpushbroom imagery using approximate orthophotos［J］. Remote sensing, 2017, 9（12）：1262.

［20］童小华, 刘世杰, 谢欢, 等. 从地球测绘到地外天体测绘［J］. 测绘学报, 2022, 51 （4）：488-500.

［21］吴伟仁, 于登云. 2014. 深空探测发展与未来关键技术. 深空探测学报, 1（1）：5-17.

［22］ JAUMANN R, WILLIAMS D A, BUCZKOWSKI D L, et al. Vesta's shape and morphology［J］. Science, 2012, 336（6082）：687-690.

［23］ DALY M G, BARNOUIN O S, SEABROOK J A, et al. Hemispherical differences in the shape and topography of asteroid （101955） Bennu［J］. Science advances, 2020, 6 （41）：eabd3649.

［24］张保明, 龚志辉, 郭海涛. 摄影测量学［M］. 北京：测绘出版社, 2008.

［25］邢帅. 多源遥感影像配准与融合技术的研究［D］. 郑州：解放军信息工程大学, 2004.

［26］ EDMUNDSON K L, BECKER K J, BECKER T L, et al. Photogrammetricprocessing of Osiris-rex images of asteroid （101955） bennu［J］. ISPRS annals of the photogrammetry, remote sensing and spatial information sciences, 2020,：587-594.

［27］ BARNOUIN O S, DALY M G, PALMER E E, et al. Shape of （101955） Bennu indicative of a rubble pile with internal stiffness［J］. Naturegeoscience, 2019, 12（4）：

247-252.

［28］ WATANABE S, HIRABAYASHI M, HIRATA N, et al. Hayabusa2 arrives at the carbonaceous asteroid 162173 Ryugu-a spinning top-shaped rubble pile［J］. Science, 2019, 364(6437)：268-272.

［29］ FUJIWARA A, KAWAGUCHI J, YEOMANS D K, et al. The rubble-pile asteroid Itokawa as observed by Hayabusa［J］. Science, 2006, 312(5778)：1330-1334.

［30］ GASKELL R W, BARNOUIN-JHA O S, SCHEERES D J, et al. Characterizing and navigating small bodies with imaging data［J］. Meteoritics & planetary science, 2008, 43(6)：1049-1061.

［31］ GASKELL R, SAITO J, ISHIGURO M, et al. Global topography of asteroid 25143 itokawa［J］. Lunar and Planetary Science, 2006 (XXXVII)：1.

［32］ GASKELL R, SAITO J, ISHIGURO M, et al. NASA Planetary Data System：Gaskelll ltokawa shape model［R/OL］. (2007-08-29) ［2024-11-19］. https://arcnav.psi. edu/urn：nasa：pds：gaskell.ast-itokawa.shape-model.

［33］ JORDA L, GASKELL R, CAPANNA C, et al. The global shape, density and rotation of Comet 67P/Churyumov - Gerasimenko from preperihelion Rosetta/OSIRIS observations［J］. Icarus, 2016, 277：257-278.

［34］ BARNOUIN O S, DALY M G, PALMER E E, et al. Digital terrain mapping by the OSIRIS-REx mission［J］. Planetary and space science, 2020, 180：104764.

［35］ HUANG J C, JI J H, YE P J, et al. The ginger-shaped asteroid 4179 Toutatis：New observations from a successful flyby of Chang'e-2［J］. Scientific reports, 2013, 3：3411.

［36］ 王栋, 邢帅, 徐青, 等. 一种基于三维形貌的深空星体表面撞击坑自动提取方法 ［J］. 测绘科学技术学报, 2015, 32(6)：619-625.

［37］ GOU S, YUE Z Y, DI K C, et al. A global catalogue of Ceres impact craters ≥1 km and preliminary analysis［J］. Icarus, 2018, 302：296-307.

［38］ ZEILNHOFER M F, BARLOW N G. The morphologic and morphometric characteristics of craters on Ceres and implications for the crust［J］. Icarus, 2021, 368：114428.

［39］ BESSE S, LAMY P, JORDA L, MARCHI S, BARBIERI C. Identification and physical properties of craters on Asteroid (2867) Steins［J］. Icarus, 2012, 221(2)：1119-1129.

第14章 深空导航

基本概念

深空导航、天文导航

基本定理

天文导航定位基本原理

深空导航是指在深空中通过对航天器的位置、速度等信息进行测量和计算,确定其在太空中的精确位置,并为其提供准确的导航和定位服务。深空导航技术主要包括无线电导航、天文导航、惯性导航及组合导航等,是航天器探测任务中不可或缺的一部分,不仅能够保证探测任务的准确完成,还能为人类探索宇宙提供重要的技术支持[1]。

航天器深空导航目前大多利用地基无线电测控网进行,以火星探测器为例,其导航精度达到千米量级,随着火卫一星历误差随时间累积,导航精度将进一步降低到数千米级,随着距离地球越来越远,地基测控网的时间延迟问题凸显,存在时间延迟大、易被干扰中断的风险。实现航天器的自主导航技术不仅能够大大降低对地基综合测量系统的依赖,而且还能够实现与地基综合测量系统的数据融合处理与备份功能,能够有效提升航天器的导航精度及可靠性。

在深空探测中,惯性导航是动力飞行段的主要导航方式,惯性导航受限于漂移误差的影响,需要依靠其他测量系统进行周期性的漂移修正,如惯性/天文导航组合、惯性/雷达/视觉相对测量组合、惯性/测距/测速组合。NASA 正在准备建设能够为月球及近月空间航天器提供导航和通信性能的月球网。ESA 也在准备建立月球通信和导航系统。

本章 14.1 节介绍天文导航概念原理和方法;14.2 节介绍脉冲星导航概念、原理和方法。脉冲星导航实际是天文导航里的天文测距导航。

14.1 天文导航

天文导航建立在天体惯性系框架基础之上,具有直接、自然、可靠、精确等优点,是最重要的深空自主导航技术,具有以下优点。

(1)自主性强,无误差累积。

天文导航以天体作为导航基准,被动接收天体自身辐射信号,进而获取导航信息,是一种完全自主的导航方式,其定位误差和航向误差不随时间的增加而累积,也不会因导航距离的增大而增大。

(2)隐蔽性好,可靠性高。

作为天文导航基准的天体,其空间运动规律不受人为破坏,不受外界电磁波干扰,具有安全、抗干扰、可靠性高等特点。

(3)适用范围大,发展空间广。

天文导航不受地域、空域和时域的限制,适用于广阔的宇宙空间。

(4)导航过程时间短,定向精度高。

采用深空成像设备完成一次天文定位过程只需不到 1 s。

14.1.1　天文导航基本概念

天文导航是利用天体的自然特征作为航天器导航的量测信息,如在某时刻航天器相对于空间中某有规律运动天体的位置矢量,通过几何解算或者滤波估计得到航天器自身的位置和速度等信息。天文导航系统可以同时提供航天器的位置、速度和姿态等全面的导航信息,而且导航精度一般不受时间、空间距离的影响,能够为航天器提供连续、实时的导航信息,有效提高航天器自主导航和自主生存能力,是实现航天器自主导航的可靠方法[2]。

天文导航技术始于航海,我国东晋时期的和尚法显在游历印度后写的《佛国记》中就记载了一种依靠观测日、月和恒星识别海上方向的导航方法,被称作"牵星过洋术",该方法经过改进一直沿用到明代郑和下西洋时期。在 15 世纪以前,欧洲仅能白天顺风沿岸航行,15 世纪出现了用北极星高度或太阳中天高度求纬度的方法,但当时只能先沿南北方向驶到目的地的纬度,再沿东西方向驶抵目的地。18 世纪出现了六分仪和天文钟,从此在海上可以同时测定舰船的经度和纬度,奠定了近代天文导航的基础。随着天体成像技术和图像处理技术的发展,天文导航定位的理论和技术都在发生深刻变革,目前天文导航主要采用天文测角方法。

天文测角方法主要通过测量天体相对于星敏感器主光轴之间的角距进行自主导航,是目前最成熟的天文导航技术。国外"深空一号"(Deep Space-1)"露西号"(Lucy)"智慧一号"(Smart-1)"海盗号"(Viking)"火星全球勘测者号"(Mars Global Surveyor)"深度撞击号"(Deep Impact)等任务中均应用了天文测角导航技术。2020 年,我国的

"嫦娥五号"以及"天问一号"探测器上均搭载了光学敏感器,"嫦娥五号"上小型星敏感器实现了 3 s 的测量精度,质量为 2 kg。我国"嫦娥六号"采用了甚长基线干涉测量(very long baseline interferometry,VLBI)和星敏感器融合测量的方法。传统自主天文测角导航需要光学敏感器指向特定天体,性能指标受到近天体测量精度、行星星历误差、光照条件等因素影响。自主导航光学敏感器用于航天器接近和绕飞探测过程实现目标天体捕获和相对指向与距离测量,能够代替地面测控系统,通过对行星、小天体等参考目标成像,实现相对定向和自主导航,典型产品有克莱门汀任务中基于地月图像进行自主导航的 UV/Visible Camer[3-4]。

14.1.2　天文导航定位基本原理

传统的天文导航定位原理基于天文定位三角形或高度差法实现,其显著特点是以小视场光学成像系统为核心部件,由于观测效率低下,因此每次进行导航定位时一般只能利用 2~3 个天体的观测信息。要实现快速高精度的天文导航定位,就需同时观测多个天体的信息,并利用处理设备实时解算得到航天器的位置,目前大视场天文导航设备能够同时获得多个天体的观测信息。

将地平、时角、赤道等 3 种坐标系一起画在天球上,并以航天器的天顶 Z、北天极 P 和某一天体 σ 为顶点构成一个球面三角形 $\triangle PZ\sigma$,该三角形称为天文定位三角形,如图 14.1 所示。

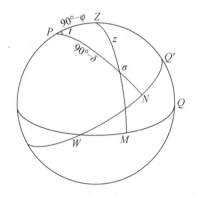

图 14.1　天文定位三角形

图 14.1 中,P 为北天极,Z 为天顶,W 为西点,WMQ 为地平圈,WNQ' 为天球赤道,σ 为天球上子午圈以西的一颗恒星,则定位三角形的三边和三角中,除星位角 q 之外,其余各元素分别与天球坐标 σ、t、A、z 和航天器天文纬度 φ 有关,其中时角 t 与航天器天文经度 λ 有关,所以利用定位三角形各元素之间的关系可解算得到航天器的天文经纬度。

在进行天文导航定位解算时,可按照其天顶距将它们分为若干个等高圈,如图 14.2

所示。

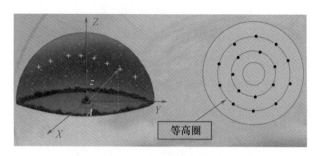

图 14.2 等高圈示意图

从图 14.2 中可以看出,在地平坐标系中,可将天体按照其天顶距 z 分属不同的等高圈,这些等高圈投影到平面上后表现为多个同心圆。在天球上,以不同的天顶距画若干个等高圈,从航天器连线到等高圈上的天体,就构成多个不同高度的倒圆锥,如图 14.3 所示。

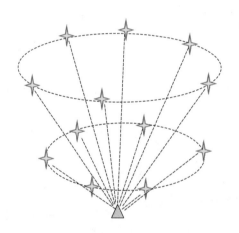

图 14.3 多级等高法天文定位模型

将天体分为多个不同的等高圈来实现天文导航定位的模型称为多级等高法天文定位模型,一般可根据天体的数量和分布情况来划分等高圈,如按照天顶距分别为 5°、15°、25°、35°、45°、55°、65°、75°、85°分为 9 个等高圈,并对每个等高圈以±5°为限将所有观测到的天体分属各个等高圈。按照上述方法即可解算得到航天器的天文经度 λ 和天文纬度 φ。

14.1.3 天文导航未来发展

天基平台是天文导航技术的最佳应用环境,国外从 20 世纪 80 年代开始研制,以美、德、英、丹麦等国较为突出,至今已有多种产品在卫星、宇宙飞船、空间站上得到应用。美国的 CT-633 星体跟踪器是一种通用自主式星光姿态测定装置,可作为主姿态传感器来使用,在多种应用中不需要其他姿态传感器的配合。CT-633 的通用性在于它适合于各种不同的应用,包括地球轨道卫星和空间站。德国的用于航天器姿态控制的 ASTRO 系列星体跟踪器,采用了模块化设计并特别注重自主式姿态确定能力。在强调高观测精度、模块化结构和工作灵活性的同时,具有体积小、质量轻、功耗低的特点。ASTRO1 是其第一代产品,在 1989—2001 年间成功运用于和平号空间站。ASTRO15 是其最新一代的星体跟踪器,在机械结构和电子线路上,采用了一些新的设计[2]。

射电天文导航技术在整个电磁波谱的某些毫米或厘米波段内对自然或人工天体进行探测,解决了光电天文导航系统受天候影响较大,不能全天候工作的问题。国外于 20 世纪 50 年代开始研究基于"高度差法"的射电天文导航技术,现已装备使用。例如,美国的 AN/SAN-1 型号射电天文导航设备的精度为 3″,工作波段为 1.8～3.2 cm。俄罗斯研制的射电天文导航设备大致有 3 种型号:"鳕鱼眼"射电六分仪 A 型、"鳕鱼眼"射电六分仪 B 型和"沙果"型射电六分仪。

目前的天文导航方法以当地垂线为基准测量天体的天顶距和方位角进而确定位置和航向,定位精度主要取决于垂线基准精度和天文仪器测量精度,如果要提高天文导航精度就需要提高铅垂线基准检测精度和仪器测量精度。此外,探讨不用垂线基准或采用粗略垂线基准进行精确天文定位的新导航方法具有重要意义。另外,采用超大视场天体成像设备同时观测多颗恒星能够极大地增加观测量,提高最终的天文导航精度。高精度天文导航的理论和方法研究及相关设备预研需要攻克下列技术:

①大视场天文导航理论技术和设备;

②无垂线基准的天文导航理论方法、关键技术和设备;

③粗略垂线基准的高精度天文导航理论和方法;

④天文导航的多维解法研究;

⑤信息融合理论在天文导航中的应用。

提高天文导航定位系统自动化程度的一般方法是实现对星体的自动捕获、自动跟踪、自动检测和定位定向自动解算。自动捕获、跟踪星体不仅难以实现,且难以实现系统的小型化,而超大视场天体成像设备可以同时对所有可见天体成像,且不存在捕获和跟踪的问题,易于实现小型化。故天文导航系统小型化和自动化需要攻克下列技术:

①超大视场天体成像技术;

②星体自动捕获技术;

③星光自动检测技术;

④高精度自动星历表技术；

⑤高精度定位定向自动解算技术。

14.2 脉冲星导航

脉冲星导航是天基平台及深空探测自主导航领域的重要应用技术,具有传统技术无法实现的性能指标和技术特征。

(1)全空域。

适用于整个太阳系,从近地轨道、深空至星际飞行的无缝导航。脉冲星辐射的射线信号可在大气层外的整个太阳系空间被探测到。针对各类航天飞行任务需求,可以选择不同导航参考点,对导航算法进行适应性改造,均能满足自主导航应用需求。

(2)长时间。

脉冲星导航是以太阳系质心作为时空基准点,是在绝对参考框架下为航天器(星座)提供导航信息服务,不存在导航星座整体旋转问题,从而可实现导航星座长时间自主运行。通过选择流量大、品质高、跃变频率低的脉冲星,可以确保导航星座自主运行180天以上。

(3)高精度。

X射线脉冲星导航最终能够实现定轨精度10 m,时间同步精度1 ns,姿态测量精度3 as的目标,与当前卫星导航系统精度相当,这是传统天文导航系统无法比拟的。

(4)安全性。

脉冲星辐射信号是一种天然信标,因此利用脉冲星的航天器导航具有完备性、实时操作性、不依赖地面站和长期运行等自主导航特征,是真正意义上的自主导航方式。

14.2.1 脉冲星基本概念

脉冲星是一种快速旋转辐射电磁波的中子星(neutron stars),它的诞生是恒星演化的结果。当一颗质量相当于4~8倍太阳质量的恒星到达恒星演化的最后阶段时,通常会以超新星爆发来结束它的一生。超新星爆发后,恒星的核心不一定会被摧毁。当恒星核心质量在1.4~3倍太阳质量之间时,便会演化为中子星。在中子星内重力非常大,大得可以令质子和电子融合成中子。由于中子星是恒星演化的尽头,所以不会像太阳般发光。中子星具有极高的密度,一个太阳质量的中子星的直径大约为10 km,磁场强度可达 $10^4 \sim 10^{13}$ Gs[5-7]。

脉冲星辐射电磁波必将损失一部分能量,按照辐射能量来源,脉冲星可以分为自转能脉冲星(rotation-powered pulsars, RPSR)、吸积能脉冲星(Accretion-powered pulsars, APSR)和异常 X 射线脉冲星(anomalous X-ray pulsars, AXP)。其中,AXP 具有极高的磁场,以损失磁场能作为辐射能量来源,数量较少。

　　RPSR 以损失自转能作为辐射能量来源,并存在磁场辐射和热辐射两种机制。中子星形成过程中,超新星爆发使中子星具有很高的热量。随着时间的推移,中子星表面冷却速度不一,使一些点热量明显高于其他部分,形成热点。热点的热能使电子加速并与其发生碰撞,在热点形成电磁波辐射,称为热辐射。与此类似,在磁场辐射机制中,强磁场使带电粒子沿磁力线方向加速,使电磁波从两磁极向空间喷射。当热点或磁极与旋转轴方向不一致时,辐射的电磁波束经过观察者视线时可以被周期性地观测,如同"探照灯"扫射一样(图 14.4),因而脉冲星被喻为天然信标和天球灯塔[8-10]。

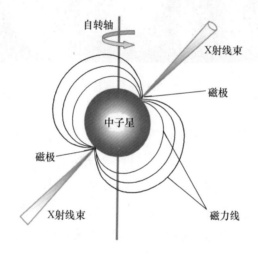

图 14.4　脉冲星"灯塔"模型

　　APSR 能源来自从伴星吸积物质。存在于双星系统中的中子星,在磁场作用下,从其伴星中吸积物质,在中子星表面形成热点,产生电磁波辐射。根据其伴星质量的大小又可以分为大质量 X 射线双星(high-mass X-ray binary, HMXB)和低质量 X 射线双星(low-mass X-ray binary, LMXB)。HMXB 中伴星质量约为太阳质量的 10~30 倍。当中子星穿越伴星星风时,星风的一部分被中子星吸收,形成电磁波辐射。LMXB 中伴星质量相对较小,在中子星强大引力场作用下,形成较大的吸积盘。当吸积盘中物质吸积转移到中子星上时,形成电磁波辐射[11-13]。

　　存在于双星系统中的中子星称为脉冲双星。双星系统在宇宙中十分普遍,1974 年 Joseph Taylor 和 Russell Hulse 利用位于波多黎各的阿雷西博射电望远镜发现了第一颗脉冲双星 PSR1931+16,并赢得了 1993 年诺贝尔物理学奖,间接证实了爱因斯坦广义相对论所预测的引力效应,彻底改变了近300年人们对引力和时空等概念的看法[14]。

根据多普勒效应,当脉冲星与航天器之间有一个相互接近的运动时,接收到的信号波长会减小,频率会上升;相反,当运动是相互离开时,波长会增加,频率下降。因此,接收的脉冲双星的信号频率周期性变化。

脉冲双星存在自转、公转、进动等现象。脉冲双星因引力辐射而损失能量,在时空中产生涟漪,如图 14.5 所示。能量的损失将使脉冲星及其伴星彼此盘旋接近,从而导致轨道运动加快,两颗星沿螺旋形的轨道缓慢地接近对方,最后(如 3 亿年前)发生碰撞,产生伽马射线爆(gamma ray burst),有可能形成黑洞并释放大量的引力波。

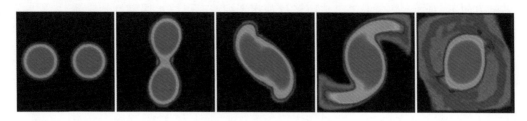

图 14.5　脉冲双星演化示意图

在脉冲星研究的初期,脉冲星是以两个字母附上四位数字命名的,第一个字母标志发现它的天文台,第二个字母 P 为英文词"Pulsar"的词头,4 位数字表示 B1950 坐标系内脉冲星赤经的小时和分。如 NP 0531 表示美国国家射电天文台发现的赤经为 5 h 31 min 的 Crab 脉冲星。后来有了统一的命名方法,采用 3 个字母 PSR(pulsating source of radio,脉冲射电源)附以坐标系标示、赤经的数字、赤纬的正负号和度数来命名。对于 1993 年前发现的脉冲星,规定取名时 B1950、J2000 坐标系均采用,分别标示为"B""J"。例如,Crab 脉冲星在新命名法中的名称为 PSR B0531+21。1993 年以后发现的脉冲星只采用 J2000 命名。

1.脉冲星辐射及分布

脉冲星通常在光学、射电、红外、X 射线和 γ 射线波段辐射电磁波。大多数脉冲星的脉冲辐射位于射电波段,少数同时具有光学、X 射线甚至 γ 射线辐射。不同波段观测的脉冲轮廓不完全相同。其中射电和红外波段可穿过地球大气层,利用大口径望远镜实现地面观测。X 波段和 γ 波段辐射被大气层吸收,只能在地球大气层之外观测。然而,与射电观测不同,X 射线探测设备易于小型化(有效探测面积约 1 m^2)、功耗小,适于空间搭载应用,因而使 X 射线脉冲星空间导航得以变为现实。

X 射线辐射的电磁波频谱能量一般为 0.1~200 keV。波长和频率范围大致为 1.24×10^{-8}~6.20×10^{-12} m 以及 2.4×10^{16}~4.8×10^{18} Hz。X 射线又分为硬 X 射线和软 X 射线,其

能段划分不一,一般定义硬 X 射线能段为 $10\sim200$ keV,软 X 射线能段为 $0.1\sim10$ keV。在 X 射线脉冲星导航中一般采用软 X 射线。

星际间弥漫着很多 X 射线光子,当对 X 射线脉冲星进行观测时,这些光子表现为背景辐射的形式。当 X 射电大于背景辐射时,才能被探测器辨识。背景辐射是观测信号噪声的主要组成部分。观测信号信噪比是反映信号质量的重要参数。

X 射线背景辐射可以分为软背景辐射和硬背景辐射两部分。软 X 射线背景辐射是指能量低于 1.0 keV 的背景辐射,由距离太阳 100 s 差距范围内的炙热气体和星体发光产生,又称为银河系 X 射线背景辐射。硬 X 射线背景辐射是指能量高于 1.0 keV 的背景辐射,由银河系外的天体产生,一般具有各向同性结构[14-18]。

图 14.6 所示为 X 射线脉冲星在银道坐标系内的分布情况。可以看出,X 射线脉冲星大多集中在银道面附近,并靠近银心。对 X 射线脉冲导航而言,脉冲星几何分布不佳,将会影响导航定位精度。因此发现更多 X 射线脉冲星,特别是高银纬脉冲星,具有十分重要的意义。

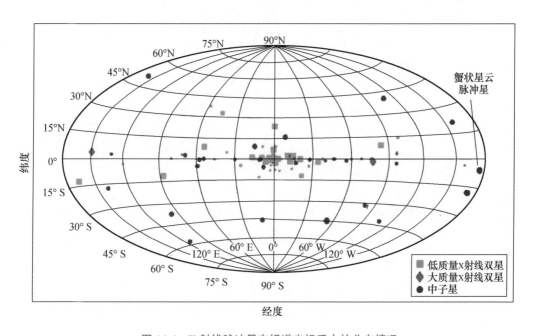

图 14.6 X 射线脉冲星在银道坐标系内的分布情况

2.脉冲星基本参数

脉冲星位置参数包括经度、纬度、几何距离、自行、参考历元等。通常表示在J2000.0惯性系或银道坐标系内。由于脉冲星距离非常远,其几何距离参数一般不能精确测量,仅能给出较高精度的经度、纬度参数。脉冲星存在自行现象,因此每一组位置参数都对应一个参考历元。由于距离遥远,在较长时间内由自行所引起的经纬度变化量非常小,脉冲星位置在一定时期内可以认为固定不变,因而构成了 X 射线脉冲星导航的坐标基准[19-21]。

脉冲星的物理参数包括脉冲轮廓、辐射流量、脉冲比例、脉冲宽度等。脉冲轮廓是脉冲星的标识符。标准脉冲轮廓是通过长期观测数据处理、大量脉冲周期整合而得到的,具有极高的信噪比。辐射流量以光子计数率的形式表示,即单位时间单位面积内光子到达的数量或能量。对应的流量单位为 photons/(cm² · s) 或 ergs/(cm² · s)。反映了脉冲辐射强度的大小。自转能脉冲星流量相对稳定。吸积能以及其他脉冲星流量出现 X 射线爆等较强瞬间变化的概率较大,并且瞬间突变现象的复现周期是不可预测的。

脉冲宽度有 50% 脉冲轮廓宽度(full-width half-maximum,FWHM)和 10% 脉冲轮廓宽度(full-width 10% maximum,FW10)两种表示方法,如图 14.7 所示。

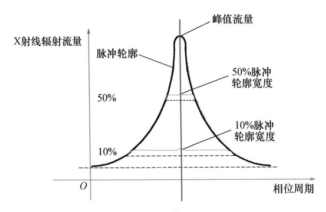

图 14.7　脉冲宽度示意图

脉冲星的周期参数包括脉冲周期、脉冲频率,以及其一、二阶导数和特征年龄、周期跃变等。已发现的大多数脉冲星的旋转周期为 1.56 ms~8.5 s(即 642~0.118 圈/s)。随着能量损失,脉冲星的旋转随时间变慢,即周期对时间的导数为正。周期变化最快的脉冲星需要经过 10 年的时间周期增加 1 ms,变化最慢的脉冲星则需要 1 010 年才增加 1 ms。多数脉冲星周期的二阶导数已接近为零。个别脉冲星(主要是年轻的脉冲星)有"星震"现象,周期突然跃变(glitch),但随后还会恢复原来的趋势。星震现象的周期同样不可预测。脉冲星的特征年龄可以近似表示为 $\tau_c = P/\dot{P}$,这里 P、$\dot{P}$ 分别为脉冲周期及其一阶导数。特征年龄大的脉冲星,相对趋于稳定。

周期在毫秒量级的脉冲星,通常称为毫秒脉冲星。这种脉冲星周期特别稳定,具有很高的长期稳定度。通过对近十年数据的分析,B1855+09 和 B1937+21 脉冲星的 σ_z 分别为 $10^{-13.2}$ 和 $10^{-14.1}$,可以与原子钟相媲美,被誉为自然界最稳定的时钟。

14.2.2　X 射线脉冲星导航基本原理

1974 年,美国喷气推进实验室的 Downs 博士首次提出了基于射电脉冲星开展星际飞行导航的思路,其仿真计算结果表明,航天器携带 25 m 口径的天线可实现上千米定轨精度。随着脉冲星天文研究从射电推展至高能频段,1981 年,用 X 射线脉冲星来进行自主导航的方法被提出,估算出面积为 0.1 m² 的 X 射线探测器可实现航天器约 150 km 的定位精度,探测器的面积相比射电天线要小很多,极大地推动导航技术向工程化迈进。1993 年,X 射线脉冲星作为"先进研究与全球观测卫星"技术实验的一部分,1996 年美国提出了基于 X 射线源的航天器姿态测量算法和时间保持锁相环路设计方案,并利用 HERO-1 卫星数据实现了 0.1°~0.01° 的姿态测量精度,优于 1.5 ms 的时间保持精度。X 射线脉冲星导航基本原理是利用同一个脉冲信号到达太阳系质心的时间与到达航天器的时间差为观测量,构造 X 射线脉冲星导航测量方程;该方程有 4 个未知数,包括 3 个位置坐标分量和 1 个时钟偏差量;通过同时探测到 4 颗脉冲星,或每个弧段观测 1 颗脉冲星并结合航天器轨道动力学模型,求解 4 个未知数,实现航天器自主导航[22-24]。X 射线脉冲星导航是在航天器上安装 X 射线探测器,探测脉冲星辐射的 X 射线光子,测量脉冲到达时间(TOA),并将其作为基本观测量;利用建立在基准点(太阳系质心)的时间模型,计算同一脉冲到达基准点的相位;在脉冲相位观测量与时间模型计算值之间组差,差分观测量反映了航天器与基准点在脉冲星视线方向的距离差,是航天器位置和脉冲星位置的函数;假定已知脉冲星位置,通过一定的导航算法,即可获得观测时刻航天器相对基准点的位置坐标。

X 射线脉冲星导航依赖于空间探测技术、脉冲星模型参数测定技术、导航算法等技术支撑。其中空间探测技术包括 X 射线光学系统、探测器和高速读出电路等;脉冲星模型参数测定技术包括射电、X 射线观测数据处理及模型参数解算技术;导航算法包括优选 X 射线源、相位模糊度搜索技术、航天器绝对定位、相对定位、动力学定轨等;星上高精度守时技术包括星载原子钟技术、脉冲星时建立及守时技术等。各部分的主要功能如下。

(1)空间探测技术。

利用 X 射线探测器接收 X 射线源的脉冲信号,记录接收辐射的光子到达时间及其流量,叠加形成观测脉冲轮廓。将观测时间段内叠加的观测脉冲轮廓与标准脉冲轮廓进行比较,形成脉冲到达时间(相位)。

(2)脉冲星模型参数测定技术。

形成包含脉冲星时间模型、脉冲轮廓、星表等特征参数的脉冲星数据库。脉冲星时间模型参考于某一基准点(通常为太阳系质心),是脉冲信号到达基准点的相位标准模型,用作观测脉冲星到达时间的比较标准。脉冲星星表是包含脉冲星天球坐标(赤经和赤纬,或银经和银纬,有的还包括秒差距)的星表,它们为导航提供参考基准。脉冲轮廓用于辅助脉冲星辨识,形成 TOA 观测量。

(3)导航算法。

导航算法是根据观测的 TOA,利用脉冲星的时间模型和星表等资源,计算出导航结果(即时间、姿态、位置、速度)的一套数学模型和方法。

图 14.8 所示为 X 射线脉冲星导航算法流程。X 射线脉冲星导航定位包含参数精化及空间导航两部分。参数精化部分利用射电观测数据辅助 X 射线巡天观测数据解算精化脉冲星数据库。空间导航部分利用 X 射线探测器获取脉冲到达时间,解算航天器位置、速度。

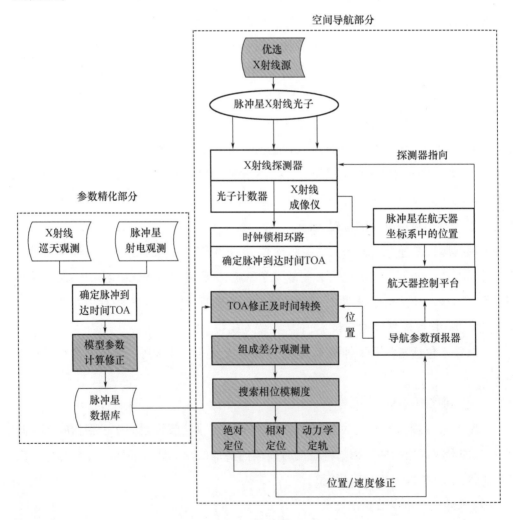

图 14.8　X 射线脉冲星导航算法流程

X 射线脉冲星导航算法流程具体计算步骤如下。

①根据脉冲星特性及空间几何结构,选取适宜导航的 X 射线源作为观测对象。

②测量脉冲到达时间:接收 X 射线光子,叠加形成观测脉冲轮廓,输出脉冲到达时间。同时根据脉冲星具有较高的长期稳定性的特性,利用时钟的锁相环路,修正本地时钟漂移。

③ TOA 修正及时间转换:调用脉冲星模型数据库,利用航天器轨道预报值,将航天器测量 TOA 进行各项延迟修正,并转换到在太阳系质心坐标系 TCB 时间尺度下。

④计算基本观测量:由脉冲星时间模型预报脉冲到达基准点的相位。将脉冲相位观测量与时间模型预报值进行比对,得到基本观测量。

⑤搜索相位模糊度:由于脉冲相位观测量仅能给出相位不满一周的小数部分,需要通过模糊度搜索获得各观测脉冲星的模糊度参数。

⑥航天器位置计算:利用单颗或多颗脉冲星观测量,构造脉冲星观测方程,采用绝对、相对或动力学定轨方法,解算航天器位置、速度和时间偏差。

⑦导航参数预报:利用导航定位偏差估计值,可以修正航天器近似位置、速度和时间等参数;分别采用轨道积分、拟合外推等方法预报航天器位置、速度等导航参数,输出到航天器平台控制系统,自主进行轨道和姿态控制。

由 X 射线脉冲星导航基本原理可知,脉冲星导航应该具有以下基本条件:精确的脉冲星位置,作为 X 射线脉冲星导航的空间基准;较高的 X 射线辐射流量,便于探测器的小型化并在较短的时间内形成高信噪比的观测脉冲轮廓;尖锐的脉冲形状、高信噪比的脉冲轮廓,便于脉冲星识别及形成具有较高精度的脉冲到达时间观测量;高精度的脉冲星时间模型,用于精确预报脉冲到达基准点的相位,形成相位单差观测量;较短的脉冲周期以及较高长期稳定性,用于提高脉冲星进行高精度时间及位置测量的可用性,降低脉冲星参数的误差及更替周期等。存在瞬间突变现象的脉冲星不宜作为导航候选观测天体。与单脉冲星相比,脉冲双星因受到伴星运动影响,观测数据处理需要加入与轨道周期相关的修正,确定脉冲到达时间过程更为复杂。

X 射线脉冲星导航的基本观测量为脉冲到达时间(time of arrival, TOA),它可以表示为相位 Φ 的形式。两者之间的关系为 $TOA = \Phi \cdot P$(P 为脉冲周期)。X 射线探测器根据航天器搭载的原子钟记录下每个 X 射线光子的到达时间。将其转化到时间模型基准点,在 TDB/TCB 时间尺度下,将一定观测时段内记录的光子叠加累积成观测脉冲轮廓,脉冲到达时间是通过将航天器观测脉冲轮廓与标准脉冲轮廓进行比对获得的。相位 Φ 仅反映了脉冲星到航天器间不满一周的相位小数部分,未包含相位整周模糊度。因此在 X 射线脉冲星导航中,需要对每颗观测脉冲星进行模糊度探测。为表述方便,本节以距离观测量的形式进行公式推导,再将其转化到相位观测量的形式[25]。

图 14.9 所示为太阳系质心、航天器、脉冲星的几何位置关系。考虑到周年视差、Roamer 延迟、色散延缓和引力时延等效应,令光子到达敏感器的时间为 t_{sc},光子到达真空 SSB 的时间为 d_{SSB},则相应的时间转换模型可写为

$$d_{SSB} - t_{sc} = \frac{1}{c}|D-b| - \frac{1}{c}|D-p| + \sum_{k=1}^{N} \frac{2\mu_k}{c^3} \ln|\boldsymbol{n}_{sc} \cdot \boldsymbol{p}_k + \|p_k\|| - \frac{2\mu_S^2}{c^5 D_y^2} \quad (14.1)$$

式中,b 是 SSB 相对于太阳质心的位置;D 是脉冲星相对于太阳质心的位置;p 是航天器相对于太阳质心的位置;$\boldsymbol{n}_{sc}$ 是脉冲星的方向矢量;N 是在太阳系内考虑的行星天体数量;μ_k 是天体的引力常数;p_k 是航天器相对于第 k 颗行星的位置;μ_S 是太阳引力常数;D_y 为 D 在 y 方向上的分量。

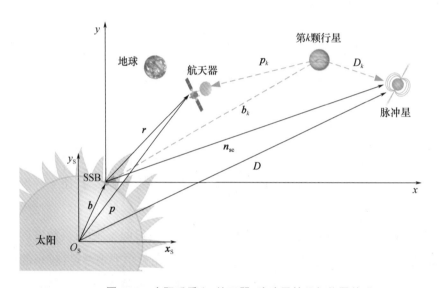

图 14.9　太阳系质心、航天器、脉冲星的几何位置关系

14.2.3　脉冲星导航未来发展

2015 年 6 月,NASA 发布了空间发展规划(2015—2035 年)最新修订版,X 射线脉冲星导航被列入导航通信领域“革命性概念”方向中。X 射线脉冲星导航能够提供太阳系乃至更大空间自主导航能力,但其工程应用的技术挑战极为复杂。空间发展规划制定了 X 射线导航技术发展的短期与长期目标,短期目标是利用 NICER 项目在轨验证,远期目标是利用毫秒脉冲星实现航天器星际导航,规划的两项潜在应用为 2027 年和 2033 年的火星探测器。2018 年 1 月 18 日 NASA 在自然杂志官网宣布 SEXTANT 初步试验结果,观测了 4 颗毫秒脉冲星,仅利用 8 h 计时数据将航天器位置误差收敛到 16 km,最优

时可达 5 km。

国内学者紧跟国际脉冲星导航发展趋势。2016 年 11 月,我国发射了脉冲星导航试验卫星(XPNAV-1),开展了脉冲星导航空间试验和在轨验证国产探测器性能。2017 年 6 月,我国发射了首颗高能天文卫星 HXMT。国内学者提出了一种利用脉冲星轮廓显著性实现航天器定轨的方法,先后利用"天宫二号"上的伽马暴偏振探测仪和 HXMT 卫星 Crab 脉冲星观测数据,分别实现航天器优于 30 km 和 10 km 的精度。

高精度脉冲星导航应用受到空间基准、目标探测及信号处理等因素影响。脉冲星参数主要包括天体测量参数、脉冲辐射参数及钟模型参数,主要通过地面射电手段观测及处理。无论是毫秒脉冲星地面射电观测还是空间 X 射线观测,脉冲星信号极其微弱,都需要大口径射电望远镜或大面积探测器进行长时间观测,需要建设专用大口径射电望远镜,提升脉冲星观测终端性能,或研制高量化效率 X 射线探测设备。

思　考　题

1. 列出天文导航技术原理及其技术发展。

2. 列出脉冲星导航技术原理及其技术发展。

3. 谈一谈深空导航技术的认识及未来发展。

本章参考文献

[1]房建成,宁晓琳,刘劲. 航天器自主天文导航原理与方法[M]. 2 版. 北京:国防工业出版社,2017.

[2]黄良伟. 基于计时模型的 X 射线脉冲星自主导航理论与算法研究[D]. 北京:清华大学,2013.

[3]李扬,徐海玲. 美国地月空间战略的发展态势与分析[J]. 国际太空,2022(9):50-55.

[4]毛悦. X 射线脉冲星导航算法研究[D]. 郑州:解放军信息工程大学,2009.

[5]宁晓琳,杨雨青,房建成,等. 深空探测器自主天文导航研究进展[J]. 深空探测学报(中英文), 2023, 10(2): 99-108.

[6]帅平. X 射线脉冲星导航系统原理与方法[M]. 北京:中国宇航出版社,2009.

[7]王奕迪. 深空探测中的 X 射线脉冲星导航方法研究[D]. 长沙:国防科学技术大学,2011.

[8] 张伟. 深空探测天文测角测速组合自主导航方法[J]. 飞控与探测, 2018, 1(1): 41-47.

[9] 周庆勇. 脉冲星计时数据的处理理论与方法研究[D]. 郑州: 战略支援部队信息工程大学, 2020.

[10] LYNE A G, GRAHAM - SMITH F. Pulsar astronomy [M]. 4th ed. Cambridge: Cambridge University Press, 2012.

[11] BECKER W, BERNHARDT M G, JESSNER A. Autonomous spacecraft navigation with pulsars[J]. Acta futura, 2013(7): 11-28.

[12] BECKER W, BERNHARDT M G, JESSNER A. Interplanetary GPS using pulsar signals [J]. Astronomische nachrichten, 2015, 336(8/9): 749-761.

[13] CHESTER T J, BUTMAN S A. Navigation using X-ray pulsars[R/OL]. (1981-22-25)[2024-11-22]. https://ntrs.nasa.gov/citations/19810018591.

[14] DOWNS G S. Interplanetary navigation using pulsating radio sources[R/OL]. (1974: 1-12)[2024-11-22]. https://ntrs.nasa.gov/citations/19740026037.

[15] EMADZADEH A A, SPEYER J L. Navigation in space by X-ray pulsars[M]. New York: Springer, 2011.

[16] GRAVEN P, COLLINS J, SHEIKH S I, et al. XNAV for deep space navigation[C]. 31st Annual AAS Guidance and Control Conference, Breckenridge, Colorado, 2008. San Diego: AAS publication office, 2008: 8-54.

[17] HANSON J E. Principles of X - ray navigation [D]. Palo Alto: Stanford University, 1996.

[18] HEWISH A, BELL S J, PILKINGTON J D H, et al. Observation of a rapidly pulsating radio source[J]. Nature, 1968, 217: 709-713.

[19] LORIMER D R, KRAMER M. Handbook of pulsar astronomy[M]. London: Cambridge University Press, 2005.

[20] MITCHELL J W, WINTERNITZ L B, HASSOUNEH M A, et al. SEXTANT X-ray pulsar navigation demonstration: Initial on-orbit results[C]. 41st Annual Guidance and Control Conference of American Astronautical Society, 2018, 18: 1-12.

[21] RAY P S, MITCHELL J W, WINTERNITZ L M, et al. SEXTANT: A Demonstration of X-ray pulsar-based navigation using nicer[C]. American Astronomical society, High Energy Astrophysics Division, 2014, 14.

[22] SALA J, URRUELA A, VILLARES X, et al. Feasibility study for a spacecraft

navigation system relying on pulsar timing information[R/OL]. (2004-6-23)[2024-11-22]. https://spcom.upc.edu/en/projects/feasibility-study-for-a-spacecraft-navigation-system-relying-on-pulsar-timing-information.

[23] SHEIKH S I. The use of variable celestial x-ray sources for spacecraft navigation [D]. Maryland: Department of Aerospace Engineering, University of Maryland, 2005.

[24] WOOD K S. The USA experiment on the ARGOS satellite: A low cost instrument for timing X-ray binaries[C]. Bellevue: SPIE Proceedings, 1994.

[25] NASA. 2015 NASA technology roadmaps TA5 communications, navigation and orbital debris tracking and characterization systems[EB/OL]. (2015-08-10)[2024-11-22]. http://www.nasa.gov/offices/oct/home/roadmaps/index.html.

第 15 章　空间碎片监测预警

基本概念

空间碎片探测、空间碎片编目、空间碎片预警

基本定理

稀疏数据定轨方法、编目方法

15.1　空间碎片探测

为了安全、持续地开发和利用空间资源,必须不断提高对空间碎片的跟踪监视技术,增强对空间碎片环境的分析与预测能力。

空间碎片探测的主要任务就是利用各种探测设备对空间碎片进行及时、全面的探测、跟踪、识别和确认,通过探测描述空间碎片环境、监视其变化,同时发展新的观测技术,对空间接近物体进行碰撞预警,开展空间物体再入预报及联合观测试验等探测任务。在现阶段的研究中,对大尺度空间碎片的探测主要依靠地基雷达及光电望远镜;对中等尺寸空间碎片的探测主要依靠天基手段,包括天基雷达遥感探测、航天器表面采样分析等[1];而对于毫米级的空间碎片,考虑到其存在观测困难等问题,难以获知直接的测量数据,目前主要采用统计模型的方式对低轨小碎片进行估计。

15.1.1　地基探测

地基探测是指利用地面观测设备对空间目标进行探测。目前对空间碎片的地基探测方法主要分为两类:地基雷达探测和地基光学探测。其中地基光学探测包括红外、光电和激光 3 种探测类型。除了单独的地基雷达与地基光学探测手段外,美国、俄罗斯等还建立有自己的地基探测网,通过多部地面设备构成庞大的监视系统,对太空中的飞行物体进行跟踪观测。

从探测能力来看,地基雷达可以探测到低地球轨道上尺寸为厘米量级的碎片,地基望远镜可以探测到地球静止轨道中尺寸小至 10 cm 的碎片,因此望远镜更加普遍地用

于探测 GEO 上的碎片,雷达则更多地用于探测低地球轨道上的空间碎片[2]。地基探测网结合了多部雷达及各种光学和光电探测器,能够对低地球轨道上 10 cm 大小和地球静止轨道上 1 m 大小的物体进行跟踪观测。

1.地基雷达探测

地基雷达是空间碎片的重要测量设备,探测空间碎片所用的地基雷达一般为机械扫描雷达或相控阵雷达。

机械扫描雷达利用抛物面反射天线的机械控制来改变天线瞄准方向,从而实现波束定向,一般用于航天器、运载火箭末级和大尺度空间碎片的观测。相控阵雷达则是一种电子扫描雷达,它采用相控阵天线,通过数字电子技术改变发射器的相位,使雷达波束指向预定的搜索范围。相控阵雷达的波束指向变化速度快,并且能够同时跟踪观测多个目标,具有很强的目标搜索和跟踪观测能力,能够对低地球轨道上的大尺寸空间碎片进行有效的探测。

由于受到雷达自身发射功率和工作波长的限制,以及地面杂波和大气损耗的影响,地基雷达较难实现对远距离、小尺寸空间目标的探测。对于 LEO 区域的小尺寸空间物体的探测,可以通过提高雷达发射功率与工作频率来实现,而对于更高轨道上的小尺寸物体,目前难以实现有效探测。

2.地基光学探测

基于望远镜等光学探测设备的观测是对空间碎片进行地基探测的另一种方法。光电望远镜探测设备是望远镜和光电探测器的集成设备,是一种电子增强的望远镜,它能收集空间物体反射的光谱,观测作用距离较远,能够对静止轨道高度的空间物体成像,从而有能力实现对中高轨道上的大尺寸空间碎片的探测。光学观测具有较高的灵敏度,但光学设备的使用受到光照等其他条件的限制。云、雾、阴雨天气、大气污染、城市背景灯光及满月时的辉光,都可能降低光学探测器的观测能力,甚至使之不能进行观测。

在空间碎片探测工作中,光学测量可以弥补雷达受作用距离限制的局限性,实现对中高轨道上的空间碎片的测量,同时还可以提供空间碎片的高精度测量数据,因而在空间碎片的探测中占有重要地位,是空间碎片轨道确定的重要手段之一。例如,ESA 1 m 口径的地面望远镜和美国 61 cm 口径的 MODEST 望远镜属于目前比较先进的地基光电测量设备,主要用于监视和跟踪高轨空间碎片。这类望远镜能够探测到地球静止轨道上尺寸约为 30 cm、亮度相当于 20 等星的空间物体,能有效地获得空间碎片的轨道分布特征。但是受到探测条件的限制,望远镜不能全天时、全天候工作。地基光学探测从原理上来讲,主要包括红外和激光探测两种方法。

（1）地基红外探测。

红外探测是一种特殊的光学观测，红外线波长为 $0.75 \sim 1\,000$ μm，通常将 λ 小于 2.5 μm 的称为近红外波段，将 λ 大于 25 μm 的称为远红外波段，其间为中红外波段。红外辐射通过地球大气层的实际传输过程是很复杂的，由于辐射和大气的相互作用，不仅因吸收和散射导致辐射受到衰减，还会因大气本身的热发射、折射和大气湍流产生的天空噪声受到影响。正是由于大气的这些特征，在地面的红外天文观测实际上只能在近中红外波段的几个窗口进行。红外窗口的情况较为复杂，短波段红外辐射因水汽分子和二氧化碳的吸收，形成若干条吸收带，在这些吸收带之间的空隙处表现为红外窗口。其中 $17 \sim 22$ μm 是半透明窗口，大气对大于 22 μm 的红外辐射是完全不透明的，只有把望远镜放在高山上，才能在这一波段范围内找到一些红外窗口。随着海拔高度的增加，大气中吸收分子的密度越来越小，这些窗口也越来越透明、越来越大。

红外观测的作用距离比雷达的远，可以覆盖低轨到高轨目标的测量，但建设和运行成本比光学观测的更高。相对于光学波段，红外具有更宽阔的波段范围，在光谱分析和白天观测方面具有更大的优势。热红外作为红外波段的特有发射波段，利用热红外光谱，可以估算空间目标的温度；卫星的热红外成像可以同时在白天和夜晚进行观测，并且卫星在进入地影后仍然有热辐射的存在，可能延长目标观测弧段；结合热红外和光学波段的数据还可以用于研究目标的反照率等。红外光谱能用于辨识空间目标的表面材料，由于其具有相比可见光更为宽阔的波段范围，红外光谱能反映不同表面材料的更多细节特征。红外测光包括多色测光、光变曲线、偏振测量等方面，可以结合可见光波段测光对空间目标的特征信息进行更加详细的研究。对于白天观测，相比可见光，红外具有更低的天光背景，近红外 K 波段具有明显的优势。

另外，相比可见光探测器，红外探测器制作工艺更复杂，噪声更大，费用更高。地基红外探测对光学系统性能和天文台址要求也更高，红外望远镜需要高海拔和干燥的环境。近年来，随着一系列空间目标红外研究计划的开展，一些大型的专用红外望远镜和经过改造的光学/红外望远镜开始参与到空间目标的观测研究中。

（2）地基激光探测。

卫星激光测距（satellite laser ranging，SLR）是卫星观测中测量精度最高的技术，是一种精度达毫米级的实时测量技术，精度高于微波雷达、光电望远镜 $1 \sim 2$ 个数量级。它通过精确测定激光脉冲信号从地面观测站到卫星的往返飞行时间，获得地面观测站到卫星的距离。2015 年，上海天文台激光测距系统在国际上首次采用超导纳米线单光子探测器技术成功实现最远 $20\,000$ km 卫星测量试验，为实现远距离、小尺寸空间目标的激光测距突破提供了途径。由于空间碎片不携带角反射器，反射率低且入射到其表面的激光束被漫反射,所以返回到地面观测站的回波信号极其微弱。因此,大口径望远镜结合高效率的光学系统,加上稳定性、高功率、高光束质量的激光器系统及高灵敏度的回波光子探测器对于漫反射激光测距系统来说是非常必要的。

15.1.2　天基探测

天基探测是指利用搭载在天基平台上的观测设备和探测器件对空间碎片进行探测,是微小空间碎片探测的有效方法。天基探测克服了地球大气的影响,可以工作在更高的信号频率上,能够对空间碎片,特别是地基系统所无法探测的中小尺度空间碎片进行近距离、高精度观测,此为其优点;主要缺点是受到体积、质量和功率等限制,成本高昂。

空间碎片的天基探测从测量形式上可以分为天基遥感探测、天基直接碰撞探测及回收航天器表面采样分析 3 种主要手段,其中天基遥感探测属于主动式探测方式,包括光学探测、雷达探测等方法,主要利用卫星、飞船和空间站等平台搭载雷达或光学望远镜进行探测。由于天基遥感探测是在太空中进行观测,探测过程不受大气的干扰,并且探测设备与目标之间的距离可以很近,因此对空间物体的观测具有很高的分辨率,可以用于中小尺寸的空间碎片的探测。天基直接碰撞探测和回收航天器表面采样分析属于被动式的空间碎片探测,是早期天基探测的常见形式。被动的探测方法将设备暴露在空间环境中,一段时间后将其回收(或部分回收),通过分析航天器表面撞坑获得空间碎片的数据信息,如美国发射的 LDEF 卫星、美国 Hubble 望远镜回收的太阳能电池板、美国航天飞机舱窗和散热器、ESA 发射的 EURECA 平台、俄罗斯"礼炮号"空间站、日本的 SFU 等。

1.天基雷达探测

天基雷达探测是目前空间目标监测的发展方向之一,天基微波雷达和激光雷达是空间碎片探测的研究重点。

激光雷达以激光器作为辐射源,将雷达的工作波段扩展到光波范围,用激光技术来实现对空间目标的探测,具有探测分辨率高、定位精度高等优点,同时在天基探测中不通过大气而损耗较小,因而是空间目标探测的有效手段。但目前激光技术还不成熟,在天基探测中也仅用于近距离空间目标的探测。

天基微波雷达是指利用无线电波测定空间目标轨道相关参数的电子设备。由于不受地球大气的影响,天基微波雷达可以使用较高频率的电磁波对空间碎片进行探测,因此用较小的发射功率和小尺寸的天线即可实现对远距离、小尺度空间碎片的探测,尤其是在目前尚无有效观测手段的中小尺度危险空间碎片的探测方面有优势。美国天基毫米波雷达可装载在空间站或接近空间站的平台上,先由红外观测系统提供目标的原始位置信息,然后采用各种先进技术完成距离空间站最大 25 km 处的 4~8 mm 空间目标的跟踪与预测,并给 NASA 提供碰撞和预警信息。

由于外层空间不存在大气对毫米波的吸收效应,天基空间碎片观测雷达特别适合工作在毫米波段。毫米波段雷达波长较短,易于观测尺寸较小的空间碎片,容易实现较高的测量精度,并且容易以较小的体积和质量实现,适用于天基平台。然而,由于天基空间碎片观测雷达系统调度与标校、碎片观测资料与编目库的关联等问题较难解决,目前还未见明确报道已获得应用的天基空间碎片观测雷达系统。

2.天基光学探测

天基光学探测采用位于天基平台上的光学电子望远镜,对空间碎片进行观测,具有很高的灵敏度与探测分辨率。但由于卫星平台与观测目标都在高速运动,观测过程受到观测平台位置和可观测时间段的限制,观测效率较低,在实际应用中有一定的局限性。

早在 1996 年,美国就发射了中段空间试验卫星(midcourse space experiment,MSX)[3-4],其上搭载的主要设备有空间红外成像望远镜、紫外和可见光照相机和天基可见光传感器。主要任务是对导弹中段的发现和跟踪,进行导弹中段预警。MSX 验证了新一代导弹预警和防御所用探测器技术,收集和统计了有价值的背景和目标数据,其成熟技术都将转换到新一代天基空间目标监视系统上。图 15.1 所示为 MSX 卫星在范登堡空军基地发射处理设施进行最后集成和测试。

图 15.1 MSX 卫星在范登堡空军基地发射处理设施进行最后集成和测试

15.2　空间碎片编目

空间目标编目库的扩充及编目精度的提升依赖于软硬件技术的共同发展,包括空间监测网的扩充和优化、监测设备性能提高、监测策略发展、摄动力模型精化、编目算法改进等。

15.2.1　稀疏数据定轨

空间目标数量巨大、碎片跟踪设施匮乏,多数空间碎片的观测总是呈现稀疏性。1~2 天实施一次观测能够维护碎片的编目,组成 3 个观测弧段通常需要 2~3 天,数据的分布非常稀疏。此外,因为碎片尺寸小、亮度低、跟踪难度大,空间碎片的观测精度和数据采集频率通常不高,获取足够长度的观测信息也比较困难。因此,稀疏数据条件下的空间碎片定轨结果常常不能收敛,或即使收敛但解算结果无实用价值。不论天基还是地基观测,稀疏的数据条件是短期内无法改变的事实。实验表明,利用单站相隔 24 h 的两次通过的角度(方位角/高度角)观测值进行轨道确定,且由于弹道系数(定义为 $C_D A/m$,其中 C_D 是碎片的大气阻力系数,A 是碎片在速度方向的截面积,m 是碎片质量)需作为未知参数一并计算,定轨计算在绝大部分情况下都发散。为此,只有利用更多的观测数据才能克服发散问题。对于碎片,获取更多观测数据的难度很大,解决办法是在轨道确定时将由 TLE 计算得到的位置作为观测值并赋予极小的权值。利用这一办法,发散问题基本可以解决,但轨道确定结果因误差较大仍少有实用价值。

碎片轨道力学研究在估计碎片弹道系数方面已取得了一些进展。Bowman 给出了 HASDM 项目中所用碎片的“真”弹道系数。每个碎片的“真”弹道系数是由 1970 年到 2001 年间轨道计算得到的弹道系数的平均值,这一方法因为需要长期的跟踪数据而难以推广使用。Vallado 给出了一个利用 TLE 参数 B^* 计算弹道系数(BC)的公式:BC = $B^* \times 12.741\ 621$。在没有任何弹道系数的情况下,利用该式至少可得到一个估值,但这一估值可能要比真值小一个量级或更多。Saunders 等和 Sang 等先后提出利用长期 TLE 数据估计碎片弹道系数的方法,据此估算的弹道系数与“真”值之差在 10% 以内。在缺少跟踪数据的情况下,利用这一方法可以比较精确地估计弹道系数,陈等人利用该方法算出了超过 2 000 个 LEO 碎片的弹道系数。

大气质量密度模型的精化研究在过去 20 年取得了显著的进步。HASDM 方法利用 70~80 个空间目标的跟踪数据确定 Jacchia 1970 模型计算的大气质量密度的改正值,使最终的密度误差在 5% 左右。Doornbos 等和 Yurasov 等利用 70~80 个空间目标的 TLE

数据确定不同基本模型计算的密度值的改正值,也达到了类似的精度。Sang 等提出利用跟踪数据直接确定基本大气模型系数的模型系数法,模拟计算表明这一方法可能更适合于轨道预报。

上述造成碎片轨道确定与预报困难的两个方面,即导弹系数和大气质量模型的进展,在处理稀疏的实测数据时得到了印证。例如,在精密定轨时,若已知弹道系数并在轨道确定时将其固定(或作为强约束参数),可以获得 1~2 天预报轨道的沿轨方向误差优于 20″ 的结果。陈等应用模型系数法改进大气质量密度模型的系数使得 LEO 目标 10 天的轨道预报误差降低约 30%。

然而,国内外尚没有学者从参与精密定轨的数据条件对定轨结果的影响进行深入研究。对数据条件的常规认知中,观测值的精度和个数是影响定轨的重要因素,权阵也基于观测精度和观测值个数来确定。然而处理稀疏观测数据经验表明,以上认识并不全面,数据条件不仅仅指精度和个数,观测弧段在轨道上的分布是长期被忽略的因素。实际上,在 2~3 天时间内,如果只有 3 个观测弧段,且每个观测弧段的长度、观测精度都相同,但弧段在轨道上的分布不同,定轨结果呈现较大差异性,表明在稀疏数据条件下,观测弧段的空间和时间分布对定轨结果可能具有较大影响。Horwood 等的研究表明,对于 GEO 目标,3 个观测弧段如果在时间上均匀分布,则组成的方程的条件数最小,定轨精度最佳。

15.2.2　编目相关算法

对于新发现的目标,处理角度观测弧段的第一步是初轨确定,即利用较少的观测值确定一组轨道根数。经典 Gauss 和 Laplace 初轨确定算法或者它们的衍生算法,通常适合 1 min 以上的弧段长度,如果是几十秒甚至更短的甚短弧,这两种算法很难得到收敛的解。Gooding 法确定初轨需要假定一个较为准确的距离观测值作为迭代解算的初值。Sang 等提出一种基于距离搜索的初轨确定算法,可对长度为 10 s 以上的弧段确定初轨。实验表明,处理 10~20 s 的甚短弧,Gauss 和 Gooding 方法解的收敛率分别为 4.8% 和 22.9%,而距离搜索法可以达到 97%。在可收敛的初轨解中,以半长轴误差小于 50 km 的比例作为指标,Gauss 和 Gooding 方法的达标率约为 4% 和 45%,距离搜索法能达到 75%。

初轨的精度高,则后续与编目目标关联或者与未编目初轨关联的难度会大大降低。初轨与编目目标的关联算法已经比较成熟,大量的未关联的初轨(UCT)之间的关联是新目标编目的关键步骤。国内外学者提出了一系列的初轨关联或空间目标观测数据关联的方法。这些方法的共同点在于都需要进行协方差的传播,而初轨的误差矩阵要么无法获取,要么误差过大,传播的意义不大。Sang 等提出的几何关联算法,不需要初轨的协方差信息,利用初轨的半长轴误差使得轨道传播的沿迹误差随时间累积的特性,迭代调整两个初轨的半长轴,隶属于同一目标的两个初轨在中间时刻的沿迹误差会趋近于零。这种方法避免了协方差传播,关联正确率达到 93%,即便两个初轨的半长轴误差大于 100 km,关联正确率仍能达到 74%。

15.2.3　空间监测网的优化

空间目标监测网的优化问题包括两个方面:一是监测网站和设备配置的优化,二是观测任务的优化分配。其中第二个问题可以抽象为数学问题中典型的任务指派问题,可通过各种启发式搜索算法解决。针对第一个问题,美国研制了用于评估测站位置变动、设备增减,性能变化等对空间监测网能力影响的软件,包括 SSNAM 和 SSPAT,但上述软件使用受限。ESA 结合其空间环境模型 MASTER 研发了 PROOF 软件,用于仿真空间碎片的探测,进而对测站或者天基卫星的探测能力做出评估,以用于空间监测网的优化。

目前使用较多的装备贡献度评估方法包括整体法、粗糙集法和规则推理法。其中,粗糙集方法适用于对不确定性,不完备性数据的评估,而空间监测装备体系通过与仿真结合,可转化为具体场景下比较确定的问题。整体法和规则推理法曾用于评估武器装备体系和海军航空作战装备体系的贡献度。研究空间监测装备体系可借鉴其经验。

15.3　空间碎片预警

规避空间碎片几乎成为具备能力的航天国家为保证各自航天器和空间站安全需开展的"常规动作"[5]。国际空间站近年来多次调整飞行轨道和高度,最频繁时在 3 周内两次调整轨道,躲避空间碎片。

即便如此,受观测资源和轨道动力学预测模型精度的限制,目前碰撞预警的可信度还不是太高。随着空间碎片的持续增长,航天器的在轨飞行受到碰撞威胁的风险越来越大[6]。仅 2015 年 10 月 1 日至 10 日,美国通报中国在轨近地卫星碰撞预警事件就有 21 次,而这些信息经事后确认均为虚警。若航天器按照这些预警信息进行规避,必将消耗大量的航天器携带的有限能源,从而大大降低航天器可用寿命,并且频繁的规避会使航天器无法开展正常的应用,使航天器的使用效益大打折扣[7]。因此,降低虚警、提高预警的可信度,是航天器碰撞预警及规避可工程化实施的重要前提。

航天器飞行防碰撞预警虚警率高的直接原因是预测航天器及其危险空间目标的轨道位置不够精确。设想一下,如果两者的 24 h 轨道空间位置预测精度能优于米级,那么对于一个米级尺寸的航天器 24 h 碰撞预警就可达到 100% 的可信度。但是,现状是,具有合作式测量的航天器准实时定轨可达米级甚至厘米级,而依赖非合作设备测量的危险空间标准实时定轨极限精度仅能达到 10 m 量级。但有意义的航天器防碰预警一般需至少提前 24 h 发出警报。因此,需要在准实时定轨完成后,再经过轨道动力学外推预报 24 h 的轨道位置,进行碰撞预警计算。考虑到轨道动力学模型精度,特别是大气密度模型误差的影响,即使准实时定轨无误差,24 h 预报的轨道位置精度也很难优于百米量级。在两个 100 m 直径的误差大球内,两个米级甚至更小物体的碰撞概率之低是可想而知的。而受全球空间目标探测资源的限制,国际上现有的空间目标编目体系仅能维持全部空间目标的准实时定轨精度千米量级、24 h 外推预报的轨道位置精度 10 km 量级的水平,这就使仅基于普通空间目标编目轨道体系的碰撞预警基本无置信度可言。

考虑到目前面临的现状,人们在碰撞预警策略中定义了无色预警和有色预警两类碰撞预警。无色预警是在正常空间目标监测无特殊精度要求的编目体系基础上,不增加任何额外的跟踪测量及在编目体系精度下开展的碰撞预警。它既可依靠设备测量信息,也可不用设备,仅依靠互联网公布的公开双行根数(TLE)进行相应的碰撞预警工作。该类碰撞预警虚警率过高,基本无置信度可言,不能作为航天器规避的依据,但可用于筛选危险事件、挑选危险目标、指导探测资源有目的地开展针对性重点观测。无色预警可通俗理解为在正常编目体系下不用额外增加观测成本的预警,有色预警则是在无色预警挑选出危险目标基础上开展的。由于需指导规避,有色预警实时性强,对空间目标轨道预报精度要求高,因此必须对危险目标进行密集观测。按阶段与轨道精度要求,有色预警通常又分为黄色预警和红色预警。红色预警是航天器开展规避工作的前提,黄色预警是红色预警的基础。两种预警的结合使用,对进一步减少没有危险情况的虚假报警、使探测资源进一步聚焦危险目标、提高红色预警置信度是必不可少的。在有色预警阶段,特别是在红色预警阶段,必须有全天时、全天候稳定的探测设备支撑,以保证获取数据的稳定性;必须用精密定轨体系进行定轨和预报计算,以确保碰撞预警危险交会点相对位置的高可信度。

不漏警、虚警率低、置信度高的航天器碰撞预警体系的建立,既要基于庞大的空间目标探测测量网,又要依靠精确的空间目标轨道确定和预报技术,还需要合理的探测与计算资源调度策略,更需要联合高效联动的管理指挥决策系统。依靠空间目标编目定轨体系持续排查出数量众多的可能存在碰撞风险的无色预警信息,在空间监视能力范围内确保不漏警;依靠合理的资源调度策略重点观测,筛选出在合理范围内仍存在碰撞风险的黄色预警信息,排除绝大多数虚警;依靠精密定轨预报体系,识别出重要危险红色事件,尽量减少虚警,最终指导航天器开展碰撞规避控制工作。

思　考　题

1.地基雷达和地基光学探测在空间碎片探测中各自有哪些优势和局限性？

2.天基雷达探测和天基光学探测在实际应用中如何克服体积、质量和功率的限制？

3.空间目标编目库扩充和编目精度提升的关键因素是什么？

4.稀疏数据定轨在空间碎片编目中的重要性是什么？如何提高稀疏数据定轨的准确性？

5.空间碎片预警的挑战是什么？如何降低虚警率并提高预警的可信度？

空间碎片轨
道预报实验

本章参考文献

[1] United Nations. Technical report on space debris：Text of the report adopted by the Scientific and Technical Subcommittee of the United Nations Committee on the Peaceful uses of Outer Space[M]. New York：United Nations，1999.

[2] 李明，龚自正，刘国青. 空间碎片监测移除前沿技术与系统发展[J]. 科学通报，2018，63(25)：2570-2591.

[3] GAPOSCHKIN E M, VON BRAUN C, SHARMA J. Space-based space surveillance with the space-based visible[J]. Journal of guidance, control, and dynamics, 2000, 23(1)：148-152.

[4] SHARMA J, STOKES G H, BRAUN C, et al. Toward operational space-based space surveillance[J/OL]. Lincoln Laboratory Journal, 2002, 13(2). https://archive.ll.mit.edu/publications/journal/pdf/vol13_no2/13_2spacesurveillance.pdf.

[5] 龚自正，徐坤博，牟永强，等.空间碎片环境现状与主动移除技术[J]. 航天器环境工程，2014，31(2)，129-138.

[6] DROLSHAGEN G. Impact effects from small size meteoroids and space debris[J]. Advances in space research, 2008, 41(7)：1123-1131.

[7] KATZ I, DAVIS V, SNYDER D. Mechanism for spacecraft charging initiated destruction of solar arrays in GEO[C]//36th AIAA Aerospace Sciences Meeting and Exhibit. Virginia：AIAA, 1998：1002.

第16章 小行星防御

基本概念

小行星防御技术、小行星监测预警、小行星防御

基本定理

普查编目方法、威胁预警方法

小行星防御是保护地球免受小行星撞击的技术，也称小天体防御。小行星防御主要包括监测预警和防御两个方面。监测预警是防御的基础和先导，通过全天候的监测和搜索，识别出可能对地球构成威胁的小行星或其他天体。防御则是监测预警的后续保障和实际应用。两者紧密配合，才能确保地球免受小行星的威胁。

本章16.1节介绍小行星监测预警；16.2节介绍小行星防御技术。

16.1 小行星监测预警

小行星的监测包括多种技术和系统，按照观测点位置可以分为地基监测预警系统和天基监测预警系统两大类。从技术原理上，地基和天基监测均可分为光学观测、红外谱段观测和雷达探测等[1]。

光学观测是目前小行星监测的最主要技术方法，其依靠小行星表面反射的太阳光，通过在不同时间对同一片星空进行重复照相观测，确定小行星的位置。地基光学观测设备作用距离远，建设运行成本低，但易受干扰，对观测条件要求高。天基光学望远镜可灵活分布于低地球轨道、地日拉格朗日点、金星轨道等位置，能克服大多数干扰因素，弥补地基监测系统存在的太阳光照区域观测死角等问题。

红外观测作为一种特殊的光学观测方法，在天基观测中发挥着重要作用。红外观测在光谱分析和白天观测方面有较大的优势，且能够用于辨识小行星成分，以及估算温度、反照率等参数。长波红外波段更有利于实现暗弱小天体的观测，对发现潜在威胁小天体具有绝对的优势。短波红外波段是获取小天体中可能存在的水、有机物等物质光

谱信息的有效波段,对分析小天体组分将发挥重要作用。

雷达探测主要指通过地基雷达天线主动向小行星发射大功率信号,并接收目标的回波信号,通过分析接收信号的多普勒频移、回波时延等信息,得到小行星表面各部分的距离和视向速度,进而实现对小行星的成像。但受功率限制,目前地基雷达探测距离范围较小,仅能观测距离地球 0.3 AU 范围内的小天体。

下面对典型的地基监测预警系统和天基监测预警系统进行介绍。

16.1.1　地基监测预警系统

世界上最早的地基小行星监测预警系统始于 1992 年美国的 Space Guard Survey 项目。美国在 1994 年彗木撞击后[2],加大了在小行星监测、防御技术研究等相关领域的资金投入及基础设施建设,组建了天地一体化监测网络,是全球搜寻、监测近地天体的主要数据提供方。

1995 年,美国国会通过法案支持开展近地天体监测、预警和防卫工作。1998 年,NASA 开始实施"太空卫士"计划和林肯近地小行星研究项目(Lincoln near – earth asteroid research,LINEAR)[3],目标是在 10 年内发现 90%直径大于 1 km 的近地小行星。2005 年,美国国会通过"乔治布朗近地天体授权法案",授权 NASA 对 90%直径超过 140 m 的小行星进行探测、跟踪、分类和物理特性获取。

2005 年 5 月,美国启动近地天体搜索计划,分别是卡特林娜巡天系统(Catalina sky survey,CSS)、泛星计划(Panoramic survey telescope and rapid response system,PanSTARRS)[4]、Spacewatch 和 NEAT[5]、探索信道望远镜(discovery channel telescope,DCT),以及下一代近地天体巡天计划–大型综合巡天望远镜(large synoptic survey telescope,LSST)等。此外,位于智利泛美天文台的 3.6 m 口径的暗能量相机(DECam)也投入使用。这些系统均为地基光学望远镜,共同发现了目前已知的近 20 000 颗近地天体中的 90%[6]。图 16.1 所示为 LINEAR 的望远镜。

从 1998 年起,每年绝大多数新的近地小行星探测数据都出自林肯近地小行星研究项目,直到 2005 年,这一地位才被卡特琳娜巡天系统所取代。卡特琳娜巡天系统是继 LINEAR 计划后又一著名的近地小行星监测项目,其目标是确认 90%以上直径大于 140 m 的近地天体。从 2011 年起,泛星计划所提供的观测数据逐年增加,截至 2015 年,该系统提供的数据几乎占整体数据的 45%。

此外,美国还建设有两个用于行星探测的地基雷达站,一个是位于美国加勒比海地区波多黎各的阿雷西博射电望远镜(Arecibo observatory),可以探测 3.5×10^7 km 范围内直径大于 1 km 的小行星,目前已停止使用;另一个是位于美国加利福尼亚州戈尔德斯顿的 NASA/JPL 金石太阳系雷达(gold stone solar system radar),可以探测 1.5×10⁷ km 范围内直径大于 1 km 的小行星[7]。

图 16.1　LINEAR 的望远镜

　　ESA 于 2009 年启动了"太空态势感知"计划,利用 20 个合作国的地面雷达和光电设备监测人造天体、空间碎片和潜在威胁天体[8]。日本依托空间防卫联合会,组织国内大量米级口径的光电设备开展近地天体巡天监测,并将 3.5 m 口径的大视场望远镜作为下一代近地天体监测设备[9]。俄罗斯一直利用国际科学光学监测网(International Scientific Optical Network, ISON)、俄罗斯科学院天文研究所(Institute of Astronomy of the Russian Academy of Sciences,INASAN)的国际网和 MASTER 光电网与雷达设备开展近地天体搜寻监测。车里雅宾斯克事件后俄罗斯加快了新的 1.6 m 口径大视场巡天望远镜 AZT-33VM 的建设计划[10]。韩国建立了 KMTNet,这是由 3 个 1.6 m 口径的大视场望远镜组成的 24 h 监测网络,这些望远镜分布在南半球,用于近地天体的搜索和物理特性研究。

　　中国科学院紫金山天文台张钰哲在国内第一个发现小行星,开创了我国小行星观测研究的先河。早期紫金山天文台利用紫金山园区中的 40 cm 双筒折射望远镜开展小行星的观测和研究。1995 年,紫金山天文台开始建设位于盱眙的天文观测站的 1 m 口径施密特型近地天体望远镜(104/120 cm-CNEOST),并于 2006 年底投入使用,已经加入国际联测网,是具有很高巡天效率的光学成像望远镜。紫金山天文台已成为国际小行星观测网中有影响的台站之一。2012 年,由紫金山天文台牵头组织了盱眙近地天体望远镜、美国基特峰天文台 90 cm 望远镜和智力泛美天文台 60 cm 望远镜等设备,对小行星 Toutatis(图塔蒂斯)进行联合观测,取得了支撑我国"嫦娥二号"拓展任务的重要数据,为我国首次实现对小行星的飞掠探测提供了重要保障。2018 年,我国政府加入联合国下设的国际小行星监测网(IAWN)。

我国其他单位和天文台也开展了太阳系小行星的观测工作,如中国科学院国家天文台、山东大学天文台等。目前我国有多个台站具备小行星观测能力,这是我国组建近地天体地基观测网络的基础。其中位于贵州的 500 m 口径射电望远镜(five-hundred-meter aperture spherical telescope,FAST),目前主要用于接收射电天文信号,图 16.2 所示为 FAST 望远镜全景。"中国复眼"项目由北京理工大学牵头建设,在重庆建设世界上探测距离最远的雷达,通过高分辨率观测小行星、航天器、月球、类地行星和木星伽利略卫星等深空域目标,满足近地小行星防御、空间态势感知等国家重大需求,并为地球宜居性、行星形成等世界前沿科学研究提供支持。表 16.1 所示为我国主要地基观测站及设备。

图 16.2 FAST 望远镜全景

表 16.1 我国主要地基观测站及设备

观测站	望远镜口径/m	视场
盱眙观测站	1.04	3°×3°
兴隆观测站 BATC	0.6	1.5°×1.5°
德令哈观测站	1.2	18'×18'
南山观测站	1.02	1.5°×1.5°
长春观测站	0.4	1°×1°
洪河观测站	0.9	0.75°×0.75°
姚安观测站	0.5	4.6°×4.6°

目前小行星观测体系以地面望远镜为绝对主力,据估算已经完成 90%以上直径超

过 1 km 的近地天体的探测,未来还将通过升级地基系统实现 90% 以上直径超过 300 m 的近地天体的探测,但对于更小的目标(140 m 以下),则无法通过地基系统在合理期限内完成系统性探测。根据太阳系小行星形成和演化模型推算,直径为 10~140 m 的近地天体总数应在 $1×10^5$ 数量级,其中大部分尚未发现[11],原因主要有以下两个方面:

(1)地基系统本身能力受大气条件、台址位置制约。即便是使用地球上最强大的望远镜,因为近地小行星反射光在进入地球大气层后发生抖动,测量精度会受到一定限制。

(2)部分近地天体轨道处于地球与太阳之间,使用地基系统观测时,相位角不利于探测。地基监测系统最大的"死角"是太阳光照区域,当小行星从太阳方向飞来时,由于"逆光"地面望远镜看不到它们,因此国际上普遍认可,单纯依靠地基监测预警系统无法实现系统性普查百米及更小的目标,未来应大力发展天基监测预警系统。

16.1.2 天基监测预警系统

目前天基小行星观测成果也来自于空间天文望远镜对小行星的观测,观测分辨率很高,例如 NASA 的 Spitzer 和哈勃望远镜等。日本的"光"卫星、美国的广域红外探测器、ESA 的"盖亚"探测器等天文观测卫星也在近地小行星观测中起到了很好的补充作用。专门用于观测近地小行星的空间设施有加拿大国家航天局(CSA)和加拿大国防研发局(DRDC)发射的近地观测卫星(near earth observation surveillance satellite,NEOSSAT),尚没有形成天基监测网络。

日本"光"卫星(Astro-F)是 JAXA 联合欧洲国家和韩国部分研究机构研制的红外谱段天基观测卫星,于 2006 年 2 月发射升空。该卫星是太阳同步地球轨道卫星,主要任务是对全天域开展近红外、中波红外、远波红外 3 种不同谱段的观测。其主镜是一架有效口径 0.67 m,焦距 4.2 m 的 RC 型反射望远镜。在 5 年零 9 个月的任务过程中,"光"卫星发现的太阳系小行星数量超过 50 万颗。2011 年,日本根据"光"卫星的观测数据发布了世界上最大的太阳系小行星数据库。

广域红外探测器(wide-field infrared survey explorer,WISE)[13]是 NASA 负责的天基红外望远镜,于 2009 年 12 月发射。虽然 WISE 探测器并不是专门为近地小行星监测预警而设计的航天器,但通过拓展任务 NEOWISE 的成功开展,该探测器在小行星及彗星观测方面取得了重要成果。WISE 搭载口径 40 cm 的红外线望远镜,以 3~25 μm 的波长进行 6 个月的巡天工作。WISE 的红外线探测器比红外线巡天太空望远镜(如 IRAS、AKARI、COBE)灵敏度提高 1 000 倍以上。2011 年 6 月,WISE 发现了首颗地球特洛伊小行星 2010TK7。整个 NEOWISE 任务期间,WISE 探测器新发现 34 000 颗小行星,其中

135 颗为近地小行星,包括 19 颗高危小行星。图 16.3 所示为 WISE 拍摄到的 2010 TK7。

图 16.3　WISE 拍摄到的 2010 TK7

加拿大 NEOSSAT 于 2013 年发射,是国际上第一颗专门用于搜寻、监测近地天体的天基望远镜[14]。它是一个本体尺寸 0.9 m×0.65 m×0.35 m、质量为 65 kg 的微小卫星,部署于 800 km 的低地球轨道。其主要载荷是一个 15 cm 口径的反射式马克苏托夫望远镜,镜头遮光罩向外延伸 0.5 m,能实现 19.5~20 等星的观测(曝光时间 100 s)。

ESA 于 2013 年 12 月 19 日从库鲁航天中心成功发射"盖亚"探测器(global astrometric interferometer for astrophysics,GAIA),即全球天体物理学干涉测量仪。其任务是以前所未有的精度对银河系内数十亿计的恒星的位置、距离和运动情况进行高精度观测,首要科学目标是建立精确的 3D 银河图像,验证银河系形成理论及恒星形成的演化理论。"盖亚"探测器位于日地 L_2 点,在利萨如轨道运动,以避免太阳被地球遮蔽,在约 5 年的任务中可观测到视星等最暗为 20 等的天体,探测多达 50 万个类星体,对现有近地天体监测网起到重要的补充作用。

2021 年 10 月,ESA 开始了近地天体红外飞行任务(NEOMIR)。NEOMIR 是一项基于空间的热红外任务,可以作为近地天体撞击的早期预警系统。NEOMIR 的设计目的是发现较小的近地天体,这些近地天体只有在接近地球时才能通过地面调查观察到。它将观测更靠近太阳的区域和当前观测未覆盖的黄道纬度区域。NEOMIR 具有较短的曝光时间和较高的重访频率,目的是确保不会错过更快、更近的近地天体,在发生潜在撞击时提供早期预警系统。

此外,美国还有两个天基小行星监测望远镜计划。Neo Surveyor 计划早期称为NEOCam(near-earth object camera),是 NASA 第一个近地小天体天基监测项目,主要目标是在航行过程中发现并确定大部分大于 140 m 的潜在危险小行星的轨道特征。望远镜的视场非常大,能够发现数以万计直径小至 30 m 的新近地天体,次要科学目标包括探测和描述小行星带中约 100 万颗小行星和数千颗彗星特征。NEOCam 计划部署于日地 L_1 点,其配置有一套红外谱段望远镜和一套热红外谱段的宽视场相机,特色是利用红外观测而不依赖于小行星的反照率,能够更精确地确定目标小行星的大小,也能够对低反照率的小行星进行有效探测。

"哨兵"(Sentinel)计划是红外谱段望远镜,原计划由"猎鹰-9"运载火箭发射至金星太阳轨道,其任务目标是探测识别 90% 以上直径超过 140 m 的近地小行星。"哨兵"将搭载一套 50 cm 口径的望远镜,通过 1.5 m 高增益天线向地面发送科学探测数据。"哨兵"望远镜将始终背对太阳,因而将不受太阳光的影响,现该计划已取消。

CROWN(constellation of heterogeneous wide-field near-earth object surveyors)由中国空间技术研究院提出。CROWN 拟在距日 0.6~0.8 AU 的类金星轨道上部署数颗小卫星,其中包括 1 颗搭载窄视场光学-红外望远镜的机动主星以及多颗搭载宽视场光学波段望远镜的微小卫星,通过分布式异构卫星星座,在视场、分辨率、灵敏度、巡天模式、星上计算等多个环节采取异构设计,实现普查与详查相结合的天基任务模式。该星座能够覆盖 200 平方度以上视场天区,实现小行星精确定轨以及跟踪详查。该系统计划在3~5 年内完成 90% 以上 10 m 量级直径的近地天体普查,对其中的高价值、高风险目标进行定位、跟踪观测、定轨,系统性解决近地天体普查问题。该系统与地面观测系统协同,对有潜在威胁的目标开展监测与撞击预警。

天基小行星监测预警系统除了可灵活分布于低地球轨道、金星轨道、地日拉格朗日点等独特位置外,还能够很好地弥补地基监测系统存在的太阳光照区域观测"死角"的问题,具有监测范围广、追踪手段多样、轨道预测准确等突出优势。当然,天基监测系统也存在成本高、在轨维护困难、受宇宙辐射影响较大、单卫星有效载荷配置单一等问题。未来以地基望远镜组网巡天长期观测为主,以天基望远镜开展针对性特性巡天为辅的天地一体化监测是小行星监测预警技术发展的趋势[15]。

16.1.3　近地小行星监测预警技术

近地小行星监测预警技术可以分为普查编目、威胁预警两个方面。

(1)普查编目。

普查编目是指以新发现小行星为目标的巡天观测活动,利用大视场巡天望远镜对广域天区进行大范围重复扫描,然后通过巡天观测软件对数据进行关联处理来发现未知小行星。巡天观测软件通常是指用于管理和执行天文巡天项目的软件系统。这些软件系统能够自动化地控制望远镜和其他观测设备,以进行大规模的天文观测,如星系普查、变星监测、小行星跟踪等。

光学测角是小行星最重要的观测信息之一,可得到小行星的赤经、赤纬值,用于计算目标的轨道信息,这是发现新目标的重要判据。太阳系中的天体主要在太阳的引力下运动,每个小行星的运行轨道都可以使用轨道根数描述,且具有唯一性。利用小行星的测角资料计算出其轨道,就可以确定所观测的目标是否是未发现的小行星。光学测角时,在观测图像中找出背景星中已知角位置(赤经、赤纬值)的参考星,计算观测的目标小行星和这些参考星在图像中的相对距离即可得到小行星在天球上的角位置,从而可以计算目标的轨道信息。参考星一般都是距离地球非常遥远的恒星,其在夜空中的位置变化非常缓慢,并且它们在天球上的位置早已被天文学家精确地测量出来了。小行星距离地球较近,在天球上的移动速度非常快,相应地每幅图像中的参考星也需要不断地变换,因此观测小天体的望远镜都需要较大的观测视场。由于观测视场较大,因此在一组拍摄到的图像中可以包含多个观测目标。

(2)威胁预警。

威胁预警是指对已经发现的小行星进行跟踪精测、光谱测量、雷达测量等观测活动,并研发威胁预警软件对多波段观测数据进行融合处理,以确定小行星的精确轨道和物理化学特性,预报小行星与地球的交会轨迹,评估小行星的撞击风险和危害,预报小行星的撞击落区。准确预警近地小行星撞击风险,需要对小行星的轨道、物理化学特性等进行精确测量和研究。其中,精确测定轨道是预警小行星撞击风险的核心要素,小行星物理化学特性的测量帮助评估小行星撞击危害。

小行星的轨道测量一般采用可见光精测跟踪望远镜和雷达精密跟踪两种方法。在发现小行星后,会尽快安排可见光精测跟踪望远镜对小行星进行观测,以确定小行星的精确轨道。一般需要完成多次回归观测后,才能最终确定高精度轨道,获得永久编号。雷达观测可显著提升近地小行星轨道确定精度,但雷达探测距离较近,探测机会有限。小行星的物理化学特性测量可采用可见光、红外、雷达、多光谱、偏振、掩星等多种观测手段,获取自转、大小、反射率、光谱类型等信息,也可以获取小行星的形状和物质成分等信息。

威胁预警软件系统是威胁预警的核心组成部分。威胁预警软件是专门设计用来监测和评估小行星对地球的潜在威胁的工具。这些软件能够通过分析小行星的轨道参数、大小、质量等数据,预测它们未来可能的运行轨迹,并评估它们撞击地球的概率和潜在影响。美国、欧洲等国家和组织均在这方面开展了大量投入,发展了"侦察兵""哨兵"等小行星预警系统,能够对近地小行星的短、中、长期撞击风险进行计算分析。

"侦察兵"是 NASA 开发的威胁预警软件,用于快速评估新发现的近地小行星的撞击风险。它能够在短时间内计算出小行星的潜在轨道,并预测它们在未来几百年内是否会对地球构成威胁。"侦察兵"系统是自动化的,可以快速处理大量的观测数据,为天文学家提供关键信息,以便他们能够及时响应可能的撞击事件。"哨兵"则是一个更为先进的系统。"哨兵"系统不仅考虑了小行星的轨道参数,还考虑了诸如 Yarkovsky 效应等非引力因素,这些因素在长期内可能会显著改变小行星的轨道。"哨兵"系统能够计算出小行星撞击地球的概率,并预测可能的撞击时间和地点。

16.2　小行星防御技术

小行星防御的最终目标是使威胁小行星不再对地球构成威胁,从其作用效果上可分为两类:一类是将小行星摧毁或将其分裂成对地球没有威胁的较小的天体;另一类是在保证小行星原始结构和成分不受破坏的情况下使小行星偏离原来的轨道。第一类方式不能保证分裂得到的小行星彻底对地球无害,即使小行星被分裂成足够小的天体,那么损毁小行星的同时,人类也失去了小行星上载有的记录太阳系起源及演化的重要信息。对于第二类方式,现有的方法只能保证临时改变小行星的轨道,对于改变轨道后的小行星缺乏有效的控制手段,若干年后小行星还会对地球形成威胁的可能性无法完全排除,即改变轨道后的小行星仍然是一颗不可控的天体。

目前,使小行星分裂成碎片的方式只有通过核爆技术实现,而改变小行星轨道的方式从作用时间上区分,可以分为快速防御技术和缓慢防御技术。小行星防御技术分类如图16.4所示,其中核爆技术预警时间短,动能撞击技术预警时间可长可短,其余技术预警时间较长[12]。

下面对目前提出的小行星防御技术进行介绍。

(1)核爆防御技术。

核爆是唯一可应对短预警时间(一般小于 5 年)、大尺寸小行星撞击的技术[16]。核爆炸防御方式有两种:一是利用核爆装置直接炸毁潜在威胁小行星;二是利用爆炸产生的直接或间接作用力改变潜在威胁小行星轨道,避免其与地球相撞。根据潜在威胁小行星尺寸、材质、结构的不同,可选择表面爆炸、对峙爆炸及穿透爆炸 3 种方式。

①表面爆炸是指针对小体积的潜在威胁小行星,可以采用作用能量较大的表面爆炸或浅地下爆炸的方式,使潜在威胁小行星分裂成数块碎片。Lomov 等人[17]已经论证

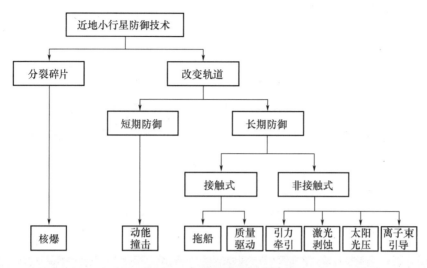

图 16.4　小行星防御技术分类

了一定当量核爆炸产生的能量足以完全破坏潜在威胁小行星内部结构的完整性。其缺点是不适用于防御疏松多孔或者碎石堆式的潜在威胁小行星,且潜在威胁小行星被炸毁分裂形成的碎片数量、大小、轨道不可控,依旧存在撞击地球的风险。

②对峙爆炸是在距离潜在威胁小行星表面一定距离时引爆核装置,爆炸产生的射线辐射潜在威胁小行星表面,产生高温引发潜在威胁小行星表面物质的喷射,喷射时产生的推力使潜在威胁小行星发生偏转[18]。此外,爆炸产生的部分碎片与潜在威胁小行星发生撞击,传递动能。对峙爆炸是规避爆炸碎片威胁的有效方法之一,适用于防御体积较大的潜在威胁小行星。

③穿透核爆炸是指核装置钻入潜在威胁小行星内部一定深度处发生爆炸。该方法的优势在于除了核爆产生的爆炸能量外,爆炸引起的表面冲击波能够扩大作用威力,穿透深度很浅的爆炸就足以改变潜在威胁小行星的运行轨道。穿透核爆炸摧毁特定目标所需的爆炸能量比表面爆炸所需能量减少 15%~25%。

尽管核爆方式能量大、可行性高,但空间核爆装置的使用是一个国际问题,需要提交联合国和平利用外层空间委员会审议。以小行星防御为目的的核爆炸技术是否违反了《外层空间条约》中"禁止在外层空间部署核武器"的规定,仍存在很大的争议。

(2)动能撞击防御技术。

动能撞击是一项实际可行且相对简单的改变近地小行星轨道的技术。动能撞击防御技术的原理是通过使用相对速度很大的航天器直接撞击近地小行星以改变小行星的动量。理想状态下,撞击方向应与近地小行星的速度方向一致(同向)或者相反(逆向)。虽然同向撞击和逆向撞击可以提供相同的动量传递,但是由于近地小行星绕太阳的运行方向与地球一致,因此同向撞击方案所需的运载发射能量更小。

动能撞击防御技术具有以下优点:技术简单,不像一些行星或彗星探测器那样复杂,只需要将撞击器送入撞击轨道的运载火箭及具有必要的姿轨控能力;成熟性高,在NASA 的"双小行星重定向任务测试"(DART)任务中,该技术得到了在轨验证;灵活性好,在紧急条件下,可以对已有的探测器进行改造来执行撞击任务;效果明显,即使预警时间仅有 6~12 个月,从地球、地球轨道、地月或日地拉格朗日点发射的多个拥有足够质量的撞击器依次撞击近地小行星,可以对小行星的速度产生足够大的影响,并最终使小行星避开地球[19]。对于大尺寸近地小行星或者更短的预警时间,小行星也许无法完全避开地球,但可以将撞击点转移至地球上一片撞击损失较低的地区。图 16.5 所示为DART 任务飞行过程示意图。

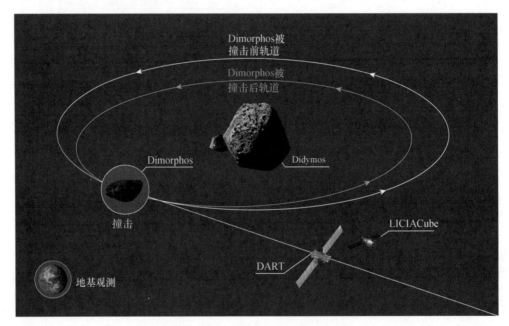

图 16.5　DART 任务飞行过程示意图

(3)引力牵引防御技术。

引力牵引防御技术是指航天器在距小行星一定距离的位置上保持平衡,通过航天器与小行星之间产生持续的万有引力作用,使小行星产生持续的速度变化量,进而改变小行星的运行轨道。这是一种非接触式缓慢防御技术,通过航天器位置的选择和提供补偿航天器重力推力,一个小的稳定的摄动力可作用于小行星的任何方向。

引力牵引防御技术主要优点在于:不需要考虑小行星的组成、转动、形貌等特征,只需要一定的质量特性即可;为了使影响效果最大化,航天器的驻留点可以选在小行星的速度方向上,而航天器的高度可以调整,使由于不规则形状的小行星自转所引起的引力变化最小;可以避免航天器在小行星表面着陆,因此也避免了航天器着陆对小行星产生破坏以及激起小行星表面碎石的潜在危险。

引力牵引防御技术的缺点在于:航天器对小行星的引力很大程度上取决于航天器的质量,航天器的质量越大,产生的引力越大;然而航天器的质量越大,发射成本越高,需要在二者之间权衡。

由于引力牵引需要长期的位置和姿态控制,因此建议采用电推进系统。此外,由于任务执行时间较长,航天器需要较高的可靠性,这也是大多数缓慢防御技术面临的共性问题。ESA 在其近地小行星防护盾计划(near-earth objects shield, NEOShield)中,提出了采用多引力拖车编队的解决方案来增强引力作用效果及任务灵活性[20],同时提出了撞击和引力牵引的技术组合方案;NASA 启动的阿波菲斯探测和防御平台计划(apophis exploration and mitigation platform, AEMP)也采用了引力牵引防御技术。

(4)拖船防御技术。

拖船防御技术是指将一个装有推进系统的航天器着陆并锚定在小行星表面,利用航天器发动机产生的推力对小行星施加作用力,逐渐地改变小行星的运行轨道[21]。由于这种方案需要很长的时间才能达到需要的效果,因此必须有较长的预警时间;另外,为了对小行星施加长期稳定的作用力,还需要研发高强度锚定技术。若使用化学燃料推力器,则需要考虑推力器在数月甚至数年中持续工作的稳定性;若使用电推进,则需要兆瓦级的供电能力。

与动能撞击防御技术相比,拖船防御技术所需的运载发射能量更大、飞行时间更长,因为航天器需要将自身的速度与小行星的轨道速度匹配才能在小行星表面着陆和锚定。另外,由于小行星普遍处在自转和滚动中,着陆的航天器必须使用多向推力器或控制推力器的工作时序,才能保证航天器对小行星施加的作用力是在小行星的速度方向上。

由于小行星表面的形状、结构和物质组成存在很大的不确定性,因此航天器在小行星表面着陆并锚定的难度较大。如果目标小行星的组成物质松软多孔或是一些松散的岩石碎片,那么在小行星上固定航天器会更加困难。

(5)激光剥蚀防御技术。

激光剥蚀防御技术是采用一个功率足够大的激光投射系统照射小行星表面,利用表面烧蚀产生的等离子体喷射所带来的反作用力使小行星的速度发生变化,进而改变小行星轨道。载有激光投射系统的航天器可以部署在月球、地球低轨道、地球同步轨道或者日地拉格朗日点上,因为部署地点距离近地小行星较远,实际到达近地小行星的激光能量密度很低,所以不存在小行星表面碎片飞出的风险。

研究表明,激光器产生的高能量束足以对大尺寸近地小行星产生可观的影响。由于激光投射系统比较巨大并且沉重,所以最大问题是发射和部署激光投射系统所需的经费。

更小型的激光系统可以利用常规的运载火箭和航天器运送至近地小行星周围,对近地小行星施加比引力牵引方式更大的作用力,同时拥有引力牵引方式的优势。激光系统甚至能在更远的地方对小行星施加作用力,从而避免在不规则的自转小行星近处停留所带来的风险。

(6)太阳光压防御技术。

太阳光压防御技术是指利用 Yarkovsky 效应,太阳照射面的物质受热向外辐射光子,热光子辐射对小行星产生微弱的反作用力,改变小行星运行轨迹。Yarkovsky 效应对天体产生的作用力属于非引力摄动,是小行星轨道无法精确预测的最主要原因[22],其原理如图 16.6 所示。

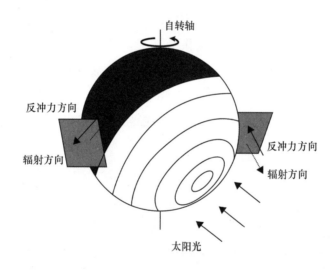

图 16.6　Yarkovsky 效应原理

一般来说,天体旋转的黄昏面(dusk)比拂晓面(dawn)温度更高,并释放更多的热光子,所以 Yarkovsky 效应作用力的合力指向拂晓面。这个力的方向将由天体的形状、转速、旋转轴及成分等决定,通常施加在天体上的加速度方向垂直于天体的自转轴和与太阳的连线矢量。基于 Yarkovsky 效应可人为改变小行星表面反射率和导热系数,进而改变 Yarkovsky 效应作用力大小,达到令小行星轨道偏转的目的,这需要航天器在小行星表面进行喷涂任务。NASA 的 AEMP 计划中的第二个防御技术就是携带可增加或者减少反照率的两种工业粉末,采用表面反照率处理系统,用摩擦枪把粉末喷涂于小行星阿波菲斯表面。因为静电吸附,粉末附着在小行星表面,改变全部或者部分小行星表面反照率,利用 Yarkovsky 效应改变小行星轨道。

同样,也可以考虑在空间部署一个反射器将太阳光反射到小行星上,利用太阳光压对小行星施加作用力。也可以在小行星表面放置可转动的太阳帆,以增强太阳光压的作用效果。

(7) 质量驱动防御技术。

质量驱动防御技术的原理是采用一个或多个着陆器在小行星表面进行钻取,并将小行星自身的物质喷射出去来产生反作用力,进而改变小行星轨道。着陆器可以使用太阳能或核能来驱动钻取和喷射装置,而且由于用于产生反作用力的物质来自小行星本身,可以认为是无限的,因此对小行星速度变化的影响主要取决于任务执行的时间。图 16.7 所示为质量驱动示意图。

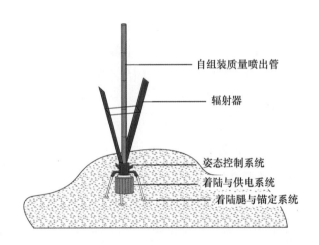

图 16.7　质量驱动示意图

质量驱动防御技术的最新方案是将一些携带核反应堆作为能源的着陆器送到近地小行星的表面并锚定,着陆器进行钻取并将钻取物质以超过 100m/s 的速度喷射出去。各个着陆器可以在小行星转动到特定方向时进行喷射,而且着陆器间互为冗余。着陆器的工作时间可能会长达数月或数年。

质量驱动防御技术可以对小行星运行速度产生很大影响,同时免去从地球携带大量推进剂的不利条件。然而,质量驱动防御技术仍有许多技术难点需要攻关,如小行星着陆锚定技术、弱重力钻取技术、安全可靠核反应堆技术,以及可自我清洁与修理的可靠喷射装置。

虽然质量驱动防御技术的优点很突出,但是项目预算要比撞击等方案高。然而,如果预警时间足够长,质量驱动方案能产生的可观的小行星动量变化使该方案成为防御大型近地小行星的重要方案之一。

（8）离子束引导防御技术。

离子束引导防御技术的原理是利用航天器上一个离子推力器产生的高指向精度、高速度的离子束对目标小行星进行持续的照射，对小行星产生作用力，从而改变小行星的运行轨道[23]。

与引力牵引防御技术相比，离子束引导防御技术有两项明显的优点：第一，离子束引导防御技术不受航天器质量的限制。以一个直径200 m的小行星为例，一个质量20 t的引力牵引航天器对小行星轨道的影响几乎与一个质量不足1 t的装有高效率、高比冲的离子推力器的离子束航天器相同；第二，离子束引导防御技术方案中航天器可以处在离小行星相对较远的位置，在避开相撞风险的同时对小行星施加稳定的作用力，而且小行星的引力对航天器的扰动也更小。

由于该技术具有上述优点，并且离子束引导所需的电推进等关键技术已在航天器上正式应用，所以可能很快就会有利用离子束技术的小行星防御演示验证任务。未来研究的重点是评估离子束引导防御技术对于不同的小行星轨道的影响及与其他小行星防御方案之间的对比。

（9）新概念在轨处理防御技术。

近些年有学者提出新概念的在轨处理防御技术，如"以石击石"。"以石击石"是加强型动能撞击行星防御任务概念，通过发射无人飞行器捕获小尺寸小行星或者在碎石堆小行星上采集超过100 t的岩石，与飞行器构成组合撞击体，操控组合体撞击对地球有潜在威胁的小行星，将潜在威胁小行星偏转出撞击地球的轨道。相比经典动能撞击方法，对小行星的轨道偏转效果可提升1个数量级，为防御大尺寸潜在威胁小行星提供了核爆之外的一种新选项。

综上所述，从可行性角度看，核爆防御技术是理论上最直接、防御效果最明显、可行度最高的防御方法。动能撞击防御技术是唯一完成了在轨演示验证的技术。质量驱动防御技术所需的采矿技术在月球采矿任务中已经实施。离子束引导防御技术所需的电推进等关键技术已经相对成熟，在能源系统满足需求的前提下具备一定可行性。激光剥蚀防御技术则在地面实验室进行了驱动、消旋等关键技术的验证，距离在轨演示验证任务还需一段时间。其他防御技术则处于概念设计阶段，仍有多个关键技术需要解决，防御效果如何还需进一步的理论论证和实验研究。通过预警所需时间、与小行星接触情况、技术成熟度等关键要素对不同防御技术防御效能评估的对比分析见表16.2。

表 16.2　不同防御技术防御效能评估的对比分析

技术途径	小行星尺寸	预警所需时间	与小行星接触情况	技术成熟度
核爆	大尺寸 小尺寸	时间短	接触（碰撞）；非接触	7～8
动能撞击	大尺寸 小尺寸	时间长 时间短	接触（碰撞）	9
引力牵引	小尺寸	时间长	非接触	5～6
激光剥蚀	大尺寸 小尺寸	时间长	非接触	4～5
拖船	小尺寸	时间长	接触（着陆）	4～5
太阳光压	小尺寸	时间长	非接触	3～4
质量驱动	大尺寸	时间长	接触（着陆）	3～4
离子束引导	小尺寸	时间长	非接触	5～6

2022 年 3 月，我国开始论证基于动能撞击防御技术的首次 NEA 防御演示验证方案，拟在 2027—2029 年实施一次"撞-评结合"的在轨演示验证任务，发展具有应对 50 m 级小行星撞击威胁的动能撞击在轨处置能力。我国首次 NEA 防御任务设置了明确的科学目标与工程目标，目标小行星的选择基于安全性、可达性、可测性、时效性、科学性等原则，以 30 m 级的小行星 2015XF261 为目标，综合考虑国内外相关技术发展和工程实施情况，选择以"伴飞+撞击+伴飞"的方式通过一次任务实现动能撞击和在轨效果评估[24]。

思 考 题

1.从技术原理上介绍小行星监测预警技术。

2.天基监测预警系统与地基监测预警系统的特点是什么？

3.简述小行星监测预警系统的发展趋势。

4.介绍一下近地小行星监测预警技术。

5.小行星防御的技术与特点。

小行星轨道
模拟实验

本章参考文献

[1]侯建文，阳光，满超，等.深空探测：月球探测[M].北京：国防工业出版社，2016.

［2］CRAWFORD D A, BOSLOUGH M B, TRUCANO T G, et al. The impact of periodic comet shoemaker－levy 9 on Jupiter［J］. International journal of impact engineering, 1995, 17(1/2/3)：253-262.

［3］STOKES G H, EVANS J B, VIGGH H E M, et al. Lincoln near－earth asteroid program (LINEAR)［J］. Icarus, 2000, 148(1)：21-28.

［4］JEWITT D. Project pan－STARRS and the outer solar system［J］. Earth, moon, and planets, 2003, 92(1)：465-476.

［5］RABINOWITZ D, LAWRENCE K, HELIN E, et al. Near－earth asteroid tracking (NEAT)：First Year Results［J］. American astronomical society, 1997,29:960.

［6］KOSCHNY D, BUSCH M, DROLSHAGEN G. Asteroid observations at the optical ground station in 2010—lessons learnt［J］. Acta astronautica, 2013, 90(1)：49-55.

［7］张翔, 季江徽. 近地小行星地基雷达探测研究现状［J］. 天文学进展, 2014, 32(1)：24-39.

［8］VADUVESCU O, BIRLAN M, TUDORICA A, et al. EURONEAR－recovery, follow－up and discovery of NEAs and MBAs using large field 1－2 m telescopes［J］. Planetary and space science, 2011, 59(13)：1632-1646.

［9］马鹏斌, 宝音贺西. 近地小行星威胁与防御研究现状［J］. 深空探测学报, 2016, 3(1)：10-17.

［10］尤政, 赵岳生. 国外太空态势感知系统发展与展望［J］. 中国航天, 2009(9)：40-44.

［11］赵海斌. 近地小行星探测和危险评估［J］. 天文学报, 2010,51(3)：324-325.

［12］李虹琳, 党丽芳. 美欧合作的近地小行星防御任务进展［J］. 空间碎片研究, 2021, 21(2)：35-39.

［13］MAINZER A, GRAV T, BAUER J, et al. Neowise observations of near－earth objects：Preliminary results［J］. The astrophysical journal, 2011, 743(2)：156.

［14］LAURIN D, HILDEBRAND A, CARDINAL R, et al. NEOSSat：a Canadian small space telescope for near earth asteroid detection［C］//Space Telescopes and Instrumentation 2008：Optical, Infrared, and Millimeter. Marseille：SPIE, 2008, 7010：343-354.

［15］赵坚, 张如生, 李明涛, 等. 近地小行星监测预警六度分析框架［J］. 科学通报, 2023,68(8)：981-992.

［16］BARBEE B W, WIE B, STEINER M, et al. Conceptual design of a flight validation mission for a hypervelocity asteroid intercept vehicle[J]. Acta astronautica, 2015, 106: 139-159.

[17]LOMOV I, HERBOLD E B, ANTOUN T H, et al. Influence of mechanical properties relevant to standoff deflection of hazardous asteroids[J]. Procedia engineering, 2013, 58: 251-259.

[18]HAMMERLING P, REMO J L. Neo interaction with nuclear radiation[J]. Acta astronautica, 1995, 36(6): 337-346.

[19]王帅, 赵琪, 秦阳. "双小行星重定向测试"任务分析[J]. 国际太空, 2021, (12): 4-9.

[20]DRUBE L, HARRIS A W, SCHFER F, et al. NEOShield – A global approach to near-Earth object impact threat mitigation[J]. Springer international publishing, 2015: 763-790.

[21]WALKER D R, IZZO D D, DE NEGUERUELA C, et al. Concepts for near earth asteroid deflection using spacecraft with advanced nuclear and solar electric propulsion systems[J]. Journal of the british interplanetary society, 2005, 59(7/8): 268-278.

[22]SPITALE J N. Asteroid hazard mitigation using the Yarkovsky effect[J]. Science, 2002, 296(5565): 77.

[23]BOMBARDELLI C, URRUTXUA H, MERINO M, et al. The ion beam shepherd: A new concept for asteroid deflection[J]. Acta astronautica, 2013, 90(1): 98-102.

[24]王艺睿, 李明涛. 动能撞击小行星防御轨道优化设计[J]. 空间碎片研究, 2019, 19(3): 43-49.